Shuwasystem Visual Text Book

図解入門

# 現場で役立つ
# 溶接の知識と技術

[種類/仕組　技能習得　溶接施工　溶接作業]

野原 英孝 著

秀和システム

●注意
(1) 本書は著者が独自に調査した結果を出版したものです。
(2) 本書は内容について万全を期して作成いたしましたが、万一、ご不審な点や誤り、記載漏れなどお気付きの点がありましたら、出版元まで書面にてご連絡ください。
(3) 本書の内容に関して運用した結果の影響については、上記(2)項にかかわらず責任を負いかねます。あらかじめご了承ください。
(4) 本書の全部または一部について、出版元から文書による承諾を得ずに複製することは禁じられています。
(5) 商標
本書に記載されている会社名、商品名などは一般に各社の商標または登録商標です。

## はじめに

　「溶接」は、工業材料（多くは金属）をつなぐための優れた方法として、私たちの身の周りにある構造物や乗り物、製品の多くに適用されています。船や橋あるいは高層ビルなどの超大型構造物から家電や情報機器の電子部品など微細な製品まで、言い換えると"重厚長大"産業から"軽薄短小"産業の製品に至るまで、数えきれないくらい多くの製品に適用されています。溶接は、現代の製造分野では欠かせない重要な"ものづくりの基盤技術"とも言えます。

　こうした溶接技術において、その品質は人（オペレータや施工管理技術者）に大きく左右されます。つまり、溶接技術は、すべての面において完全ではなく、一部には弱点（欠点）と言える部分もあり、溶接を施工する側（人）が、その優れた点を十分に活かし、欠点となる部分については上手にコントロールすることで溶接した後に、問題が発生しないように対応することが重要なのです。このことは、溶接の品質面に限られることではなく、溶接の効率性を求める場合についても言えることです。そのためには、正しい溶接の知識と、確実な溶接を実現するための技術と技能の習得が必要になります。

　本書では、実際に溶接を行う際に考慮しなくてはならないポイントについて、ぜひとも知っていただきたい事柄を中心にまとめてみました。溶接は知れば知るほど、実際にやればやるほど「奥が深い」と感じられることと思います。本書によって、溶接に対する興味がいっそう増し、さらに広く、深く学ぶためのきっかけとなることを願っています。

　最後に、執筆の機会を下さいましたものつくり大学教授の日向輝彦先生、撮影に協力していただきました職業能力開発総合大学校著者研究室所属の学生・有村昌樹君、本田貴士君、南義明君、新谷孝政君、そして貴重な写真や資料を提供して下さいました関係各社の方々に心からお礼を申し上げます。

2012年3月　著　者

## 目次

図解入門 現場で役立つ 溶接の知識と技術

はじめに ……………………………………………………………… 3

## Chapter 1　溶接って何だろう？

- 1-1　金属をつなぐ方法の仲間たち………………………………… 8
- 1-2　溶接の基本的メカニズム……………………………………… 12
- 1-3　溶接法の仲間とその特徴……………………………………… 17
- コラム　"From機械的接合 to 溶接"の成功事例………………… 18
- 1-4　利用価値の高いアーク溶接…………………………………… 22
- コラム　えっ！　アークで切断？…プラズマ切断はすごい！……… 26

## Chapter 2　溶接ができる人になるためには

- 2-1　安全衛生の特別教育を受ける………………………………… 28
- コラム　特別教育は、必ず受講しなければならないの？………… 30
- コラム　違反した場合の罰則規定は？…………………………… 30
- 2-2　溶接の弱点を知ろう…………………………………………… 31
- コラム　「ひずみ取り」という仕事………………………………… 32
- コラム　「溶接欠陥」と「溶接不具合」…………………………… 39
- コラム　溶接部の非破壊検査…………………………………… 39
- 2-3　要求品質の把握と溶接法の選択……………………………… 40
- 2-4　材料を知ろう…………………………………………………… 43
- コラム　溶接工学は、境界領域の学問…………………………… 43
- 2-5　読図から段取り作業へ………………………………………… 47
- コラム　これから溶接記号を学ばれる方へ……………………… 54
- 2-6　溶接技能の習得………………………………………………… 62
- コラム　熟練工いわく『センサは、いらん！』…………………… 66

| コラム | OffJTに公共職業訓練施設を活用しよう！ | 68 |

## Chapter 3　いろいろなアーク溶接法

| 3-1 | 被覆アーク溶接法 | 70 |
| コラム | お勧め！…ティグ溶接電源を活用しよう！ | 74 |
| 3-2 | マグ溶接法 | 76 |
| 3-3 | ティグ溶接法 | 91 |
| コラム | 様々な呼び方がある「ティグ溶接」 | 98 |
| コラム | 既存設備を活かした高付加価値ティグ溶接法の一例 | 99 |
| 3-4 | ミグ溶接法 | 100 |
| コラム | アルミニウムのミグ溶接の技能訓練にこんな裏技が… | 106 |

## Chapter 4　知っておきたい溶接施工の予備知識

| 4-1 | 知っておきたい溶接継手 | 108 |
| 4-2 | 知っておきたい溶接材料 | 115 |
| コラム | 無断で自動電撃防止装置の機能を失わせてはいけません！ | 119 |
| 4-3 | 知っておきたい溶接機器 | 133 |
| コラム | 長さだけではない！　ケーブルによる電圧降下の話 | 143 |
| 4-4 | 溶接に失敗した時は | 144 |
| コラム | 熱的はつり法によるスカーフィング加工について | 150 |
| コラム | 作動ガスに圧縮エアを使用すれば… | 150 |

## Chapter 5　溶接作業の勘どころ

| 5-1 | 被覆アーク溶接作業 | 152 |
| コラム | 定電流特性電源の存在も忘れずに… | 158 |
| コラム | 被覆アーク溶接棒の溶接電流範囲 | 158 |

| コラム | ユニークな訓練課題 | 167 |
| 5-2 | 炭酸ガスアーク溶接作業 | 168 |
| コラム | マグ溶接用ワイヤの溶接電流範囲 | 173 |
| 5-3 | ティグ溶接作業 | 186 |
| コラム | 純タングステン電極に溶融突起物が… | 190 |
| コラム | 拘束ジグの初期温度にも気を配ろう！ | 202 |

## Chapter 6　各種金属の溶接施工のワンポイント

| 6-1 | 鉄（鋼）の溶接 | 204 |
| コラム | 鋼材表面の黒皮は不純物 | 216 |
| 6-2 | ステンレス鋼の溶接 | 217 |
| コラム | 炭素鋼とステンレス鋼の異材溶接 | 230 |
| 6-3 | アルミニウム（合金）の溶接 | 231 |
| コラム | 他にもあるアルミニウムのティグ溶接機能 | 242 |
| コラム | 実験計画法のススメ | 244 |

## 巻末資料

溶接資格のご案内 …………………………………………… 246

索引 ……………………………………………………………… 248
参考文献 ………………………………………………………… 252

---

本書では、JIS溶接技能者評価試験の基本級種目である下記の種目に相当する課題に関し、作業などの要領について解説しています。
突合せ溶接（N-2F相当）…P164／突合せ溶接（SN-2F相当）…P183／ステンレス鋼の突合せ溶接（TN-F相当）…P198／アルミニウムの突合せ溶接（TN-1F相当）…P200

# Chapter 1

# 溶接って何だろう？

溶接技術を理解するためには、溶接のメリットやデメリット、接合のメカニズムや種類などを知っておく必要があります。このChapterでは、これらのことを説明していきます。

## 1-1 金属をつなぐ方法の仲間たち

金属をつなぐ方法には、いろいろなものがあります。ここでは、これらを大別し、各々の接合法のメリットやデメリットについてみていきましょう。

### いろいろな接合方法

　金属をつなぐ方法には、機械的に組み立てる方法（**機械的接合法**）と金属が持つ特性を利用して接合する方法（**冶金的接合法**）があります。この他、接着剤を用いる接着法があります。

　機械的接合法には、ボルトやリベットのように締結材を用いて行う方法や、板の端を折り曲げて接合する方法、締め付けて（かしめて、または圧入して）接合する方法などがあります。一方、冶金的接合法には、金属の接合部を局部的に溶融接合する方法（**融接**といいます）や、加熱した接合部に圧力を加えて接合する方法（**圧接**といいます）、接合しようとする金属（**母材**といいます）は溶かさないで、接合部の隙間に母材の融点より低い金属を溶かして**毛管現象**＊を利用し、隙間に浸透させて接合する方法（**ろう接**といいます）があります。このような冶金的接合は、一般に**溶接**と言われています。

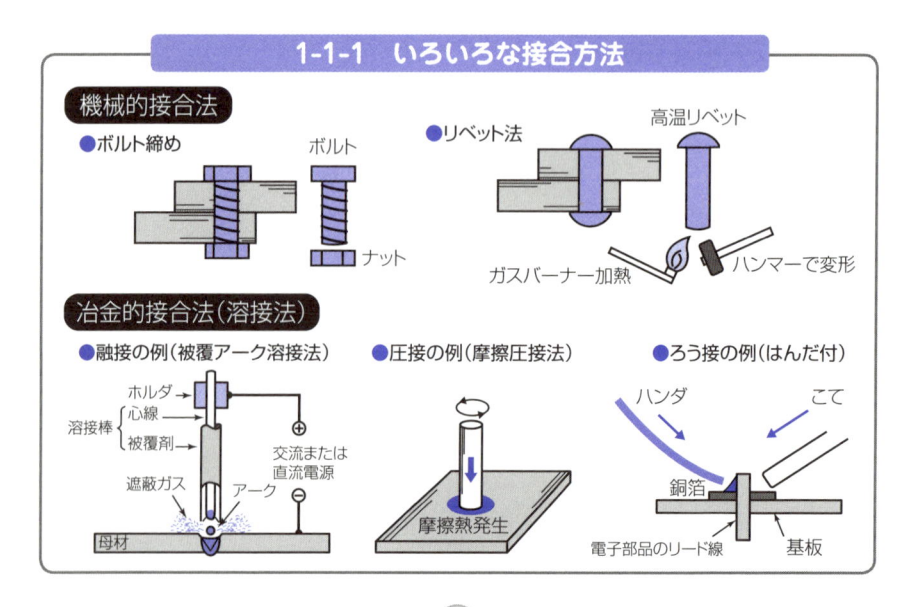

**1-1-1　いろいろな接合方法**

●機械的接合法
- ボルト締め（ボルト／ナット）
- リベット法（高温リベット／ガスバーナー加熱／ハンマーで変形）

●冶金的接合法（溶接法）
- 融接の例（被覆アーク溶接法）：ホルダ／心線／被覆剤／溶接棒／交流または直流電源／遮蔽ガス／アーク／母材
- 圧接の例（摩擦圧接法）：摩擦熱発生
- ろう接の例（はんだ付）：ハンダ／こて／銅箔／電子部品のリード線／基板

## 機械的接合法のメリット、デメリット

次に、機械的接合法のメリット、デメリットについて考えてみましょう。例えば、ボルト締めを想像して下さい。母材にドリル等で穴を開けなければなりません。リーマと呼ばれる工具で穴の内面を滑らかにかつ穴径を正確に仕上げることもあるでしょう。ねじ切りのためのタップ立て作業も必要になります。また、接合部はいわゆる"点"ですから、強度などの信頼性を増すためには、接合点数を増やす必要があり、結果的に工数が多くなります。また、接合の継手部が"重ね"になることや締結部品を考えると重量が重くなります。さらに加工に失敗したときはどうでしょうか？　補修が困難です。「溶接で穴埋め補修」という話もありますが、部材の交換が必要になるなど材料費がかさみ、結果的に製作にかかるトータルコストが高くなります。

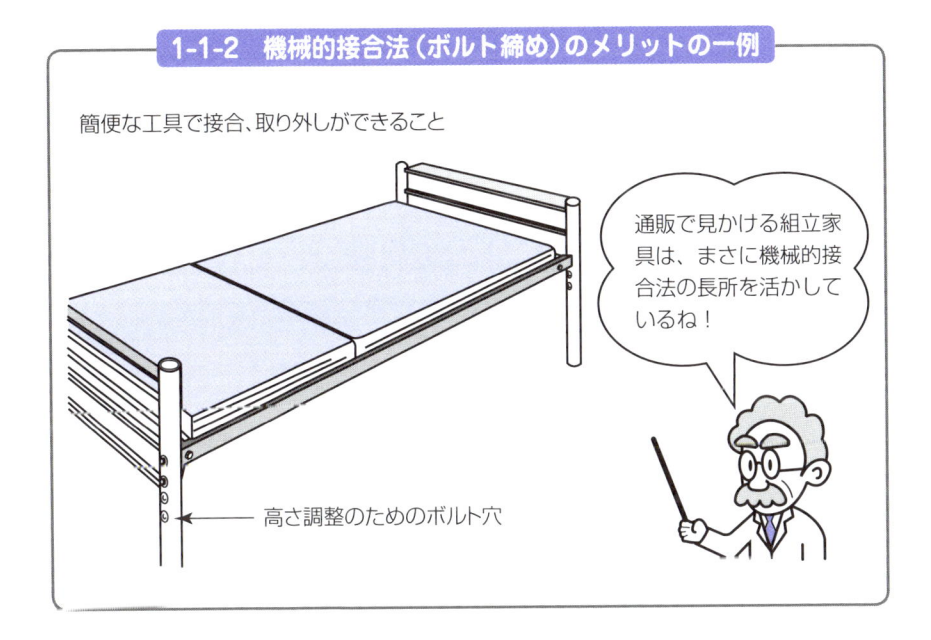

**1-1-2　機械的接合法（ボルト締め）のメリットの一例**

簡便な工具で接合、取り外しができること

高さ調整のためのボルト穴

通販で見かける組立家具は、まさに機械的接合法の長所を活かしているね！

悪いことばかり書きましたが、もちろん良いところもあります。モンキーレンチなどの簡便な工具で容易に接合したり取り外しも行えます。例えば、ボルト締めの場合、ユーザ自身で組み立てたり、カスタマイズすることを前提に、あらかじめ穴加工された部材や締結材だけをユーザに提供することができます。このような長所を活かした

＊毛管現象　液体中に細い管を立てた時、管内の液体が他の液面より高くなったり、低くなったりする現象。

例に、組み立て家具があります。組み立て家具の具体例として、例えば高さ調整が可能なパイプベッドはどうでしょうか？ 高さ調整ができるように柱パイプに多数の穴が開いています。ボルトを取り外したり、接合したりして高さを調整することができます（図1-1-2参照）。さらに、取り外しが容易にできるということは、廃棄時に材質ごとの分別が容易で、今のリサイクル社会の風潮を考えると大きなメリットといえます。また、もう一つ大切な点として接合部が熱による悪影響を受けないことから、溶接が困難な材料の接合などには機械的接合法が用いられます。

## 冶金的接合法のメリット、デメリット

一方、冶金的接合法のメリット、デメリットは、おおまかに機械的接合法のそれらと逆になっています。工数は機械的接合よりも比較的少なくて済みます。また、多くの接合法は、"点"ではなく"線"状につながります。ということは、タンクやボンベなど水密・気密性が要求される場合に大きなメリットを発揮します。また、"線"でつながるので強度が保てます。たとえ接合に失敗した場合に補修が可能になるケースがあります。

### 1-1-3 各種接合法のメリット、デメリット

| | 機械的接合法 | 冶金的接合法（溶接法） |
|---|---|---|
| メリット | ● 信頼性の高い接合ができる<br>● 簡便な工具で容易に接合や取り外しができる<br>● 接合部の検査が容易にできる<br>● 接合する材質の制限がない | ● 製品重量を軽減できる<br>● 接合時間が短く、製作時間を短縮できる<br>● 水密・気密性に優れる<br>● 母材の厚さ方向の接合に有利である<br>● 継手効率が高い<br>● 補修が可能なケースが多い |
| デメリット | ● 製品重量が重くなる<br>● 工数が多く、製作時間がかかる<br>● 接合材の厚みに制限がある<br>● 補修が困難である | ● 局部的に急熱・急冷による変形を生じる<br>● 残留応力を発生し、継手性能に悪影響を及ぼす<br>● 母材の性質が溶接熱によって変化する<br>● 解体に手間がかかる |

逆に、冶金的接合法では、熱による母材へのダメージは無視できません。多くの場合、接合部およびその周囲の性質が品質上悪化する傾向があります。また変形（歪み）が生じます。たとえ見かけ上、変形がなくても接合部の近傍に**残留応力**といわれるストレスが残ります。このストレスは、割れなどの不具合を発生する原因となることもあります。他にも色々なメリット、デメリットがありますが、機械的接合法も含めて詳細を図1-1-3にまとめましたのでご覧下さい。

以上のように、機械的接合法、冶金的接合法には、様々なメリット、デメリットがありますので、これらの特徴をよく把握した上で最適な接合方法を選択しましょう。

また、品質や用途などの要求事項や材料の組み合わせ、複雑な継手形状など場合によっては、機械的および冶金的接合法を併用するのが効果的です。図1-1-4の写真は、その一例です。事前によく検討してみましょう。

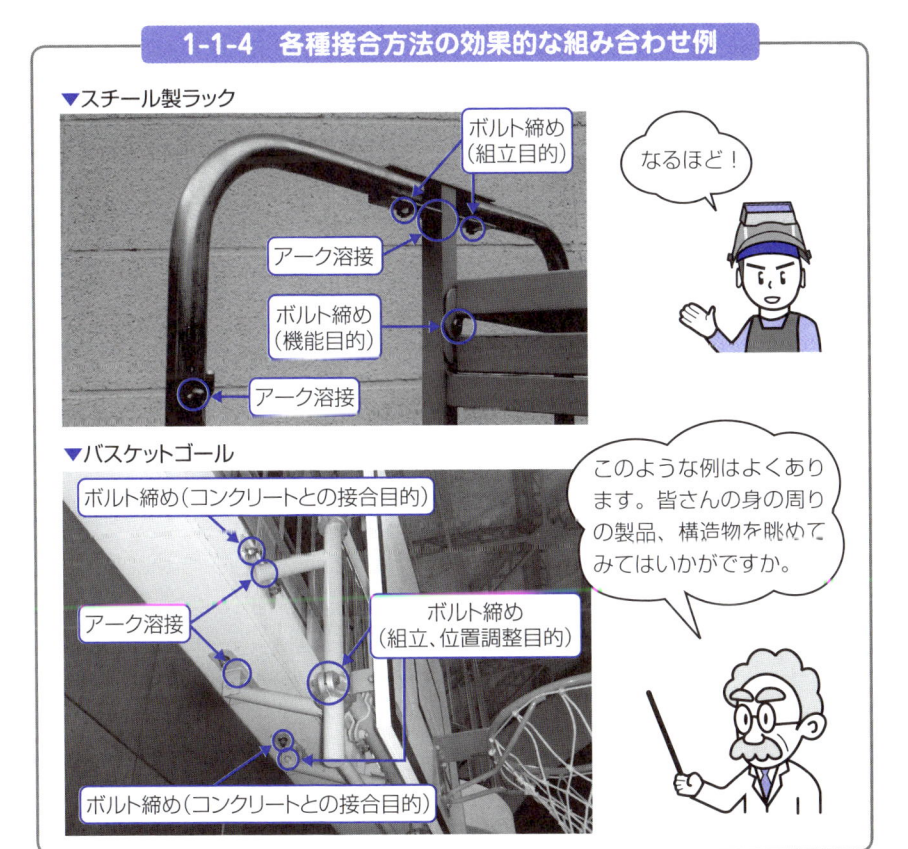

### 1-1-4　各種接合方法の効果的な組み合わせ例

▼スチール製ラック

- ボルト締め（組立目的）
- アーク溶接
- ボルト締め（機能目的）
- アーク溶接

▼バスケットゴール

- ボルト締め（コンクリートとの接合目的）
- アーク溶接
- ボルト締め（組立、位置調整目的）
- ボルト締め（コンクリートとの接合目的）

なるほど！

このような例はよくあります。皆さんの身の周りの製品、構造物を眺めてみてはいかがですか。

# 1-2 溶接の基本的メカニズム

次に、溶接（冶金的接合法）のメカニズムについてみていきましょう。マクロまたはミクロな視点から基本的な事柄を記していきます。

## 「溶接」とは・・・

この節の最初に、「溶接」の定義についてお話します。日本工業規格JIS Z 3001-1（溶接用語-第1部：一般，2008年制定）によれば、溶接とは次のように定義されています。

『2個以上の母材を、接合される母材間に連続性があるように、熱、圧力、又はその両方によって一体にする操作*』

例えば、図1-2-1の左のケースがそうです。それでは右のケースはどうでしょう？表面的には、あたかも連続して一体化しているように見えますが、板厚方向には繋がっていません。これではダメです。実は、このケースが、1995年に発生した阪神・淡路大震災の後、手抜き工事の事例として、ある大手新聞の1面トップで報道されていました。2つの母材が完全に一体化していないのですから強度不足になるのは当然のことです。以上のように、冶金的接合法である溶接では、両母材が連続性、一体性をもつように接合できることが最大の特長といえます。

### 1-2-1 溶接の良い例と悪い例

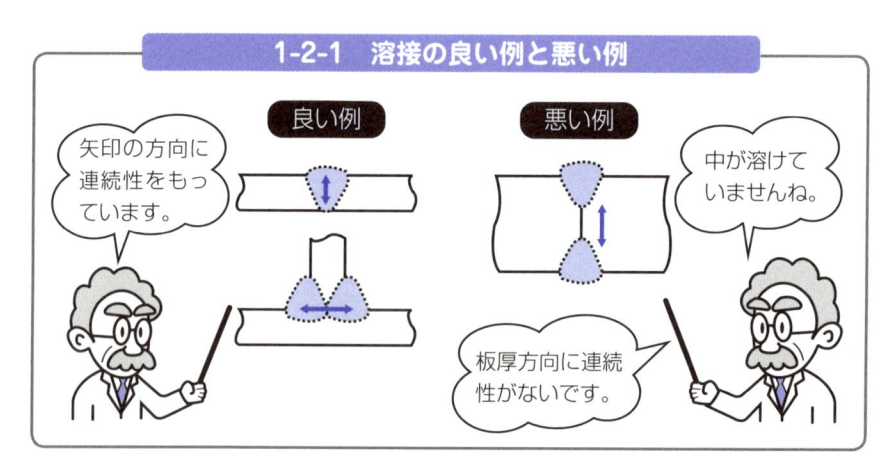

良い例：矢印の方向に連続性をもっています。

悪い例：中が溶けていませんね。板厚方向に連続性がないです。

## 溶接の基本的メカニズム（その1）

　次に、溶接の基本的なメカニズムについて説明します。まず、溶接部をミクロな視点で考えましょう。ミクロといっても「超ミクロ」な世界と言った方がよいかもしれません。溶接は、接合部において融接や圧接、ろう接といった接合方法の違いに関わらず、原子間の化学結合（原子間引力による結合）によってつながっています。

　化学結合には、金属結合やイオン結合、共有結合などの種類があります。このうち、金属結合は母材が金属どうしの溶接で生じます。また、イオン結合や共有結合は、金属とセラミックスの接合やガラスの接合などで生じます。そのメカニズムを、以下に図解しています。

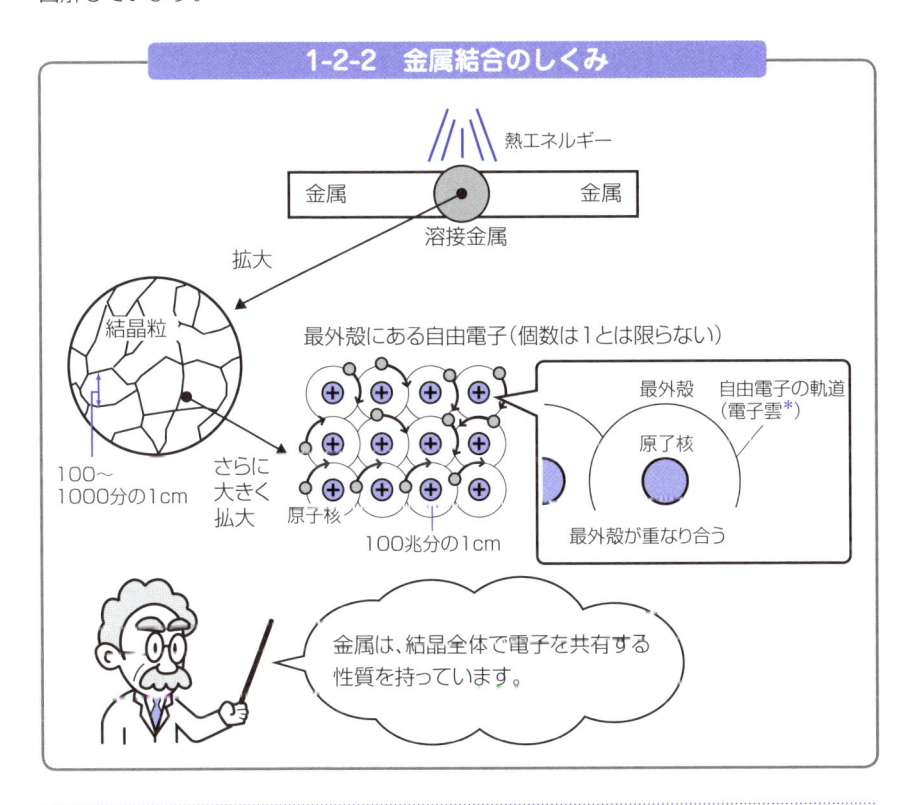

### 1-2-2　金属結合のしくみ

熱エネルギー
金属　溶接金属　金属
拡大
結晶粒
100～1000分の1cm
さらに大きく拡大
最外殻にある自由電子（個数は1とは限らない）
原子核
100兆分の1cm
最外殻　自由電子の軌道（電子雲\*）
原子核
最外殻が重なり合う

金属は、結晶全体で電子を共有する性質を持っています。

---

\*…にする操作　この他、JISには注記として溶加材を用いても、用いなくてもよいことや、**サーフェシング**と呼ばれる母材表面に層（肉盛り）を加える方法も含まれることが記載されている。

\*電子雲　「でんしうん」と呼び、原子において電子が存在する確率として示したものである。実際には図1-2-2に示した円ではなく、雲のようにぼんやりと分布している状態である。

## 1-2-3 イオン結合のしくみ

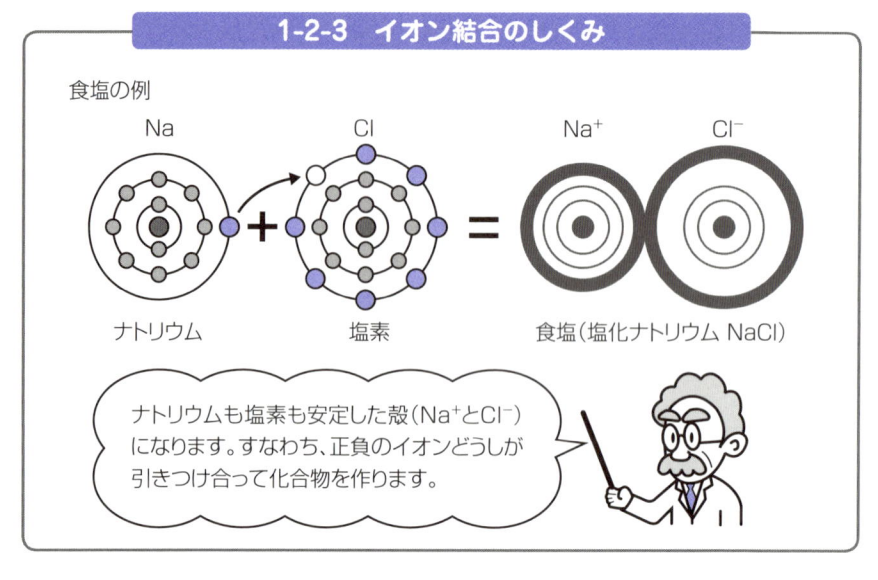

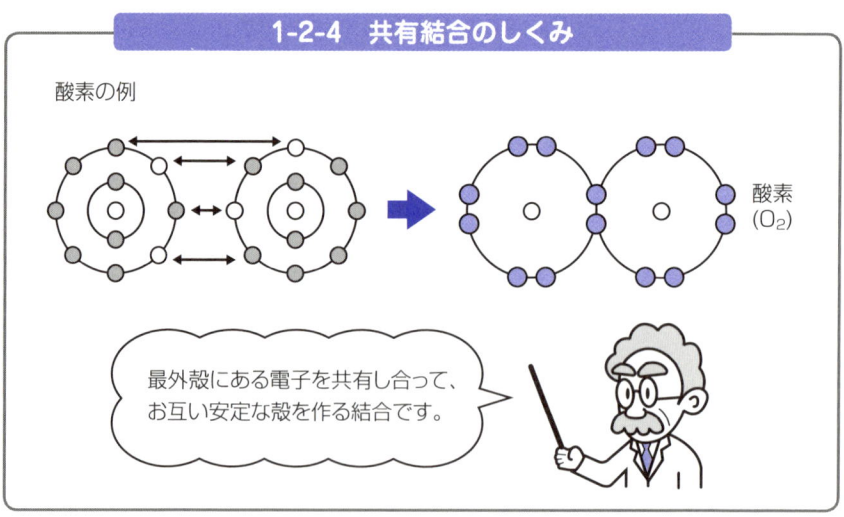

食塩の例

ナトリウム　塩素　　食塩（塩化ナトリウム NaCl）

ナトリウムも塩素も安定した殻（$Na^+$と$Cl^-$）になります。すなわち、正負のイオンどうしが引きつけ合って化合物を作ります。

## 1-2-4 共有結合のしくみ

酸素の例

酸素（$O_2$）

最外殻にある電子を共有し合って、お互い安定な殻を作る結合です。

### 溶接の基本的メカニズム（その2）

次は、マクロな視点からです。2つの母材の接合面を考えてみましょう。接合面を境界にして、左右（上下でもよいです）2つの母材の溶接のメカニズムを考えたとき、次の組み合わせがあります（図1-2-5参照）。

TypeⅠ：液相と液相
TypeⅡ：液相と固相
TypeⅢ：固相と固相

液相とは、液体の状態を、固相とは、固体の状態だと考えて下さい。

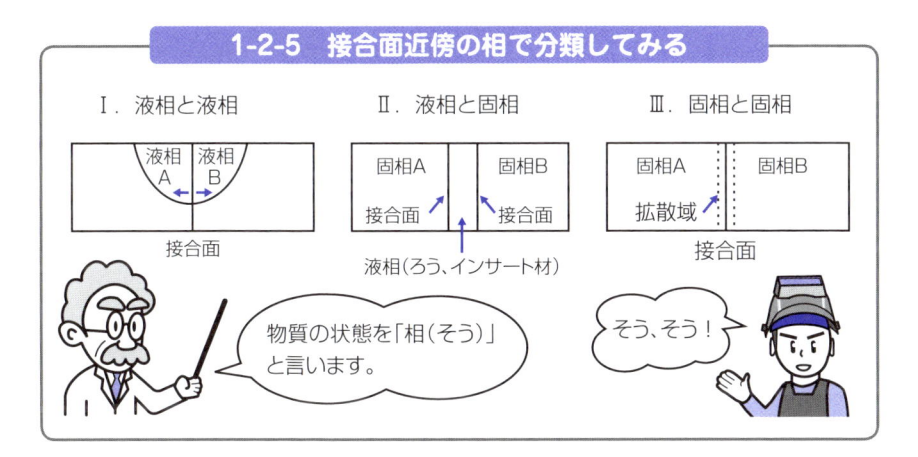

### 1-2-5　接合面近傍の相で分類してみる

Ⅰ．液相と液相
液相A　液相B
接合面

Ⅱ．液相と固相
固相A　固相B
接合面　接合面
液相（ろう、インサート材）

Ⅲ．固相と固相
固相A　固相B
拡散域
接合面

物質の状態を「相（そう）」と言います。

そう、そう！

　TypeⅠは、私たちが一般的にイメージする「溶接（溶融接合）」です。互いの母材どうしが溶融し合って接合します。したがって、この形態の接合を健全に実施するためには、部材の接合対象面に、酸化物など接合の妨げになる汚染層があれば、除去するか分散させることが必要となります。このことの詳細は、後で触れます。

　TypeⅡは、はんだ付のようなろう接が代表例です。接合部に液相を形成させる点は、TypeⅠと同じですが、この液相部には母材より低融点の金属（合金）である「ろう」やインサート材などを利用します。基本的には母材を積極的に溶融させずに接合を達成させることに特徴があります[*]。この形態の接合で重要なことは、ろうやインサート材が溶融することによってできた液相が、接合部のすき間を確実に埋めることです。そのためには、ろうやインサート材の「母材とのぬれ性」と「流動性」が重要になります。

　この「ぬれ」と「流動性」を向上させるために**フラックス**と呼ばれる溶剤を使用した

---

[*]…**があります**　ミクロな立場からみると、接合界面近傍の母材が僅かに溶融を伴っているケースもある。例えば、鋼とアルミニウムの接合が可能な**アークブレージング**のような接合法がこれに相当する。

り、熱の与え方を工夫するなど様々なノウハウがあります。TypeⅠにおいて割れなどが発生しやすい材料の接合や異種金属の接合、セラミックスなど非鉄金属の接合に広く用いられています。

　TypeⅢのメカニズムの基本は、「変形」と「拡散」です。「変形」は、**塑性変形**といって、ある限界以上の力がかかって変形した後、力を除いても変形したままで元に戻らなく変形です。「拡散」は、主に原子の移動を意味します。

　例えば、この形態の接合で代表的な「**摩擦攪拌接合（FSW）**」を例に説明します。FSWは、図1-2-6に示すように先端に突起のある円筒状のツールを回転させながら強い力で押し付けることで突起部（プローブ）を接合部に貫入させ、これによって摩擦熱を発生させて母材を軟化させるとともに、ツールの回転力によって接合部周辺を塑性変形させると同時に変形部を流動させ、いわば練り混ぜることで「変形」と流動による「拡散」によって部材を構成している原子どうしを原子間引力が働くまで接近させて接合させています。

　こうしたFSWは、接合部の継手効率が高く、また熱による変形が溶接（溶融接合）と比べて非常に少ないなどの特長があり、現在、接合技術の分野において、脚光を浴びている接合法の一つです。

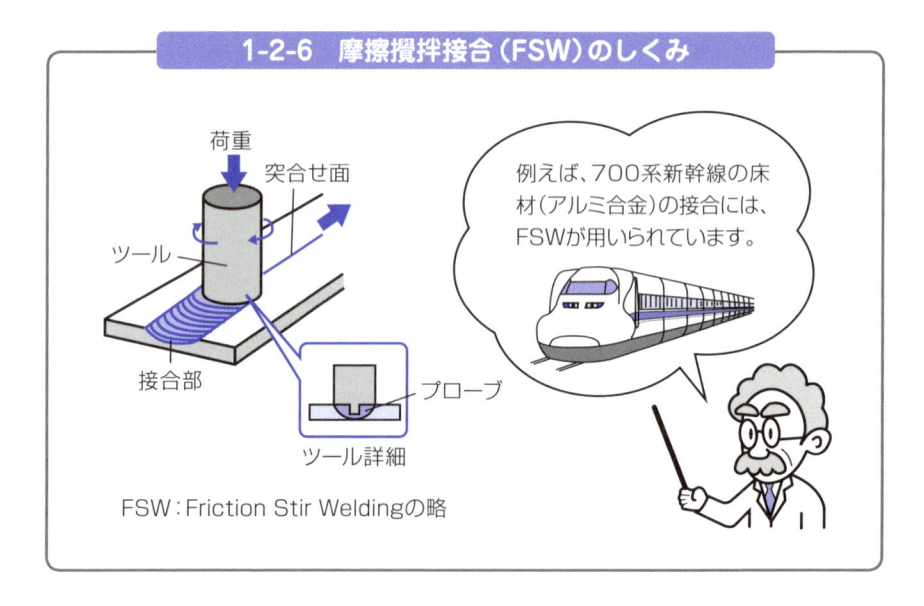

### 1-2-6　摩擦攪拌接合（FSW）のしくみ

FSW：Friction Stir Weldingの略

# 1-3 溶接法の仲間とその特徴

1-1節で述べたように溶接法（冶金的接合法）には、融接、圧接、ろう接があります。ここでは、これらの種類と特徴などをみていきましょう。

## 溶接法の種類

溶接法にはたくさんの種類がありますが、前に述べた融接、圧接、ろう接に分けて整理してみましょう（図1-3-1参照）。

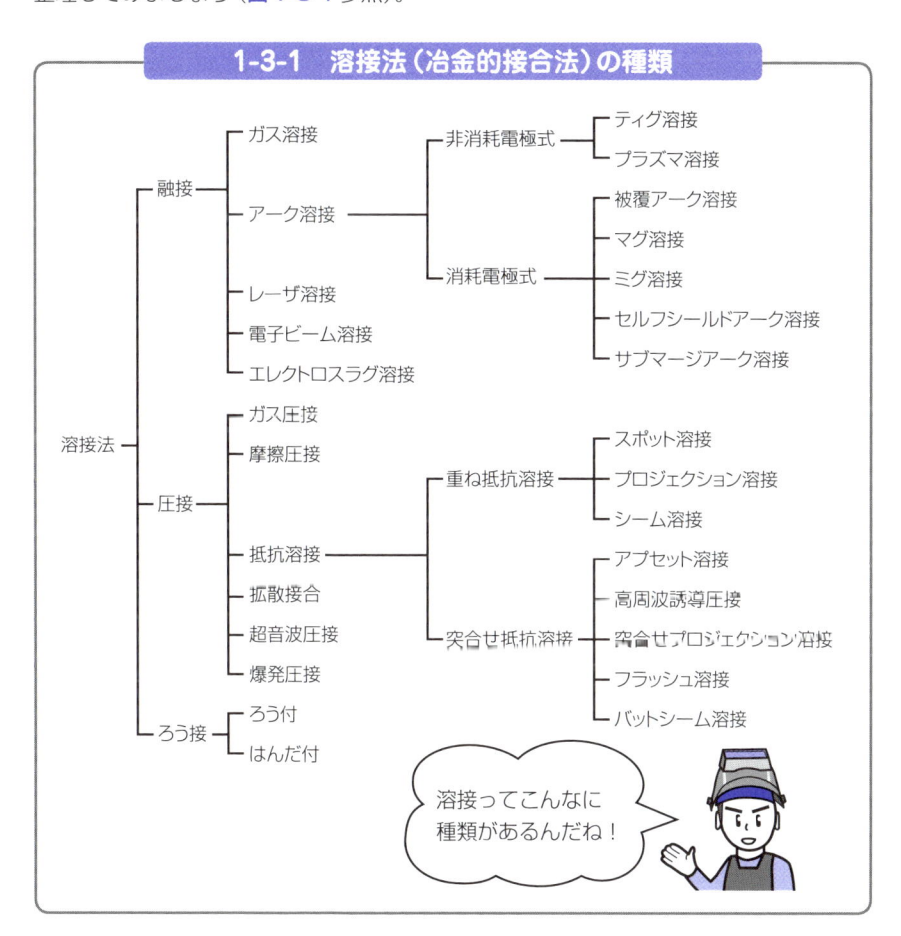

### 1-3-1　溶接法（冶金的接合法）の種類

- 溶接法
  - 融接
    - ガス溶接
    - アーク溶接
      - 非消耗電極式
        - ティグ溶接
        - プラズマ溶接
      - 消耗電極式
        - 被覆アーク溶接
        - マグ溶接
        - ミグ溶接
        - セルフシールドアーク溶接
        - サブマージアーク溶接
    - レーザ溶接
    - 電子ビーム溶接
    - エレクトロスラグ溶接
  - 圧接
    - ガス圧接
    - 摩擦圧接
    - 抵抗溶接
      - 重ね抵抗溶接
        - スポット溶接
        - プロジェクション溶接
        - シーム溶接
      - 突合せ抵抗溶接
        - アプセット溶接
        - 高周波誘導圧接
        - 突合せプロジェクション溶接
        - フラッシュ溶接
        - バットシーム溶接
    - 拡散接合
    - 超音波圧接
    - 爆発圧接
  - ろう接
    - ろう付
    - はんだ付

溶接ってこんなに種類があるんだね！

## 1-3 溶接法の仲間とその特徴

　融接は、使用するエネルギー（熱源）によってそれぞれ名前がつけられています。ガス炎（ガスバーナ）を熱源とするものは、「**ガス溶接**」、後で説明するアーク放電を熱源とするものは、「**アーク溶接**」、レーザ光を利用するものは、「**レーザ溶接**」…という風にです。

　圧接は、その多くが溶接の原理となっているキーワードが名前につけられています。例えば、ガス炎で接合部を加熱した後に圧力をかけて接合する方法が「**ガス圧接**」、接合部に電気を流し、接合部に発生した抵抗発熱を利用して接合する方法が「**抵抗溶接**」です。

　一方、ろう接は、接合部の隙間に溶かし込む**ろう**材の種類によって大別され、ろうの融点が450℃以上のものを使用するのが「**硬ろう付**\*」、ろうの融点が450℃未満のものを使用するのが「**軟ろう付**\*」です。

　以下、圧接とろう接について、代表的なプロセスを例にその原理と特徴について解説します。なお、融接については、本書の主役であるアーク溶接法を例に次の節で解説します。

---

### COLUMN　"From 機械的接合 to 溶接"の成功事例

　私が以前勤めていた職場でのことです。学生の研究テーマに「競技用電気自動車の製作」に取り組まれている電気系専攻の先生がいました。地元において、毎年、規定のバッテリーでいかに長い距離を走れるかを競い合う自動車競技大会が開催されていまして、これに出場し入賞することを目的に毎年活動されていました。

　ただし、5年連続出場するものの、中々上位にランクインすることが出来ません。聞けば、原因の一つに車両の軽量化が思うように進まなかったとのこと。実際に車両の構造を見せてもらうと、フレームの材質がアルミニウム製であるのは良かったのですが、接合部がすべてリベットやボルト締めでした。

　そこでほとんどの接合箇所を溶接に変更することを提案し、これに付随して設計も再検証しました。結果的に予想以上に車両の軽量化を図ることができました。単なる接合部分の重量減だけでなく、溶接を前提とすることで設計の自由度が上がったことも大きな要因でした。結果的には大会で自己ベストを更新。翌年には準優勝を獲得することができました。まさに溶接技術が貢献した事例です。

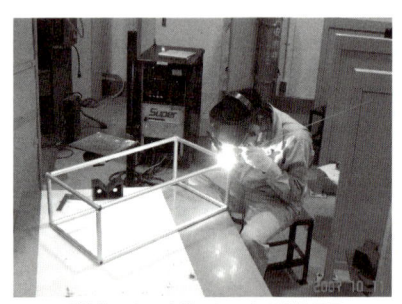

▲ティグ溶接による車体フレームの製作風景

---

＊**硬ろう付**　「ブレージング」とも呼ばれている。
＊**軟ろう付**　「はんだ付」とも呼ばれている。

## 圧接のしくみ

圧接のしくみとして、ここでは**抵抗スポット溶接**を例に説明します。図1-3-2に示すように母材を重ね合わせた継手に対し、上下にはさむように配置した電極で加圧しながら交流または直流の大きな電流を短時間流すことで、接合部に抵抗発熱を発生させ、局部的に溶融させることで溶接が行われます。このように圧接は、継手に機械的な圧力をかけつつ溶接を行うのが特徴です。

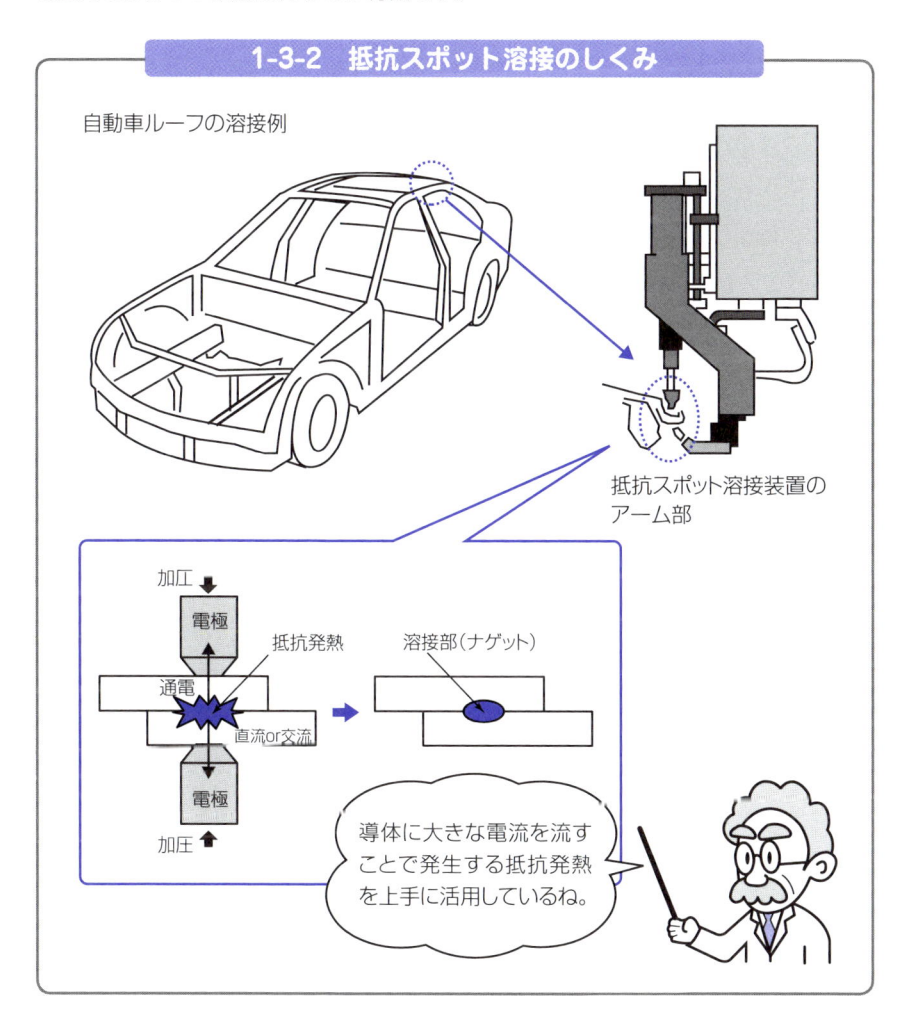

**1-3-2　抵抗スポット溶接のしくみ**

自動車ルーフの溶接例

抵抗スポット溶接装置のアーム部

加圧　電極　抵抗発熱　溶接部（ナゲット）
通電
直流or交流
電極
加圧

導体に大きな電流を流すことで発生する抵抗発熱を上手に活用しているね。

なお、抵抗スポット溶接は、原理的にほとんどの金属に適用できますが、市場では、鉄（鋼）やステンレス鋼、アルミニウム合金の薄板材に多く適用されています。また、適用分野は、多くの場合、自動車や家電などの多量生産工場になります。ただし、必ずしも多量生産にしか向いていないというわけではなく、多種多様の金属部品どうしを特別な技量を必要とせずに容易に溶接することができるので、種々の工場で広く活用されています。

## ろう接のしくみ

ろう接のしくみとして、**はんだ付**を例に説明します。前述のようにはんだ付は「ぬれ性」と「浸透性」がポイントとなります。

まず、「ぬれ」について具体的に説明しましょう。今、ガラス板とパラフィン紙（機械部品や刃物の梱包に使用されるロウ紙）に水滴を落としたとします。そうしますと、ガラス板の上では水滴が薄く拡がり、ぬれが良いのに対して、パラフィン紙上では球状になり、ぬれが悪い状態になります。これらの「ぬれ」を表わす尺度として図1-3-3に示すような接触角（$\theta$）が用いられます。

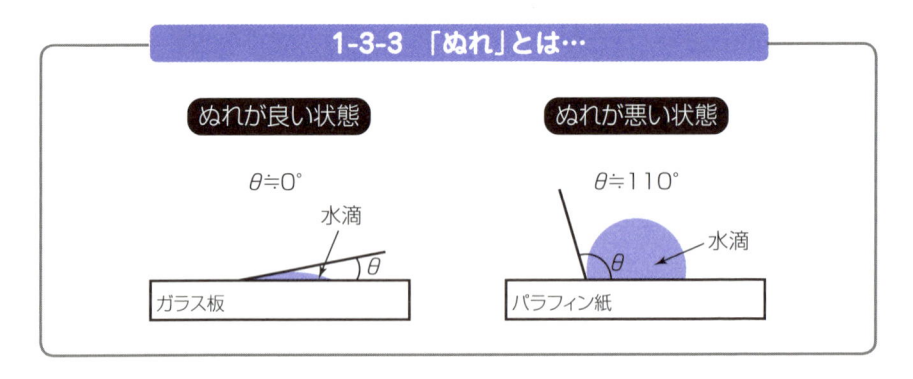

**1-3-3 「ぬれ」とは…**

ぬれが良い状態　　$\theta \fallingdotseq 0°$　水滴　ガラス板

ぬれが悪い状態　　$\theta \fallingdotseq 110°$　水滴　パラフィン紙

すなわち$\theta$は、水滴の表面が固体面と接する点において水滴面に引いた接線と固体面とのなす角度です。ガラス板では$\theta \fallingdotseq 0°$、パラフィン紙では$\theta \fallingdotseq 110°$程度になります。この場合、ガラスは水にぬれる、パラフィンはぬれにくいといいます。一般的には、$\theta < 90°$の場合を"ぬれる"、$\theta > 90°$の場合を"ぬれない"としています。はんだ付での「ぬれ」は、母材の汚れや酸化皮膜などの表面状態や、はんだと母材とのなじみ具合によって複雑になります。

「浸透性」は、先に述べた毛管現象によるろうの接合部への浸透性のことです。はん

だ付では、溶けたはんだが接合部の狭い隙間に短時間で浸透することが必要なためにこの「浸透性」が大変重要になります。はんだが毛管現象により接合部の狭い隙間に浸透して上昇する能力は、はんだの表面張力と隙間の寸法に大きく依存します。例えば、隙間が0.1mmの垂直な黄銅板のはんだ付において、溶融はんだが上昇する高さは、理論上、約90mmにもなります*。

　はんだ付（ろう接）ではこの現象を巧みに利用しています。例えば、図1-3-4に示すように母材が3つの複雑な接合部をはんだ付する場合に、はんだを接合部の全体にわたって供給しなくともa点の1箇所において加熱するだけで、a点で溶けたはんだが毛管現象によってab、bc、bdへと浸透して全体が均一にはんだ付されるようになります。つまり、接合部の表面状態と隙間が適切に設定されていれば、溶融はんだを隙間に均一に浸透させることができるのです。

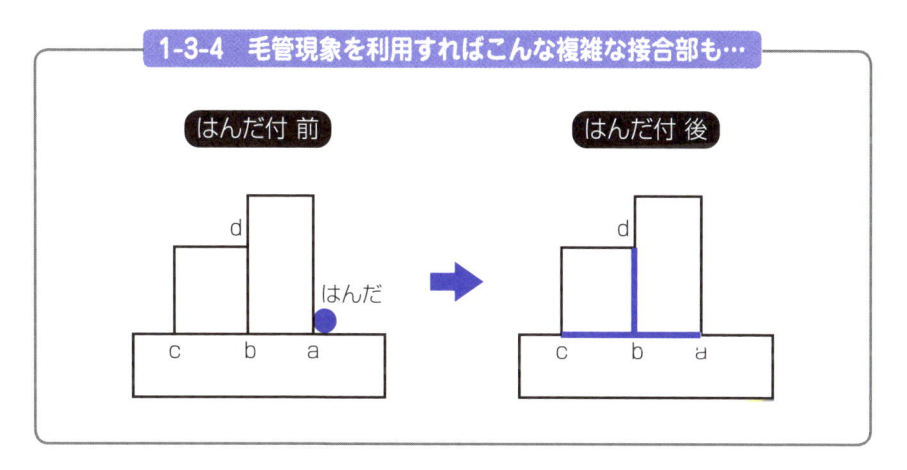

**1-3-4　毛管現象を利用すればこんな複雑な接合部も…**

このような現象は、冶金的接合法の中では、はんだ付だけにみられ、他の溶接法にはみられない独特な特長といえます。こういった特長は、マイクロエレクトロニクス分野の接合技術に大きく貢献し、微小部の接合技術である**マイクロソルダリング**\*技術の分野においても活かされています。

---

\*…にもなります　　　実際には、フラックスやはんだの粘性抵抗や介在物などのため、その上昇高さは50〜60mm程度になる。
\***マイクロソルダリング**　数mm（数cm）程度の大きさの部品をはんだ付する「微細はんだ付」のこと。

## 1-4 利用価値の高いアーク溶接

冶金的接合法である融接の中で、最も多く使用されているのがアークを熱源とするアーク溶接です。ここでは、アークの特性やアーク溶接法の種類について概説します。

### アークとは

　新幹線などの高速鉄道が走っている時に、鉄道のパンタグラフと架線と呼ばれる電線の間に青白い光を発しているのを見たことがありますか？　この光は、**アーク**と呼ばれています。アークとは、気体の放電現象の一種です。高温で強い光を発するのが特徴です。この高温というのが重要で、アークの温度は5000℃～20000℃程度あるといわれています\*。これは、太陽の表面温度以上のレベルです。鉄の溶融温度は、約1500℃程度ですから、溶接を効率的に行うのには、都合の良い熱源と言えます。

#### 1-4-1　身近で見られるアーク

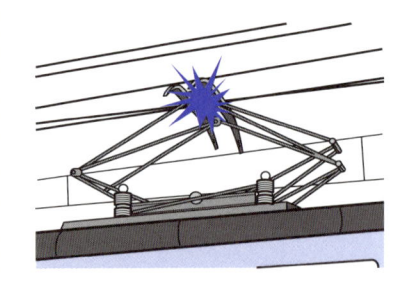

高速鉄道のパンタグラフ上に発生したアーク　　溶接で使用されるアーク（ティグ溶接の例）

　先ほど説明したパンタグラフと架線の間に発生したアークは、瞬間的かつ断続的な現象です。溶接に利用するためにはアークを安定に放電し続けなければなりません。このためには、適切な電源や電極などが必要になります。例えば、二電極間に適切な電源を接続して通電します。そして電極どうしを引き離すと両電極間にアークが発生

\*…といわれています　アークの温度は、放電媒体の種類や気圧、電流の大きさ等によって変化する。

します。このアークは、見た目に弧（円弧）を描いています。これは、発生した高温アークにより周囲の空気が膨張され、上昇気流が生じたためです。弧は英語でArc（アーク）といいます。アークという名の由来は、ここからきています。

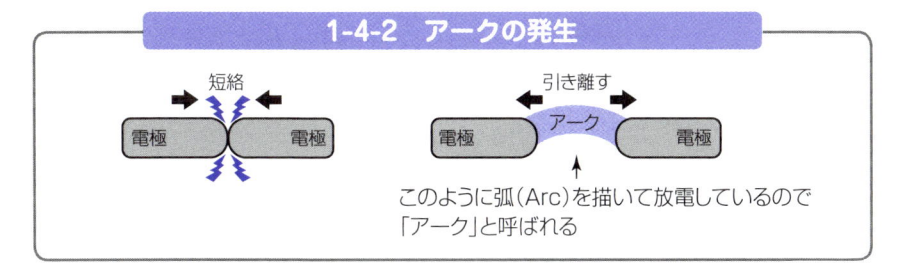

### 1-4-2　アークの発生

短絡　電極　電極

引き離す　電極　アーク　電極

このように弧（Arc）を描いて放電しているので「アーク」と呼ばれる

## アークの電気的特性

　もう1つ知っていただきたいアークの特徴として、低電圧で大きな電流が流れることが挙げられます。図1-4-3に様々な放電状態における電流・電圧特性を示します。実際の溶接で適用されるアークの出力電流・電圧は、おおよそ5～1000A、8～40Vの範囲です。

### 1-4-3　様々な放電現象

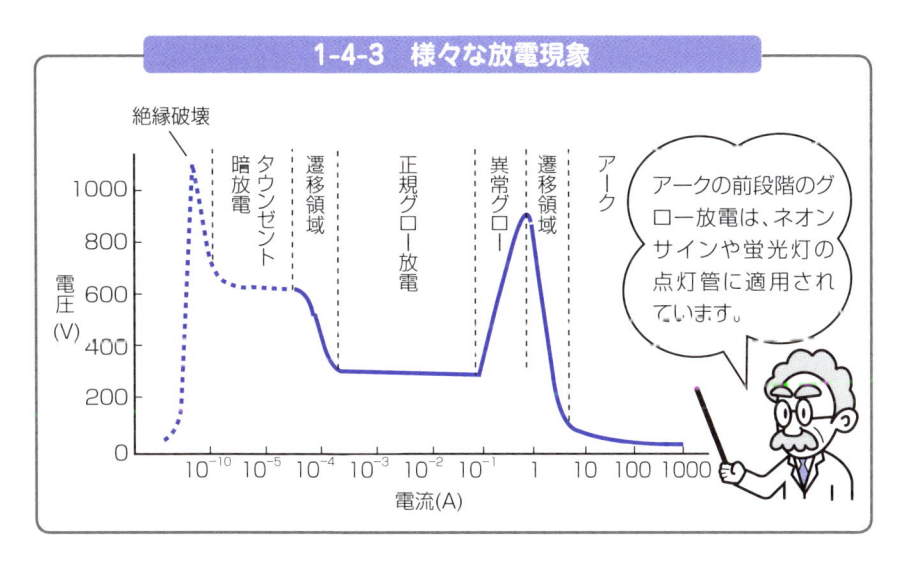

絶縁破壊　暗放電　タウンゼント　遷移領域　正規グロー放電　異常グロー　遷移領域　アーク

電圧(V)：1000, 800, 600, 400, 200, 0
電流(A)：$10^{-10}$, $10^{-5}$, $10^{-4}$, $10^{-3}$, $10^{-2}$, $10^{-1}$, 1, 10, 100, 1000

> アークの前段階のグロー放電は、ネオンサインや蛍光灯の点灯管に適用されています。

　今度は、先ほどの2つの電極の一方は母材として、もう1つは放電電極として考えましょう。図1-4-4の右上をみてください。アーク自身は、スパーク時のエネルギーで

## 1-4 利用価値の高いアーク溶接

周囲の気体をマイナスの電子とプラスのイオンに電離させた状態にあります（これを**プラズマ**状態といいます）。この時、マイナス電子とプラスイオンは、それぞれ母材および放電電極の近くに集まり、急激な電圧降下を発生します。陰極付近の電圧降下を**陰極降下電圧**、陽極付近の電圧降下を**陽極降下電圧**と呼んでいます。さらに、その間の空間（**アーク柱**といいます）も電圧降下（**アーク柱電圧降下**）を発生しています。以上の3つの電圧降下の合計を**アーク電圧**と呼んでいます。ただし、陽極電圧降下や陰極電圧降下は、その領域の厚みがかなり小さく（0.5mm未満）、アークの長さが変わってもほとんど変化がないといわれています。すなわち、アーク電圧の変化は、私たちが目視できるアーク柱の長さの変化でみればよいことになります。図1-4-4の下に示すようにアーク長さが長くなるとアーク電圧は上昇します。後で触れますが、このことが溶接条件の設定において重要な意味を持つことになります。覚えておいて下さい。

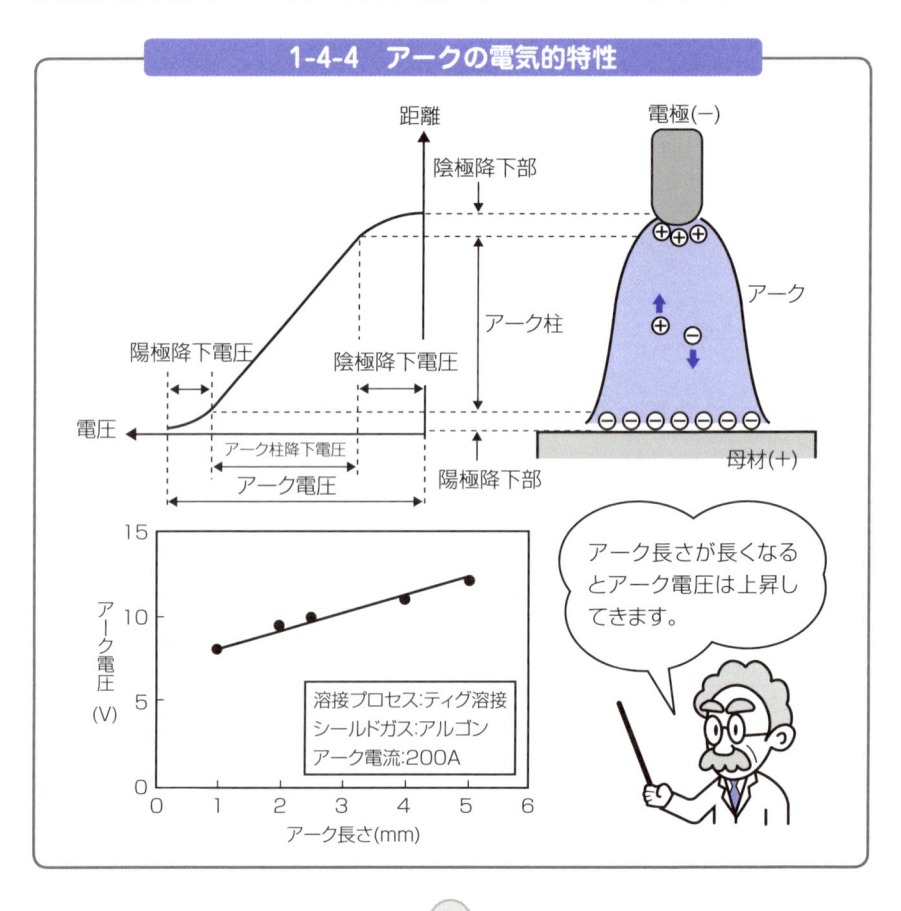

### 1-4-4 アークの電気的特性

アーク長さが長くなるとアーク電圧は上昇してきます。

溶接プロセス：ティグ溶接
シールドガス：アルゴン
アーク電流：200A

## アーク溶接法の種類

　アーク溶接法には、様々な種類がありますが、各々のアーク溶接法の原理や特徴などの詳細はChapter3で説明します。ここではアーク溶接法の概略を説明します。図1-4-5に、アーク溶接法を放電電極が溶ける方式（**消耗電極式**といいます）と、ほとんど溶けない方式（**非消耗電極式**といいます）に分類して概要を示しました。

　消耗電極式では、電極に母材とほぼ同じ成分の金属棒（**溶接棒**といいます）やワイヤを使用します。この溶接棒は、溶けて溶接金属の一部となるもので、これを**溶加材**とも呼びます。すなわち消耗電極式の電極は溶加材も兼ねているのが特徴です。

　一方、非消耗電極式では、アーク放電時に電極が溶けにくい高融点金属のタングステンが用いられます。タングステンは、放電特性に優れた熱陰極材として広く普及しています。ただし、このタングステンは、溶加材を兼ねていません。あくまでアークを放電、維持させる役割のみとなります。溶加材が必要になる場合は、別途、棒やワイヤを用意して溶融している箇所（**溶融池**といいます）に添加する必要があります。

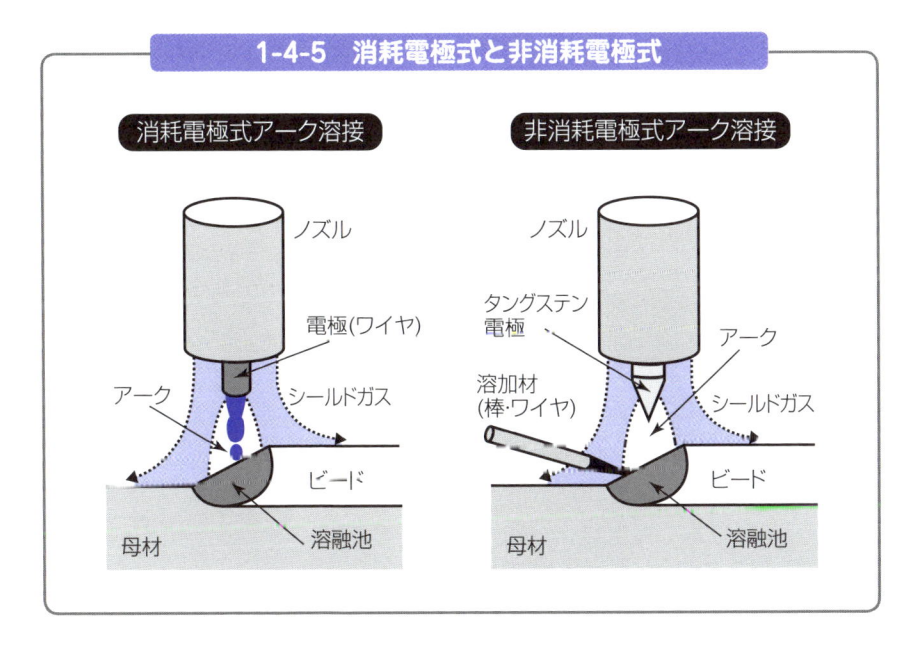

### 1-4-5　消耗電極式と非消耗電極式

**消耗電極式アーク溶接**
- ノズル
- 電極(ワイヤ)
- アーク
- シールドガス
- ビード
- 母材
- 溶融池

**非消耗電極式アーク溶接**
- ノズル
- タングステン電極
- 溶加材(棒・ワイヤ)
- アーク
- シールドガス
- ビード
- 母材
- 溶融池

## 1-4 利用価値の高いアーク溶接

### COLUMN えっ！ アークで切断？…プラズマ切断はすごい！

　本文では、アーク熱を利用した溶接法（アーク溶接）について説明しています。実は、アークは溶接以外にも切断、切削（はつり）、溶射、表面改質、鋳造など様々な加工に利用されています。ここでは、溶接分野でもよく利用されている切断利用についてご紹介します。

　アークの切断利用として有名なものとしてプラズマ切断法があります。中でも小規模事業所向けに圧倒的なシェアを占めているのがエアプラズマ切断法です。切断用ガスに圧縮エア、切断機には小容量（10～130A）の直流電源を用いるので、設備投資にかかる初期コストやランニングコストを安く抑えることができます。その特長は、

①あらゆる金属を切断することができる
②ガスバーナーによる切断と比べて熱変形が少ない
③切断スピードが速い

などであり、金属加工に係わる様々な産業で使用されています。

▲プラズマ切断現象

▲エアプラズマ切断法による切断サンプル
　（軟鋼SS400材、板厚12mm）

# Chapter 2

# 溶接ができる人になるためには

溶接ができる人になるためには、法令に関することをはじめ、溶接品質に関する事項、溶接プロセスや機器および溶接施工に関する知識等を知っておく必要があります。このChapterでは、アーク溶接を例に、これらのことを説明していきます。

## 2-1 安全衛生の特別教育を受ける

アーク溶接作業を行うためには、原則、安全衛生の特別教育を受けなければなりません。以下、その概要を説明します。

### ⚙ アーク溶接作業は、危険な業務（厚生労働省令）

労働安全衛生法第59条の第3項には、

『事業者は、危険又は有害な業務で、厚生労働省令で定めるものに労働者をつかせるときは、厚生労働省令で定めるところにより、当該業務に関する安全又は衛生のための特別の教育を行わなければならない。』

と書かれています。

それでは、厚生労働省令で定める「危険又は有害な業務」にはどんなものがあるでしょうか？　その答えは、労働安全衛生規則第36条に書いてあります。紙面の都合で全部を紹介できませんが、例えば、「研削と石の取替え、試運転」や「動力プレスの金型、シャーの刃、安全装置の取り付け、取り外しおよび調整」、「5トン未満のクレーンの運転」、「産業用ロボットの教示」など38の業務が明記されています。

アーク溶接作業は、この38の業務の中に含まれています。アーク溶接作業といっても具体的には、次のように明記されています。

『アーク溶接機を用いて行う金属の溶接、溶断等の業務』

つまり、厳密にはアーク溶接機を用いていれば、金属の溶接だけではなく、金属の溶断（切断）や切削（ガウジング）、加熱作業等も含まれることになります。例えば、溶接と溶断の両者の機能を兼ねそろえた機器によるプラズマ切断やエアアークガウジング、ティグアークを利用した加熱作業がこれに該当すると考えられます。

これらの作業に係わる業務につくには、原則、「安全又は衛生のための特別の教育」（通称：**特別教育**）を受講しなければなりません。

安全衛生の特別教育を受ける 2-1

### 2-1-1 「アーク溶接機を用いて行う金属の溶接、溶断等の業務」の例

**溶接作業**

ティグ溶接作業

**切断作業**

プラズマ切断作業

溶接／切断兼用機
(写真提供:株式会社ダイヘン)

**加熱作業**

例えば、ティグアークによる予熱作業

**ガウジング作業**

カーボン電極
進行方向
エア
保持角度 45°

エアアークガウジング作業

溶接／ガウジング兼用機
(写真提供:株式会社やまびこ)

## アーク溶接の特別教育

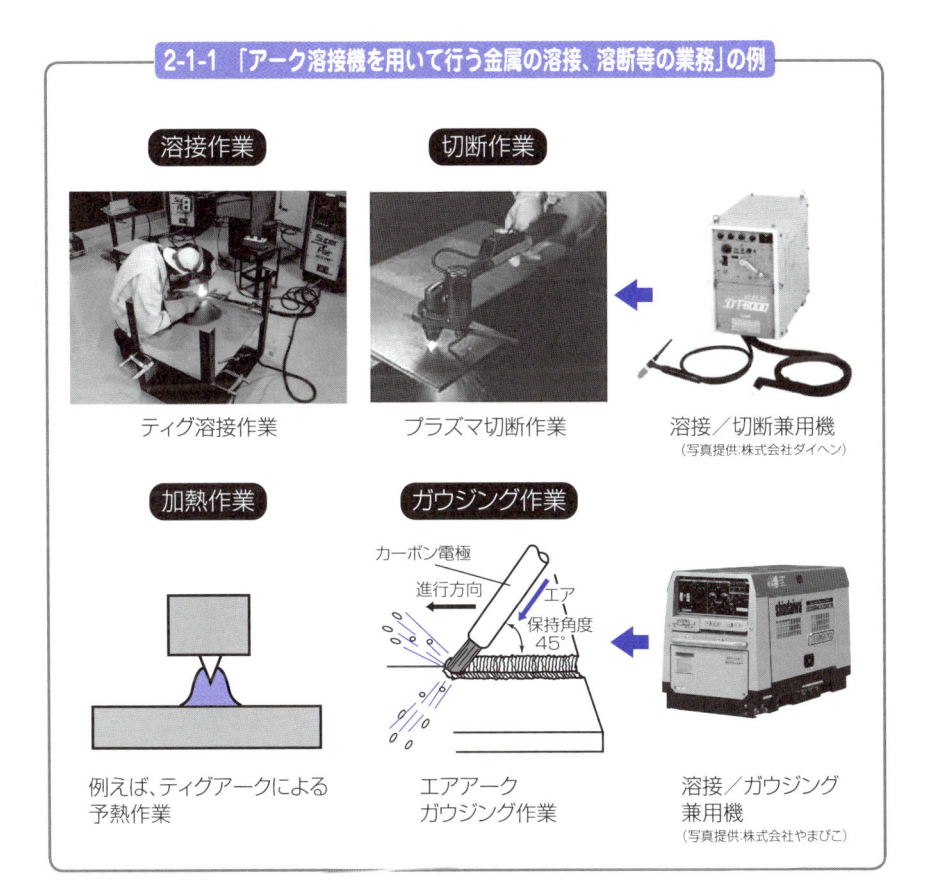

　次に、アーク溶接の特別教育についてその概要を説明します。特別教育は、学科教育と実技教育により構成されています。

　学科教育では、①アーク溶接等に関する知識、②アーク溶接装置に関する知識、③アーク溶接等作業の方法に関する知識、④関連法令の科目を履修することになります。

　①は、アーク溶接の基礎理論や電気に関する基礎知識を学習します。履修時間は1時間以上です。

　②は、直流および交流のアーク溶接機、交流アーク溶接機用自動電撃防止装置、溶接棒等の溶接材料、機器の配線等を学習します。履修時間は3時間以上です。

　③は、作業前の点検事項、溶接および溶断の方法、溶接部の確認、作業後の処置や災害防止に関する事項を学習します。履修時間は6時間以上です。

## 2-1 安全衛生の特別教育を受ける

　④は、労働安全衛生法、労働安全衛生法施行令、労働安全衛生規則などの関係条項を学習します。履修時間は1時間以上です。

　以上、学科教育では、各科目を合計すると最低11時間以上は履修する必要があります。

　実技教育は、アーク溶接装置の取扱いとアーク溶接等の作業の方法について、10時間以上の履修が必要となります。

　アーク溶接の特別教育は、自社で実施が可能です。テキストは、中央労働災害防止協会が発行している特別教育向けに編集されたテキスト「アーク溶接等作業の安全」をお勧めします（副教材として、この本を使用していただいても結構です）。ただし、自社で特別教育を行った時は、労働安全衛生規則第38条によって「事業者は、受講者や科目等の記録を作成し、これを3年間保存しておかなければならない」ことになっています。ご注意下さい。

　講師や設備等の都合上、特別教育の実施が難しい場合は、外部機関が実施しているコースに参加されるとよいでしょう。詳細は、地域の労働局（都道府県労働局）にお問い合わせ下さい。

---

### COLUMN　特別教育は、必ず受講しなければならないの？

　時折、上記の質問を受けることがあります。原則はそうですが、労働安全衛生規則の第37条によって、本文で挙げた科目の一部又は全部において「十分な知識および技能を有していると認められる労働者」については当該科目の特別教育を省略することができることになっています。ただし、省略できるからといってそのままにしてはいけません。事業者は、その旨を記録するなどして外部からの監査に対応できるようにしておくべきでしょう。

### COLUMN　違反した場合の罰則規定は？

　意外と知られていませんが、労働安全衛生法第59条の第3項、すなわち「厚生労働省令で定める危険又は有害な業務に係わる特別教育の実施」を事業者が怠った場合（違反した場合）は、罰則規定が設けられています。それは、労働安全衛生法第119条に書かれています。内容は、次のとおりです。

　『違反した者は、6ヶ月以下の懲役、または50万円以下の罰金に処する』

# 2-2 溶接の弱点を知ろう

溶接ができる人になるためには、溶接のデメリット（弱点）について知っておく必要があります。ここでは、溶接の主な弱点について説明します。

## 溶接ひずみ

溶接では、母材を局部的に高温加熱することになりますが、この時、母材である金属は大きな影響を受けます。その一つに**溶接ひずみ**があります。以下、溶接ひずみのメカニズムについて説明します。

母材を局部的に高温加熱すると、溶接部周辺には熱膨張が生じ、大きく伸びようとします。しかし、周囲のあまり加熱されていない母材にその力を拘束されることになります。この時の膨張量は、拘束されない状態で発生する量より少なくなります。

そして、この状態で溶接が完了し、その後の冷却で溶接部は収縮し始めます。その収縮量は、本来の拘束されていないフリーの状態での膨張量と同じであり、収縮による引張りの力が加わった状態になります。

溶接ひずみは、この力が周囲の母材の拘束力を超えると発生するものです（変形しない場合は、残留応力となります）。

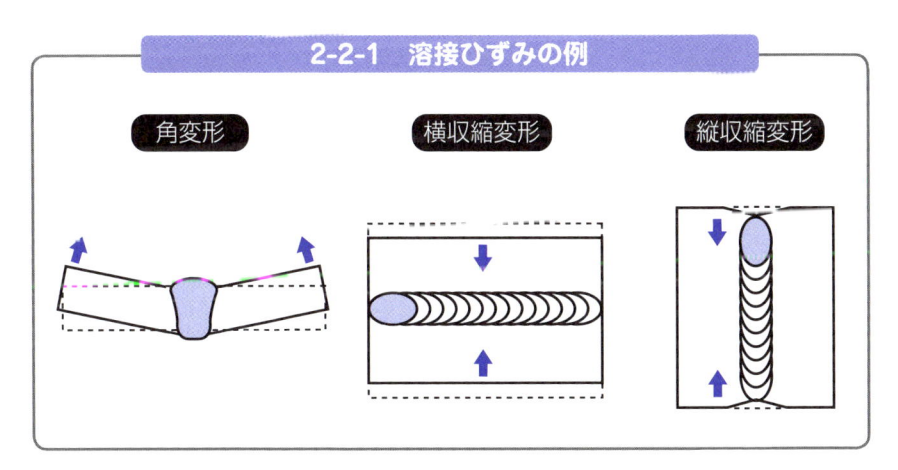

2-2-1 溶接ひずみの例

角変形　　横収縮変形　　縦収縮変形

例えば、剛性のない薄板の材料やアルミニウムのような材料は変形を起こしやすいということになります。また、変形の方向性の観点からは、周囲母材の拘束の効かない母材の面方向が変形を発生（**角変形**）しやすいということになります。

一度発生した溶接ひずみの矯正は難しく、その作業は、多大な労力と時間を要します。溶接作業に係わる方は、設計の段階から溶接設計や製作要領を検討して、変形が許容範囲以下になるように努める必要があります。以下に、溶接ひずみをできるだけ少なくするためのポイントをまとめて示します。

設計（計画）段階では、
①プレス曲げや断続溶接を採用するなどして、溶接継手や溶接長を少なくする
②開先角度を可能な限り小さくして溶接金属量を少なくする
③X型など母材表裏の開先形状を採用し、溶接金属（溶接入熱量）のバランスをとる
④拘束としても利用できるような補強材を配置する　等

また、施工段階では、
①**逆ひずみ法**を採用する
②変形防止用の拘束ジグを採用する
③上記のジグに水冷の銅板を取り入れ、熱を外部へ拡散させる
④母材に加わる熱を集中させないように溶接順序を工夫する　等

## COLUMN 「ひずみ取り」という仕事

本文で解説しているように、溶接では、母材を局部的に高温加熱するために、溶接ひずみが発生します。このため、溶接の施工に係わる関係者（設計、技能・技術者）は、可能な限り、ひずみを少なくする努力をしなければなりません。

ただし、ひずみをゼロにするような施工は非常に困難であり、ひずみ量が許容範囲を超えている場合には、「**ひずみ取り**」をしなくてはならなくなります。

このひずみ取り作業は、プレス機やローラーなどを使用した機械的な方法とガスバーナーなどを使用した熱的な方法とがあります。中でも熱的な方法は、非常に熟練を要する作業となります。

ガス加熱による方法を例に挙げると、主として角変形（曲げ）を目的にした加熱法と、絞りを目的とした加熱法があります。前者では、鋼板の表面だけが高温になるように素早くガス吹管を移動しながら線状に加熱します。後者では、鋼板の表面と裏面が同じ温度になるようにガス吹管をゆっくり移動しながら線状に加熱します。

熟練のひずみ取り技能者は、両者を巧みに使い分けることで、所定の曲げ量および絞り量を得て、ひずみの矯正に務めています。

## 2-2-2 溶接ひずみの防止対策の例

**逆ひずみ法**

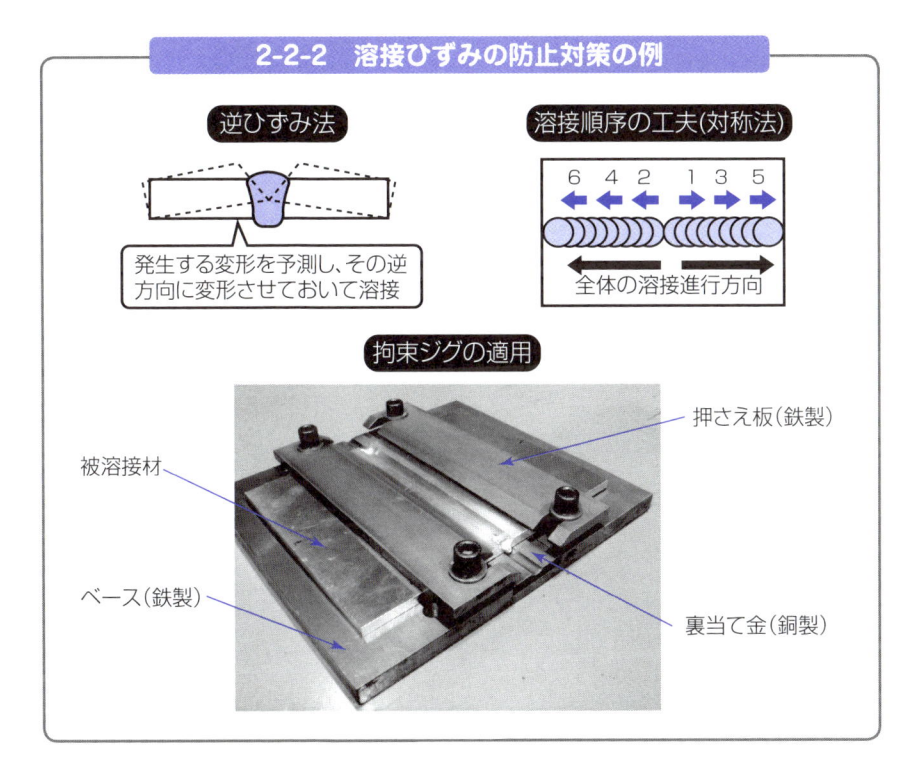

発生する変形を予測し、その逆方向に変形させておいて溶接

**溶接順序の工夫(対称法)**

6 4 2　1 3 5

全体の溶接進行方向

**拘束ジグの適用**

押さえ板(鉄製)
被溶接材
ベース(鉄製)
裏当て金(銅製)

## 金属組織の変質

　高温加熱することによる悪影響には、ひずみ(変形)のほかに金属組織の変質が挙げられます。溶接された箇所とその周辺部の金属組織が変わってくるのです。この変質は、品質上、悪い方に影響することが多いので、その特徴を事前に把握しておくことが重要です。

　図2-2-3は、鋼の溶接部を模式的に示したものです。「**溶接金属**」は、母材の一部と溶着金属が溶け合って冷えて固まった部分で、いわゆる凝固組織になっています。「**熱影響部**」は、鋼の溶融温度より低い温度で加熱されて材質が変化した部分です。「**ボンド部**」と呼ばれる溶接金属と熱影響部の境界に近づくほど、すなわち、より高温に加熱された領域ほど金属の結晶が大きくなり、硬くなっていることが分かります。ボンド部付近の結晶が著しく成長した領域は、最も硬くて伸びの小さな組織に変化しています。ちょうど焼きが入ったような状態です。

　これは、言い換えれば、割れが生じやすい状態といえます。例えば、溶接ビード部の端に**アンダカット**と呼ばれる切欠け状の形状不良が生じた場合、そこには応力の集中

が起こりやすく、しかも金属の結晶が大きいため、割れが伝播しやすく、品質的には危険な状態になってしまいます。

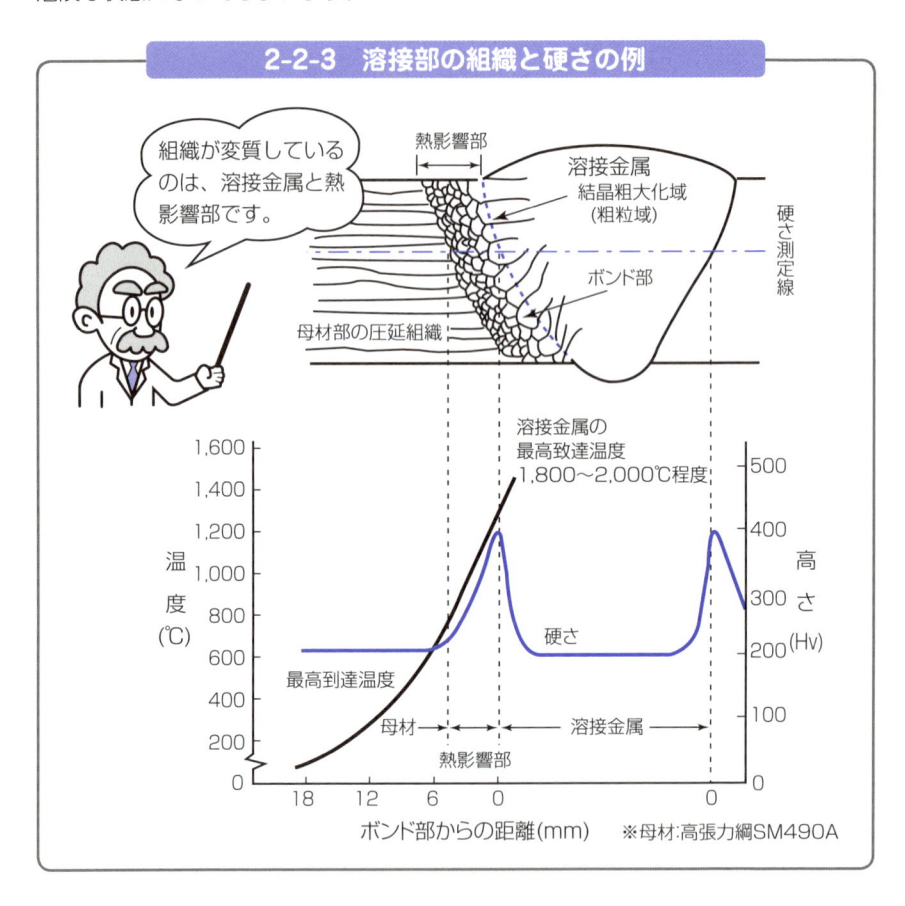

**2-2-3　溶接部の組織と硬さの例**

組織が変質しているのは、溶接金属と熱影響部です。

熱影響部
溶接金属
結晶粗大化域（粗粒域）
硬さ測定線
ボンド部
母材部の圧延組織

溶接金属の最高到達温度 1,800〜2,000℃程度

温度(℃)
高さ(Hv)
硬さ
最高到達温度
母材
熱影響部
溶接金属
ボンド部からの距離(mm)
※母材：高張力綱SM490A

　ただし、金属材料すべてが、変質により品質上悪影響を及ぼすわけではなく、悪影響をそれほど及ぼさない溶接に適した材料（ここでは仮にグループAとする）や、逆に変質過程や変質後に直ちに悪影響を及ぼす溶接に向かない材料（同じくグループCとする）、またこれらの中間的な性格を示す材料があります（同じくグループBとする）。また、この区分けは、要求される溶接品質によっても変化してきますので注意が必要です。例えば、要求品質が「強度はいらないから、ただくっ付けばよい」といった場合には、グループBの材料がグループAの材料にもなりえますし、溶接部の機械的性質に厳しいことが要求されるような場合には、グループAの材料がグループBにも

なりえます。
　溶接ができる人になるためには、まずは、溶接に適した材料、向かない材料、その中間の材料に関する知識と溶接冶金に関する知識が必要となります。そして、材質に応じた溶接施工に関する知識を習得しなければなりません。

## 外部からの不純物混入による影響

　健全な溶接部を得るためには、溶接部への不純物混入を防がなければなりません。溶接部への不純物混入は、気孔（ブローホール）や割れ、じん性の低下、腐食など様々な溶接不具合の原因になります。
　それでは、この不純物混入は、どのようなところから来るのでしょうか？　図2-2-4に、ガスシールドアーク溶接（ティグ溶接）の場合を例にまとめてみました。
　まず、周囲にある大気の状態です。これには、大気の流れと湿度があります。大気の流れとは、ようするに強い風が流れていると溶接部に空気を巻き込む可能性があることです。屋外での作業時はもちろんのことですが、屋内でも夏場に空調を強く効かせたりする場合には注意が必要です。屋外で作業する時は、溶接周辺部に衝立を立てる等の防風対策が必要です。また、湿度も配慮しなければなりません。特にアルミニウムの溶接では、大きく影響を受けます。例えば、アルミニウムのミグ溶接において、相対湿度が80％を超えると気孔が多く発生する事例が報告されています。
　シールドガスも正しく設定されていない場合は、大気が溶接部に混入することがあります。「正しいガス流量に設定されているか？」、「流量が多すぎたり、少なすぎたり、ノズルの内面にスパッタが付着してガスの流れが乱れていないか？」は、大変重要な点検事項です。さらに、純度については、溶接用途向けのグレードのガスを使用することはもちろんのことですが、ガス管（ガスホース）にも気を配らなければなりません。例えば、ガス管がゴム製の場合、劣化しやすく、ひび割れし、そこから空気が混入してくる可能性もあります。また、管の長さも重要です。
　管が長ければ長いほど、ひび割れしてなくても空気中から管内に浸透してくる水分の影響で、特にアルミニウムの溶接では気孔発生の原因になります。ガス管の材質としては、テフロン製かステンレス製を、ガス管の長さについては、必要以上に長くしないことが推奨されます。
　母材の表面状態も不純物混入の原因につながります。表面がサビついていたり、油分などの汚れがあってはいけません。これらは、作業者の皮手袋や作業台の汚れからもきますので注意しましょう。また、母材にペイント（塗装）してあるものは、そのま

## 2-2 溶接の弱点を知ろう

### 2-2-4　外部からの不純物混入

- 外気（大気の流れ、湿度）
- シールドガス（流量、純度等）
- 母材（汚れ、表面状態）
- 作業台（汚れ、表面状態）
- 皮手袋（汚れ、表面状態）
- 溶加棒（汚れ、表面状態）

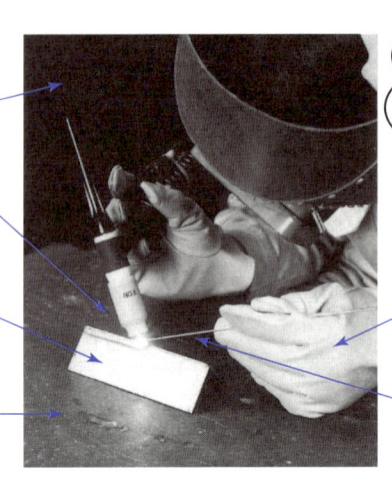

混入ルートがたくさんあります。注意してね。

### 2-2-5　溶接ワイヤの管理は大切

◀除湿庫への保管例

乾燥剤（シリカゲル）を入れた後、完全密封する。

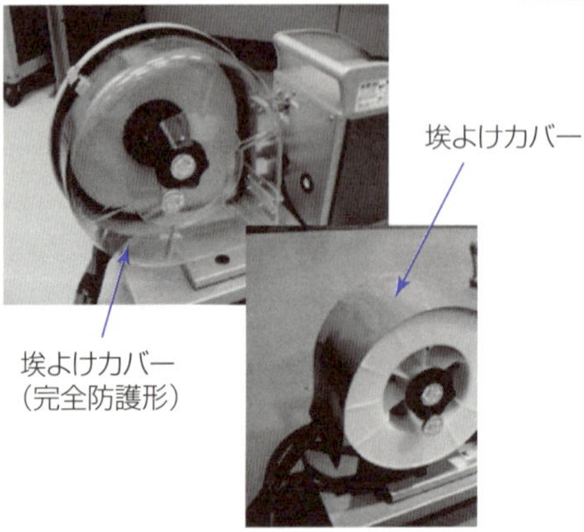

埃よけカバー

埃よけカバー（完全防護形）

▲ワイヤ送給装置の埃よけカバー 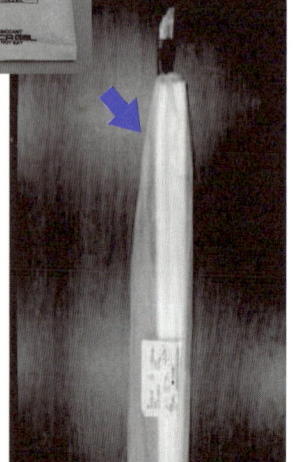　　▲アルミニウム溶加棒の保管例

ま溶接すると塗料の成分が不純物となって溶接部に混入し、溶接不具合の原因となります。溶接を行う付近のペイント部は、事前にできるだけきれいに除去しておく必要があります。

さらに、中厚板の鋼にみられるように、表面に黒皮がついている材料も、溶接方法や要求品質によっては、黒皮が不純物となって溶接不具合の原因になることがあります。また、アルミニウムでは、表面の酸化皮膜が溶接不具合の原因になります。こういった母材の表面層が、不純物となって溶接部に悪さをする材料は、ほかにもたくさんあります。いずれにしても、母材の表面層が不純物になる可能性のある材料は、機械的研磨などにより表面層を除去する必要があります。

溶加棒や溶接ワイヤの表面状態も要因の一つとなります。手動のティグ溶接で使用される溶加棒は、溶接する前に棒表面をアルコールなどで脱脂しましょう。マグやミグ溶接等で使用されるコイル状のワイヤは、溶接作業中と使用後の保管についての管理が大切です。作業中は、ワイヤ送給装置に付属している埃よけのカバーを必ずつけるようにしましょう。使用後は、ワイヤを送給装置から取り外し、温湿管理を行うくらいの気持ちで取り組むことが重要です。特にアルミニウムのような材質のワイヤになると、これらを怠ると、溶接部に気孔が発生しやすくなるので要注意です。

## いろいろな溶接不具合

この節の最後に、様々な溶接不具合について触れておきます。なお、ここで説明する溶接不具合とは、溶接が不完全な事象についてです。

図2-2-6に代表的なものを示しますが、その形態は、溶込みおよび融合不良によるもの（図中a～c）、介在物が存在するもの（d）、空洞があるもの（eおよびf）、割れによるもの（g）、形状不良によるもの（hおよびi）に大別されます。

**溶込み不良**は、設計上の溶込みに対して実溶込みが不足しているものです（a）。

**融合不良**は、溶接金属と開先面（b）あるいはビードとビードの間（c）が融合していない部分のことです。

**スラグ巻込み**は、ビードのパス間や母材との融合部にスラグが巻き込んだものです（d）。検査において、スラグ巻込みは、融合不良と区別がつきにくいといった問題点があります。

前にも触れました**ブローホール**は、溶融金属中に含まれるガスが金属の凝固時に表面まで浮上することができずに、内部に封じ込まれて気泡として残ったものです（e）。この気泡が、たまたまビード表面に現われたものは、**ピット**と呼んでいます（f）。

**割れ**には、溶接金属に生じる割れと熱影響部に生じる割れがあり（g）、これらの割れは、発生する時の温度によって「**高温割れ**」と「**低温割れ**」に大別されます。高温割れは、「**凝固割れ**」とも呼ばれており、溶接金属が凝固する時の温度範囲において延性の乏しい箇所に引張応力が作用して生じるものです。低温割れは、溶接部が約300℃以下になってから生じるもので、鉄鋼材料においては、溶接部に侵入した水素が主な原因となり、特に熱影響部の硬化が大きく、拘束が強い場合に生じやすくなります。

**アンダカット**は、溶接によって生じた止端の溝のことです（h）。また、**オーバラップ**は、溶接金属が止端で母材に溶融しないで重なった部分のことです（i）。いずれの場合も、いわゆる「切欠き」となって応力集中を起こし、割れやぜい性破壊の起点になりやすい溶接不具合といえるでしょう。

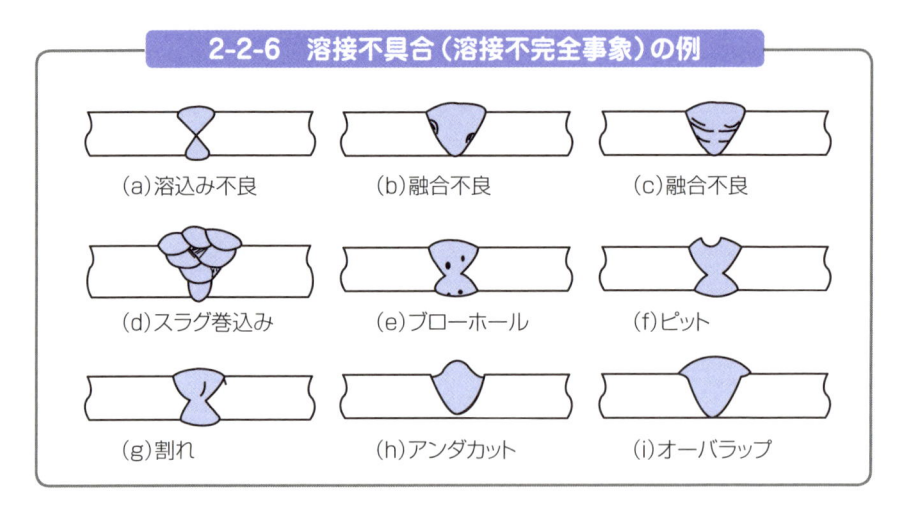

### 2-2-6 溶接不具合（溶接不完全事象）の例

(a) 溶込み不良　(b) 融合不良　(c) 融合不良
(d) スラグ巻込み　(e) ブローホール　(f) ピット
(g) 割れ　(h) アンダカット　(i) オーバラップ

　以上の溶接不具合の発生は、ほとんどの場合、不適切な溶接施工計画と施工要領によるものと、不十分な作業管理などがその要因となっています。
　前者が要因となって不具合が発生した場合には、ただちにその施工を中止し、その要因を分析するとともに、その要因に関連しているすべての溶接継手を検査しなければなりません。さらに、改善された施工要領を適用する場合には、溶接不具合が再発していないかを十分に確認しておく必要があります。後者のケースは、P35で説明した「外部からの不純物混入による影響」の項を参照して下さい。

## 溶接の弱点を知ろう 2-2

### COLUMN 「溶接欠陥」と「溶接不具合」

市販されている多くの専門書では、「溶接不具合」のことを「溶接欠陥」と表現して解説されています。読者に対して分かりやすい表現とは思いますが、厳密には、正しい表現とは言えません。

そもそも「欠陥」とは、製造者やユーザが定めた規定の範囲を超えて不合格になったものを欠陥というのであって、規定の範囲内であれば欠陥ではないのです。

例えば、製造者が溶接部の検査基準として、「試験視野において、長径が2.0mmを超えたブローホールがあってはいけない」と定めたとしましょう。この場合、長径が2.0mm以内のブローホールが多く発見されたとしても「欠陥」にはならないのです。

それでは、この場合の（欠陥とみなされない）ブローホールはどう表現すればよいのでしょうか？ JISでは「きず」と呼んでいます。

ただし「きず」は、アンダカットやオーバラップのような形状不良のものを含みません。

そこで、本書では「きず」や形状不良をまとめて表現することにしました。本書では、溶接をJISに従って『2個以上の母材を、接合される部材間に連続性があるように熱、圧力、またはその両方によって一体にする操作』と定義していますので、「きず」や形状不良を溶接が不完全な事象としてとらえ「溶接不具合」と表現させていただくことにしました。

### COLUMN 溶接部の非破壊検査

溶接継手の検査には、試験片を破壊させて試験する「破壊試験」と破壊させない「非破壊試験」があります。溶接後の製品検査においては、製品から試験片を切り出してその良否を調べることができないので様々な非破壊試験方法で検査しています。以下に、溶接部の検査でよく用いられている非破壊試験方法を示します。興味のある方は、社団法人日本非破壊検査協会が出版している書籍やDVD教材等をご覧下さい。

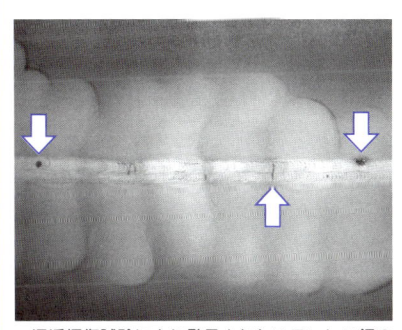

▲浸透探傷試験により発見されたステンレス鋼の溶接ビード表面のきず

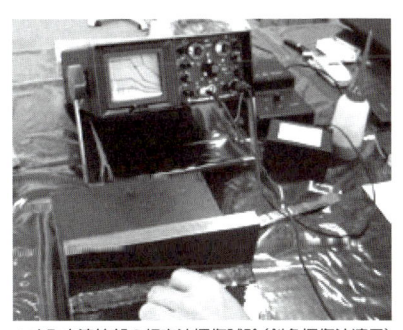

▲すみ肉溶接部の超音波探傷試験（斜角探傷法適用）

| 非破壊試験 | |
|---|---|
| 表面のキズの検出方法 | 外観試験（VT）　磁粉探傷試験（MT）　浸透探傷試験（PT） |
| 内部のキズの検出方法 | 放射線透過試験（RT）　超音波探傷試験（UT） |

# 2-3 要求品質の把握と溶接法の選択

溶接ができる人になるためには、接合継手部の要求品質を把握すると同時に、経済性等を考慮し、適切な対応をとる必要があります。

## 要求品質の把握

溶接加工を計画・実施する前に、必ず確認しなければならないことがあります。それは、作業者が接合継手部の要求品質をしっかりと把握することです。これをやっておかないと、品質不良つまり欠陥品をつくってしまう可能性があります。また、

「わざわざ、溶接することもなかった（ボルト締めでよかった）」
「過剰品質になり、コスト高になってしまった」
「もう少しランニングコストが安くなる溶接法を適用すればよかった」

等、後悔することになります。別に、趣味の範囲で溶接するのであれば問題ありませんが、仕事となるとそれではいけません。事業所にとっては重大な損失を被る可能性があります。必ず、接合継手部の要求品質を確認し、把握しましょう。

ただし、この確認作業において、品質要求事項に不明確な点が認められるときは、必ず上司に申し出て下さい。ユーザからの依頼品であれば、ユーザに確認をとる必要もあります。必要に応じて施工計画や実施方法について再検討を行いましょう。

## 過剰品質をどう考えるか

図2-3-1の写真をご覧下さい。自動車のドアとボディとの接続部です。機械的接合法と溶接（マグ溶接を適用したと思われる）で構成されています。溶接部を見ると、明らかな形状不良の溶接ビードが確認でき、ビードの形状から判断して、かなり速い溶接速度で溶接が行われたことが伺えます。

この車の持ち主は私（著者）です。このような溶接ビードを納車時に発見しました。新車で購入したため非常に気分が悪かったこともありますが、何よりも安全性に対する不安もありましたので、直ちにクレームをつけました。後日、自動車メーカから販売会社を通じて次のような回答をいただきました。

## 2-3-1　自動車のボディとドアの接続箇所の溶接例

溶接部（形状不良ビード）
ボディ側
機械的接合部
ドア側

非常に複雑な思いです…。

「この箇所の接合は、機械的接合部に依存しています。溶接は、機械的接合部の台座プレートを固定するためのものですが、設計強度がそれほど要求されていないために、このような溶接になっています。」

　著者は、同メーカの他の車種を調査しました。形状がおもわしくない溶接ビードが多かったのが正直なところです。ただし、ある高級乗用車においては、まるでティグ溶接を施したような止端部になじみのある綺麗な溶接ビード（パルス系の混合ガス・マグ溶接を適用したと思われる）が置かれていました。その後、同高級車がモデルチェンジした際に再び調べてみると…私の車のような溶接ビードになっていました。
　このことは、自動車メーカ側が、この箇所の溶接は過剰品質と判断し、コストダウンが図れる溶接施工に変更したものと考えられます。大量生産を行っている業界ならではの話です。
　「過剰品質が経営上いけないものか？」と言われると、そうとも言えないケースもあります。例えば、人の手で溶接するもので、ビード部を後工程で機械的または化学的に処理せずにそのままの状態で製品として出荷するケースです。たとえ強度などの溶接品質が厳しく求められていない箇所でも、溶接部の外観の良否がそのまま外部からの評価に繋がることがあり、故意にレベルダウンさせるわけにはいかないケースもありうるのです。

### 2-3-2　品質とコスト

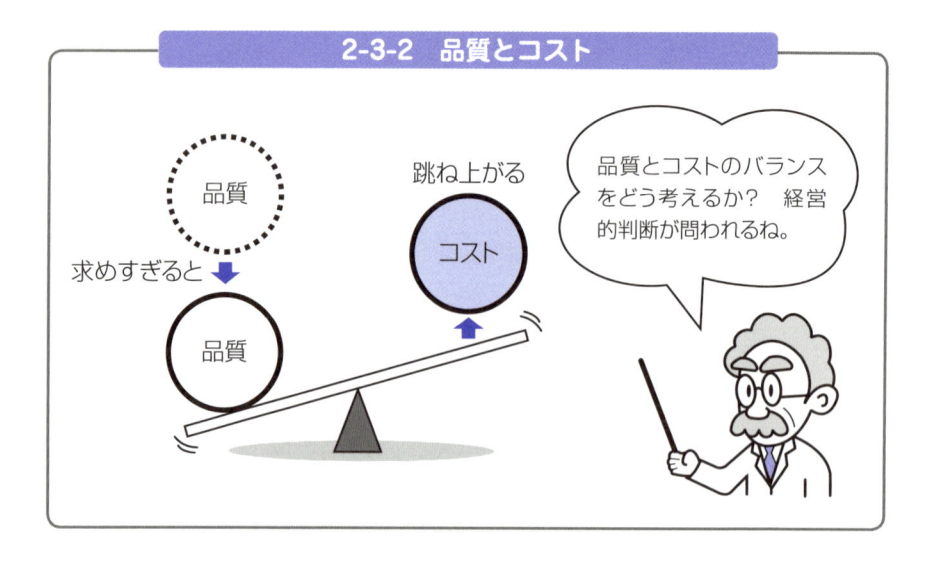

品質
求めすぎると
品質

跳ね上がる
コスト

品質とコストのバランスをどう考えるか？　経営的判断が問われるね。

したがって、溶接施工計画の段階において、十分なデザインレビューを実施して下さい。十分に議論したうえで、最終的には責任者が経営的判断をすることになります。

## 目的に見合った溶接法の選択

溶接の要求品質事項を把握すれば、具体的な溶接方法を選択しなければなりません。選択のための判断材料として、

①溶接の実施環境
②設備環境
③母材の条件（材質、大きさ、継手の位置等）
④人員（能力、人数）
⑤工期
⑥予算

等が挙げられます。

溶接法を正しく選択するための第一歩としては、各々の溶接法の特徴と適用性についてよく知っておかなければなりません。Chapter3において代表的なアーク溶接法について詳しく解説しましたので、参照して下さい。

# 2-4 材料を知ろう

溶接ができる人になるためには、被溶接材や溶接ワイヤ等の溶接材料に関する知識が必要です。ここでは、これらのことについてガイドさせて頂きます。

## 溶接材料と被溶接材

「**溶接材料**」とは、溶接中に用いられるワイヤ（溶加材）やガス、フラックス等の消費材料の総称をいいます。用語上、被溶接材（母材）とは、区別されています。

溶接ができる人になるためには、これらのことを熟知する必要があります。材料を知らなければ、客先の要求品質を満たし、かつ作り手の経営的な視点から合理的な溶接を行うことはできません。

はじめて溶接を学ばれる方でも、まずは被溶接材（母材）となる金属に関する基礎知識を持たなければなりません。そして、2-2節で触れたように、金属に熱加工（溶接）を施すとその部分の金属組織が変質するので、溶接屋の視点からの金属学、いわゆる溶接冶金学といわれる分野も合わせて学習する必要があります。さらに、溶接施工法の知識に加えて溶接材料に関する知識を身につける…といった流れで学習すると良いでしょう。

---

**COLUMN　溶接工学は、境界領域の学問**

溶接を体系化した「溶接工学」は、よく境界領域の学問といわれます。

溶接工学は、「物理」、「化学」、「工業材料」、「機械」、「メカトロニクス」、「電気・電子」等、様々な分野の境界領域にまたがる学問なのです。従って、溶接技術者を志す人は、必然的に様々な知識が要求されることになります。さらに、ホンモノの溶接技術者になるためには、「技能者」としての心得も必要です。自分自身の手で溶接をやってみて、溶接現象を観察したり、溶接結果を評価、考察することで初めて理解できることが多い分野です。

## 2-4 材料を知ろう

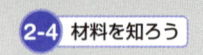

### 溶接ができる材料とできない材料

　世の中には、金属材料が数えきれないくらいたくさんあります。例えば、ひと口に「鉄」、「ステンレス」、「アルミニウム」といっても、多くの種類があり、溶接ができるものと、できないもの、また条件付きでできるものがあります。

**2-4-1　同じ金属材料でも…**

条件つきでできるもの
△△△材

溶接できるもの
○○○材
○○材
○材

溶接できないもの
×××材
××材
×材

　図2-4-2の写真をご覧下さい。ある学生が溶接した曲げ試験サンプルです。サンプルは、一般に軟鋼と呼ばれているSS400材と、ステンレス鋼SUS430材の異材溶接（溶接法は、マグ溶接）を行ったものです。

　SS400材は、溶接性は比較的良い方ですが、SUS430は、そうはいきません。専門的な知識をもって施工に臨まないと溶接品質が悪くなりやすい材料なのです。事実、写真のようにSUS430側の熱影響部が破断しています。

　身内の事例で恥ずかしい限りですが、彼は、溶接サンプルを作製する時、ことステンレスの溶接施工に関しては知識をもっているとは思えませんでした。たまたま、彼が溶接を行っているところを目撃したのですが、入熱量が大きな溶接施工条件で溶接サンプルを製作していました。しかも使用している溶接用ジグには、冷却対策が何もなされていませんでした。結果はみえていました。

　曲げ試験で、割れが発覚後、彼は担当教官に報告する前に、私（著者）のところまで相談にきました。"タネあかし"をしてあげました。もし嘘だと思うのであれば破断面の成分を分析してみなさい、とも言いました。

## 2-4-2　材料に関する知識がないと、こんなことが…

異材溶接の曲げ試験サンプル

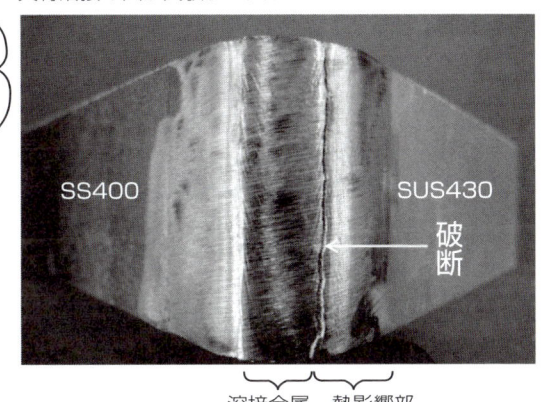

溶接入熱量を必要以上に多くしたために不良になったケースです。

SS400　　SUS430　破断

溶接金属　熱影響部

　その後、彼は、エックス線による分析装置で破断面を分析し、その結果を報告しに来てくれました。「鉄とクロムの化合物が大量に見つかった」と…。
　ステンレス材料の知識がある方は、ピンとくると思います。そう、これは典型的な**シグマ相ぜい化**の影響が現われたのです。詳しいメカニズムは、ここでは触れませんが、ステンレスの溶接は、明らかに溶接に向かない鋼種を除いては、

　①可能な限り少なめの入熱条件で溶接する。
　②特に、熱影響部付近は溶接直後、早く冷やすような工夫をする。

は、必要最小限配慮すべきことであり、常識なのです。
　彼は、その後、材料について一生懸命勉強するようになりました。遠回りをしましたが、何分、学生の身分です。失敗を通じて良い経験をされたものと思っています。
　以上のように、材料に関する知識をもつことは非常に大切です。知識がなければ、溶接の品質保証はできるものではないと思って下さい。

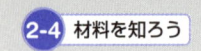

## 被溶接材と溶接ワイヤの組み合わせは重要

　溶接では、基本的に被溶接材（母材）と溶接ワイヤ（棒も含む）が溶け合うことで、溶接金属が形成されます。したがって、母材に対して不適当な溶接ワイヤを使用した場合には、溶接品質上、不完全な溶接金属が形成され、溶接不具合の原因になることがあります。

　図2-4-3の写真をご覧下さい。これは、アルミニウム合金A5083材をティグ溶接した例です。溶接ビード中央部に割れが生じているのが確認できます。この例においては、溶加棒に純アルミニウムA1100-BYを使用したことが主な原因と考えられます。

**2-4-3　不適当な溶接ワイヤを使用すると、このような不具合が…**

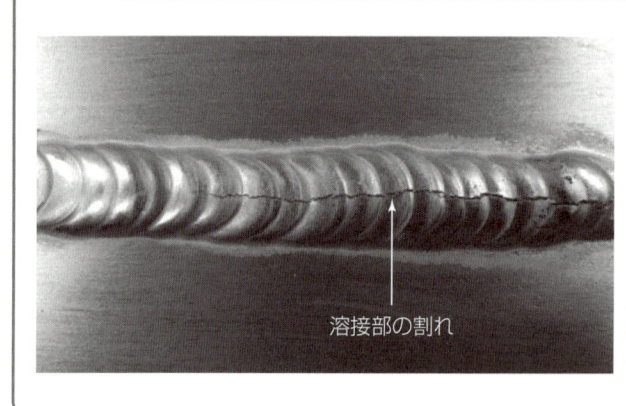

溶接部の割れ

・溶接法：ティグ溶接
・母材　：A5083P-O
・溶加棒：A1100-BY

　母材と溶加棒は、同じアルミニウムどうしであることから特に問題はないような気がします。本節の趣旨は、ガイドですのでこの理由については省略しますが、要は、与えられた母材に対して良好な溶接が可能になるような適切な成分（種類）のワイヤがあるのです。素人判断で適当に選んではいけません。

## 2-5 読図から段取り作業へ

溶接の施工は、溶接記号が書かれた図面を読むことから始まります。そして得られた情報から、段取り作業へ入ることになります。

### ⚙ 溶接記号を読む（その1）

溶接記号は、JIS Z 3021の「溶接記号」に定められています。以下、2010年改正版に基づいてその概要を説明します。

まず、溶接記号の構成です（図2-5-1参照）。溶接記号の基本形は、矢、基線および溶接部記号です（図2-5-1中のa）。そして必要に応じて寸法を添えたり、補足的な指示をする場合は、bのようにします。補足的な指示とは、通常、溶接方法や**ガウジング**\*、非破壊試験法、溶接の順序等が示されます。この図では、TIGと記載されていますが、これは「ティグ溶接」のことを意味しており、尾の記号「＜」を付けたあとに記載されていることに注意して下さい。単に溶接だけを指示する場合は、溶接部記号を記載せずにcのように簡略的に示すこともあります。

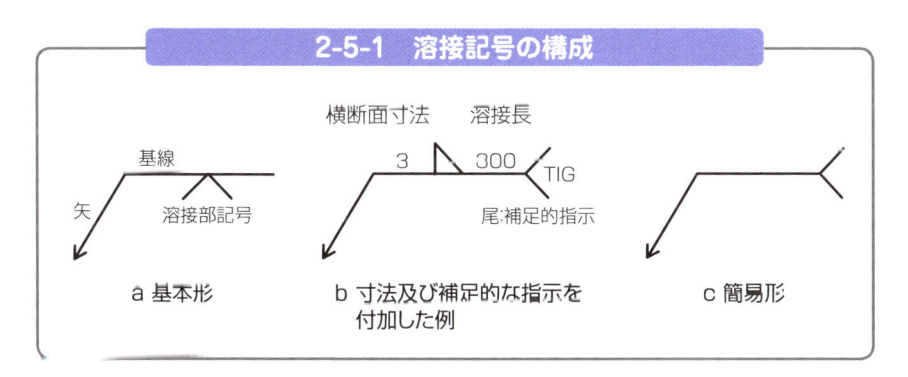

**2-5-1　溶接記号の構成**

a 基本形（矢、基線、溶接部記号）
b 寸法及び補足的な指示を付加した例（横断面寸法3、溶接長300、尾：補足的指示TIG）
c 簡易形

次に、基線に対する溶接部記号の位置について説明します。JISでは、製図の投影法に従って、第一角法の場合と、第三角法の場合について説明されています。第一角法は、主にヨーロッパで用いられ、第三角法は、主にアメリカで用いられています。日本

---

\***ガウジング**　「はつり」作業のこと。詳細はChapter4で紹介している。

では、プロダクト製作のための図面は、一般的に第三角法で表わすことになっています。本書では、第三角法の場合について説明します。最も基本になるルールは、次の3つですので、図2-5-2を見ながら、正しく理解するようにして下さい。

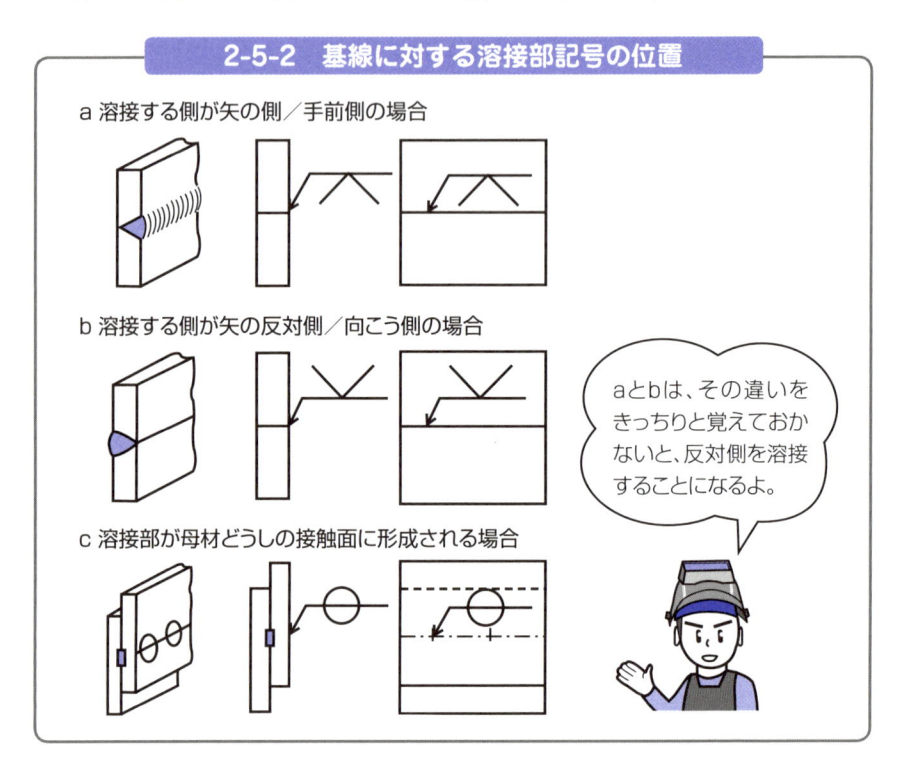

### 2-5-2　基線に対する溶接部記号の位置

a 溶接する側が矢の側／手前側の場合

b 溶接する側が矢の反対側／向こう側の場合

c 溶接部が母材どうしの接触面に形成される場合

aとbは、その違いをきっちりと覚えておかないと、反対側を溶接することになるよ。

ルール①：溶接する側が、矢の側または手前側のときは、溶接部記号を基線の下側に記載する（図2-5-2のa）。

ルール②：溶接する側が、矢の反対側または向こう側のときは、溶接部記号を基線の上側に記載する（同図のb）。

ルール③：溶接部が、母材どうしの接触面に形成されるときは、基線をまたいで溶接部記号を記載する＊（同図のc）。

特に、①と②は、その違いを明確に記憶しておかないと、指定された溶接箇所の反対側を溶接してしまうことになってしまいます。注意して下さい。

＊…**を記載する**　ルール③は、第一角法と第三角法の場合との共通事項である。

## 溶接記号を読む（その2）

次は、溶接部記号です。溶接部記号は、基本記号、組合せ記号および補助記号があります。基本記号の代表的なものを図2-5-3に示します。

**2-5-3 基本記号の例**

| 名称 | 記号 | 名称 | 記号 |
|---|---|---|---|
| I形開先 |  | レ形フレア溶接 |  |
| V形開先 |  | へり溶接 |  |
| レ形開先 |  | すみ肉溶接 |  |
| J形開先 |  | ビード溶接 |  |
| U形開先 |  | 肉盛溶接 |  |
| V形フレア溶接 |  | スポット溶接<br>プロジェクション溶接 |  |

※記号欄の点線は、基線を示す。

組合せ記号は、複数の溶接記号を組み合わせて使用するものです。この場合、対称的な溶接部の記号は、ルールによって決まっていますので注意して下さい。また、複数の溶接記号があると、工作の都合上、「どちらを先に溶接をしなければならないか」といった、溶接の順序を指示しなければならない時があります。この場合、尾の記号「＜」の後ろに記載します。

以上の具体例を、図2-5-4にまとめましたので参照して下さい。

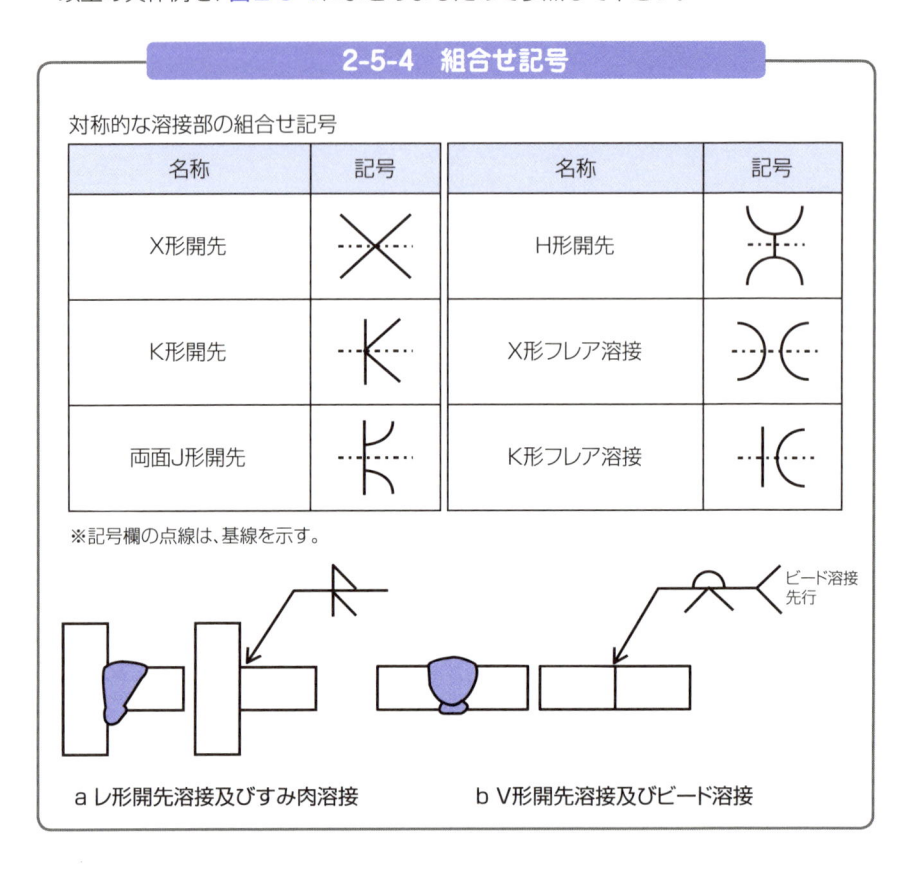

### 2-5-4　組合せ記号

対称的な溶接部の組合せ記号

| 名称 | 記号 | 名称 | 記号 |
|---|---|---|---|
| X形開先 | ✕ | H形開先 | )( |
| K形開先 | K | X形フレア溶接 | )( |
| 両面J形開先 | ⊩ | K形フレア溶接 | ⊩ |

※記号欄の点線は、基線を示す。

a　レ形開先溶接及びすみ肉溶接　　　b　V形開先溶接及びビード溶接（ビード溶接先行）

溶接記号の最後は、補助記号です。図2-5-5にまとめて示します。開先の底部に裏から当てる材料「**裏当て**」については、その材質、取り外し等を指示する場合、尾に記載します。

## 2-5-5 補助記号

| 名称 | 記号 | 名称 | 記号 |
|---|---|---|---|
| 裏波溶接 | (半円) | 表面形状 | |
| | | 平ら仕上げ | ── |
| 裏当て | (コ字) | 凸形仕上げ | ⌒ |
| | | へこみ仕上げ | ⌣ |
| 全周溶接 | ○ | 止端仕上げ | ⌣⌣ |
| | | 仕上げ方法 | |
| | | チッピング | C |
| 現場溶接 | ▶ | グラインダ | G |
| | | 切削 | M |
| | | 研磨 | P |

※記号欄の点線は、基線を示す。

### ⚙ 溶接記号を読む（その3）

　この他、寸法の表示のルールや溶接部の非破壊試験記号を知っておく必要があります。非破壊試験記号については、JIS Z 3021：2010の附属書JAに記載されていますので、参照して下さい。ここでは、寸法表示のルールの一部を説明します。

　まず、すみ肉溶接のケースです。図2-5-6のaをみて下さい。横断面に関する主寸法は、溶接部記号の左側に、縦方向の寸法は、右側に記載されます。この図では、**等脚長**＊が7mm、溶接長が300mmのすみ肉溶接を意味しています。ここで、もし縦断面主寸法の表示がないときは、継手の全長にわたって連続溶接を行うものと解釈して下さい。

---

＊**等脚長**　脚長とは、図2-5-6のように継手の接合部（ルート部）の端からすみ肉溶接の止端部までの距離。なお、設計上は、すみ肉の「サイズ」という。等脚長とは、2つの脚長の長さが等しい場合をいう。

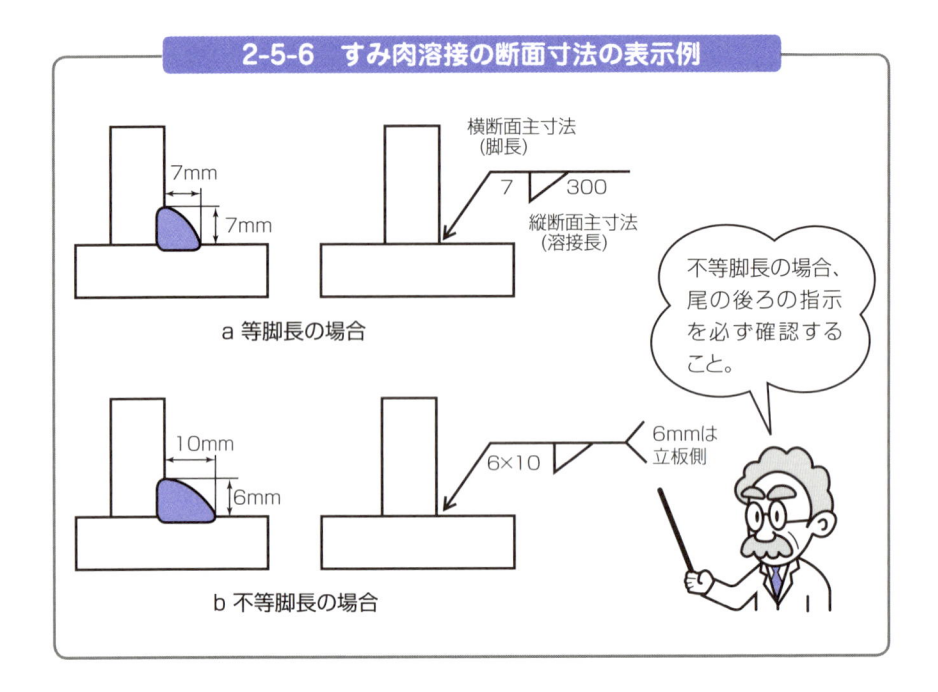

## 2-5-6　すみ肉溶接の断面寸法の表示例

a 等脚長の場合

b 不等脚長の場合

不等脚長の場合、尾の後ろの指示を必ず確認すること。

6mmは立板側

　bのように、不等脚長のすみ肉溶接の場合は、小さい方の脚長を先に、大きい方の脚長を後に、×表示を挟んで記載されます。ただし、このままでは溶接オペレータは、すみ肉のどちら側に小さい方の脚長を設定すればよいのか分からないので、尾の先の指示内容を必ず見るようにしなければなりません。

　次に、開先溶接のケースです（図2-5-7参照）。この場合、断面主寸法は、開先深さと溶接深さを併記するか、または開先深さと溶接深さのいずれかになります。溶接深さは、丸括弧をつけて表記します。さらに、ルート間隔と開先角度は、溶接部記号に沿えて表記し、ルート半径は、尾の後ろに表記します。また同図のcのように、I型開先や部分溶込み溶接で所用の溶込み深さが開先深さと同じ場合は、開先深さを省略することになっていますので、読図の際は、注意して下さい。

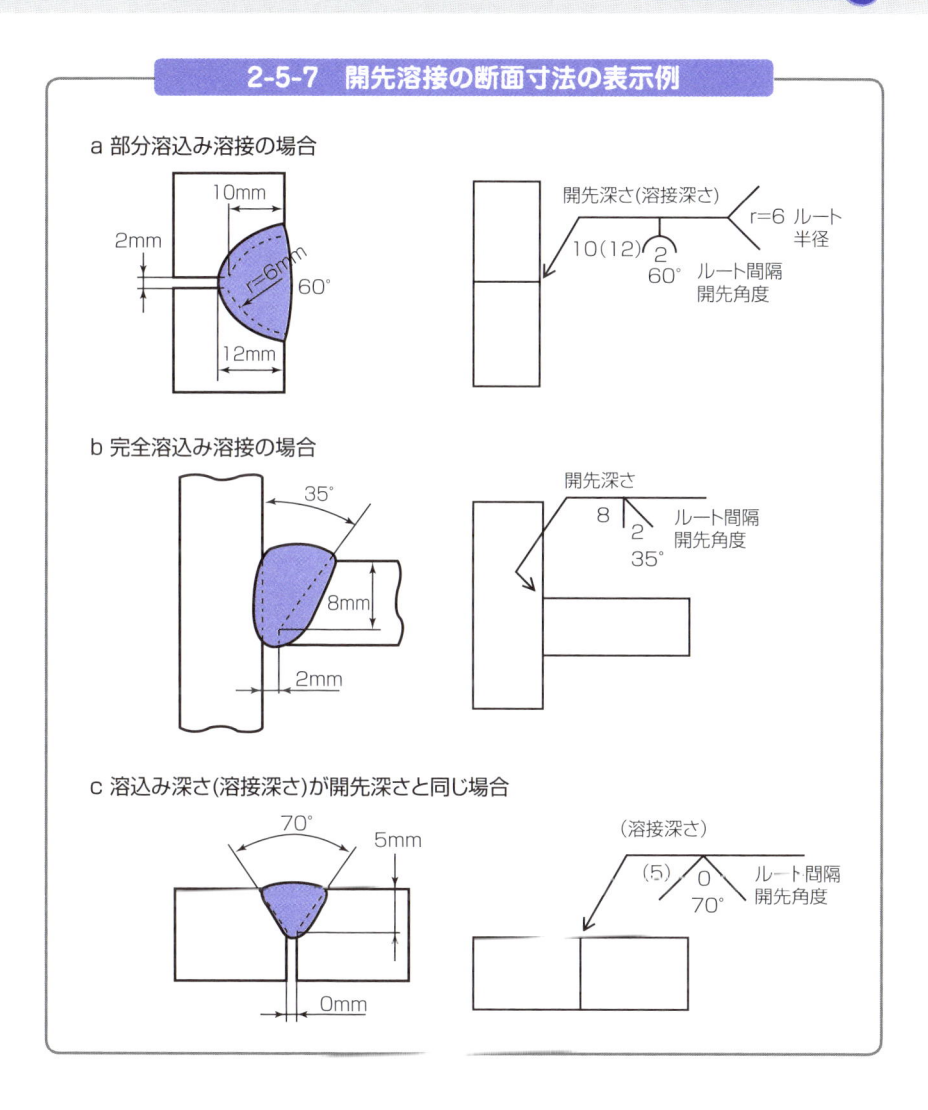

## 2-5-7　開先溶接の断面寸法の表示例

a 部分溶込み溶接の場合

b 完全溶込み溶接の場合

c 溶込み深さ(溶接深さ)が開先深さと同じ場合

　最後に、断続溶接と点状溶接のケースです。断続溶接の場合は、図2-5-8のaのように、溶接長(個数)－ピッチで表示されます。スポット溶接や**プラグ溶接**\*等の点状溶接の表記は、これとよく似ており、同図bのように、(個数)－ピッチで表示されます。なお、図中の数字6は、スポット溶接の場合には**ナゲット**\*の直径を、プラグ溶接の場合には、穴の底の寸法を示します。

\***プラグ溶接**　重ね合わせた母材の一方に空けた穴に行う溶接。**栓溶接**ともいう。
\***ナゲット**　　重ね抵抗溶接において、溶接部に生じる溶融凝固した部分。

## 2-5-8 断続溶接や点状溶接の断面寸法の表示例

a 断続溶接の場合（断続すみ肉溶接）

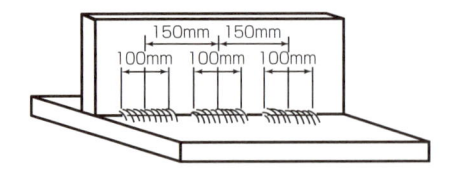

6 ▽ 100(3)-150
溶接長(個数)-ピッチ

b 点状溶接の場合（スポット溶接、プラグ溶接）

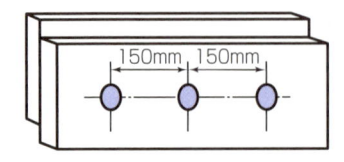

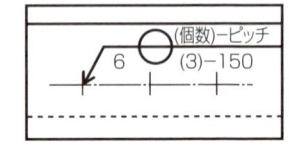

(個数)-ピッチ
6 ○ (3)-150

---

**COLUMN　これから溶接記号を学ばれる方へ**

　読者の中には、これから本格的に溶接を学ばれる方がいらっしゃると思います。

　これから溶接記号を学ばれる方へのアドバイスです。本書では、溶接記号についてすべてを説明していません。紙面の都合で、主要と思われるところを抜粋して解説しています。したがって、これから記号を勉強される方は、必ずJISZ3021の最新版を熟読して下さい。

　このJISには、独学するには相応しい事例が多く記載されています。2010年版では附属書A「(参考)溶接記号の使用例」にたくさん載っています。数えてみますと43もの事例が記載されています。まさに例題の宝庫です。教材としても活用できます。

## 段取り作業の実際（その1）

　読図した後、実際の溶接施工に入る前工程として、段取り作業があります。段取り作業がきっちりできていないと、溶接加工の能率や品質等に大きく影響します。溶接ができる人になるためには、段取り作業を適切に実施できなければなりません。ここでは、代表的な段取り作業について、その要点を幾つか説明していきます。

　代表的な段取り作業の一つに、母材の切断・切削作業が挙げられます。溶接作業者は、読図を基に、材料を必要な大きさに切断して、溶接継手部を必要な寸法に開先加工しなければなりません。このような切断・切削作業には、シャーリングマシンやフライス盤などによる機械加工や、ガス炎やプラズマ、レーザによる熱切断があり、切

断や切削する方法によって段取り作業の視点が異なってきます。

　シャーリングは、バリ（かえり）や、ダレ（反り）を極力抑えた切断面を得なければなりません。そのためには、上刃と下刃の間の隙間、すなわちクリアランスを適正にとる必要があります。仮に、設備の性能上、若干のかえりやダレがあり、これが製造仕様上、許容される範囲で、かつその面がそのままI型開先として溶接されるような場合は、その後の仮組みに注意しなければなりません。

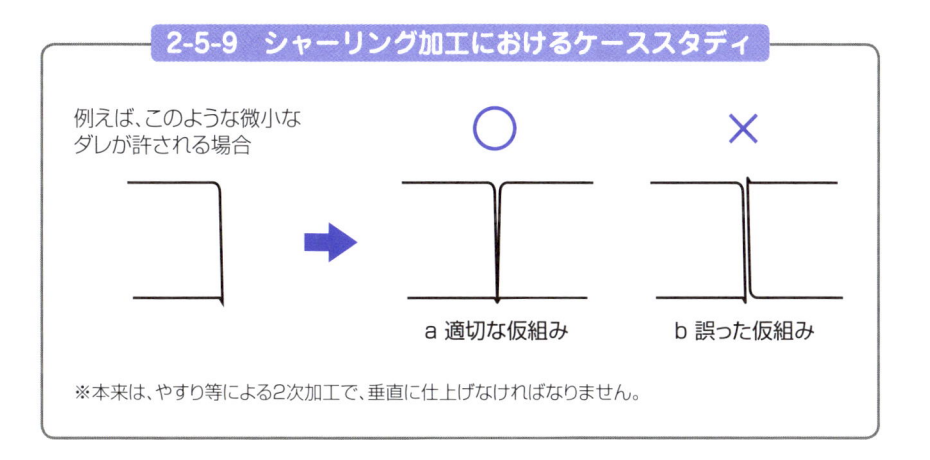

### 2-5-9　シャーリング加工におけるケーススタディ

例えば、このような微小な
ダレが許される場合

○　a 適切な仮組み　　　×　b 誤った仮組み

※本来は、やすり等による2次加工で、垂直に仕上げなければなりません。

　図2-5-9のbに示すように、誤った仮組みを行うと、その後の溶接で偏った溶込みとなりやすく、安定した裏波溶接ができなくなる、つまり溶込み不良や溶落ちを伴った溶接になる可能性があります。製造仕様上、かえりやダレが許容範囲であり、かつ切断面がそのまま溶接継手に使用される時は、仮組み時の切断面の合わせ方（方向性）にも注意しましょう。

　フライス盤を用いた開先加工では、バリ取りはもちろんのこと、切削面に付着したマシンオイルは、溶接にとっては汚染物であることから、溶接直前にアルコール等できれいに洗浄しなければなりません。

　ガス炎やプラズマ、レーザによる熱切断では、ドロス（切断溝下部に付着する溶融スラグ）の除去はもちろんのこと、切断面に生じた酸化膜も除去しましょう。熱切断時に生じた酸化膜は、溶接部に不具合を生じやすくなります。また、ティグ溶接のような溶接法では、酸化物がスラグとして溶融金属中に取り込まれて、これが不具合の原因になることがあります。

　同様のことがエアプラズマ切断時に形成される切断面の窒化物にもいえます。窒化

物を除去せずに溶接を行うと、溶接金属中に気孔（ブローホール）が発生する可能性があるといわれています。過去には、厚板のサブマージアーク溶接で気孔の発生が問題になったことがありました。

　酸化膜や窒化物は、溶接屋にとって品質上、プラスに働くよりもマイナスに働く可能性が高いものです。実際には、これらの膜は、ワイヤブラシ等の工具で簡単に除去できます。「1工程増えてしまう」と考えるよりも「ドロスを除去するついでに切断面も‥」と思えば、気が楽なのではないでしょうか。後々トラブルに巻き込まれるより、事前に除去しておいた方が得策といえます。

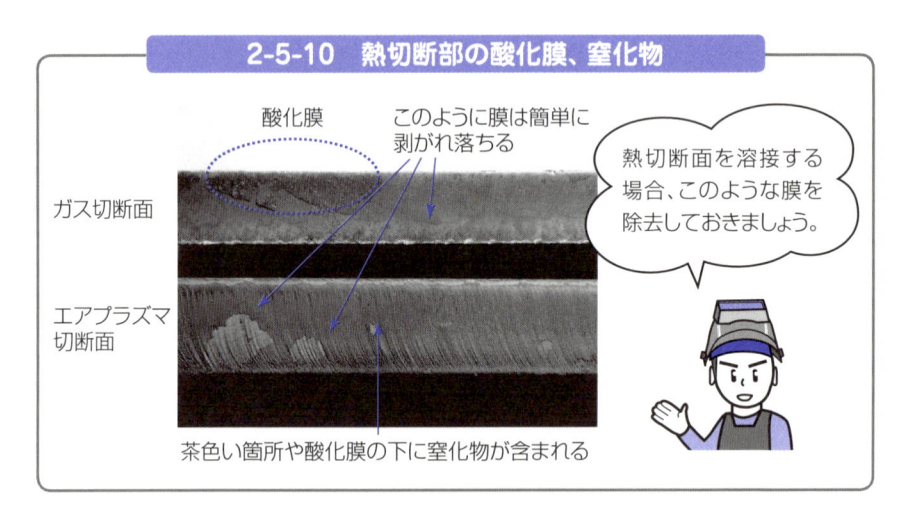

**2-5-10　熱切断部の酸化膜、窒化物**

- 酸化膜
- このように膜は簡単に剥がれ落ちる
- ガス切断面
- エアプラズマ切断面
- 茶色い箇所や酸化膜の下に窒化物が含まれる

> 熱切断面を溶接する場合、このような膜を除去しておきましょう。

　溶接にとって不純物と考えられるもの、疑わしきものは、すべて取り除く…。これは溶接における鉄則中の鉄則です。

## 段取り作業の実際（その2）

　この他、段取り作業の代表的なものに、溶接ジグの製作・設置作業があります。溶接ジグは、溶接作業をサポートするための道具であり、作業の効率化や溶接品質を安定化させるために非常に重要です。

　このような溶接ジグは、通常、製品の形状に合わせて製作（試作）しなければなりません。中には、外注されることもあろうかとは思いますが、ジグの形状や機能等によっては、実用新案や特許（パテント）になりえるものが生み出される可能性があることや、パテントになりえなくても同業他社にノウハウを知られると困ること等を考慮す

ると、容易にジグの図面を社外に持ち出せません。このことから、製造ノウハウが詰まったジグを製作する場合は、内作するのが望ましいかと思われます。溶接ができる人になるためには、こういった経営的な面にも配慮しながら、ジグの製作に積極的に関与することも大切です。

### 2-5-11 溶接ジグを設計・製作する上で、配慮すべきこと

- 剛性、耐久性は？
- 溶接変形を防止できる構造？
- シールドガスの被包範囲は？
- 溶接の仮付け位置は？設備環境は？
- 溶接の作業性は？
- 自社の設備、人的能力で製作可能？

　ジグの製作に当たっては、その剛性や耐久性はもちろんのこと、溶接の仮止め（タック溶接）や、本溶接の作業性、安全性、溶接変形、溶接用シールドガスの被包範囲、アークの磁気吹き発生防止の対策などを考慮して設計・製作することが重要です。その製作には、多くの場合、機械加工がベースとなることから、旋盤やフライス盤などの工作機械の取り扱いや操作が行える能力も要求されます。

　一般的によく使用されている溶接ジグの例を図2-5-12に示します。図のaおよびbは、母材に直接溶接する一時的取付品であり＊、後から、製品に傷をつけないように除去しなければなりません。除去量が少ないものはグラインダーで容易にはつり取ることも可能ですが、除去量が多いと、効率化の観点から、ガウジング作業を併用しなければなりません。この場合には、ガウジング作業の技術と技能も要求されることになります。

---

＊…**一時的取付品であり**　専門書の中には、ジグと一時的取付品を分けて解説しているものもあるが、本書では便宜上、まとめてジグと表現している。

## 2-5-12 溶接ジグの一例

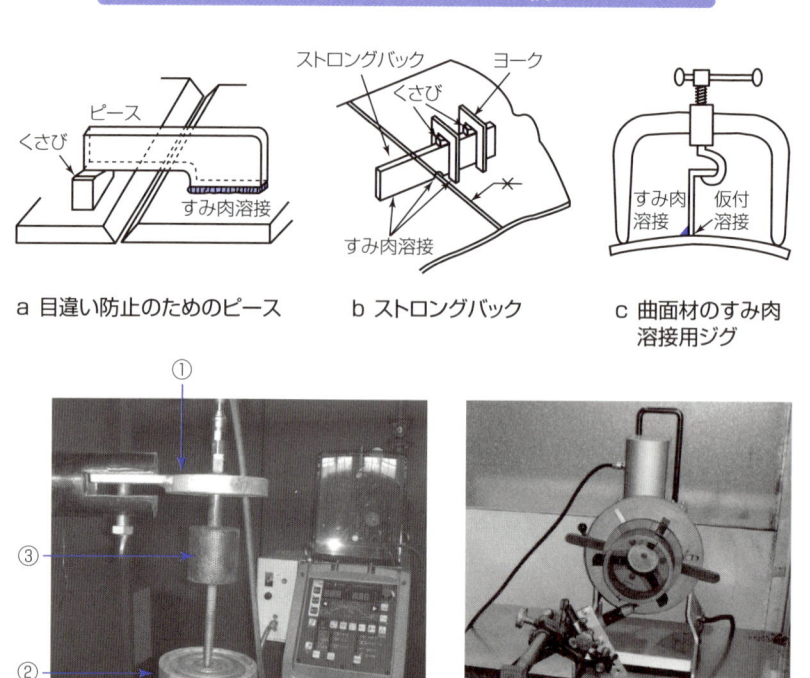

a 目違い防止のためのピース

b ストロングバック

c 曲面材のすみ肉溶接用ジグ

d バックシールド機能付き管溶接用ジグ

e ポジショナ(市販品)

　図のcは、曲面材のすみ肉溶接用ジグです。ネジに連動したハンドルによって、曲面の度合いに合わせたセッティングが可能になります。

　図のdは、ステンレス管（パイプ）溶接用のジグであり、バックシールド機能を付加させたものです。写真中の①と②によって母材であるパイプを挟み込んで固定し、パイプの内部は③から噴出されるアルゴンガスによって溶接部の裏面（裏波）をシールドできる機能を持っています。

　図のeは、**ポジショナ**の名称で知られているジグです。写真のものは、管（パイプ）溶接用の回転ジグであり、市販品です。溶接のしやすい姿勢や位置にポジショニングでき、母材取付部が回転できるようになっています。この種のジグは、市販品が多くあり、中には溶接ロボットと連動して動作できるタイプのものもあります。

## 溶接の順序、方向は大切

　溶接ができる人になるためには、さらに製品（溶接構造物）のどの継手から溶接を行っていくのか、すなわち溶接順序の基本的な考え方を知っておかなければなりません。溶接順序を誤った場合、製品を構成している部材または製品全体に溶接ひずみが発生したり、たとえ見かけ上、溶接ひずみが発生していなくても残留応力や過度の拘束によって割れが発生する等の不具合が生じるおそれがあります。

　溶接順序を検討するにあたってのポイントは、次の4点です。

1) 部材や構造物の中央から自由端に向かって溶接を行う。
2) 溶着量の多い継手の溶接を先に行い、少ない継手の溶接は後で行う。
3) 未溶接継手を通り越して溶接しない。
4) 溶接部に著しい拘束応力を発生させない。

　ここで演習問題です。図2-5-13をみて下さい。多くの部材から構成された平板の突合せ溶接のケースです。上記の原則に基づいて、溶接の順序を考えてみましょう。正解は、図中に示しています。

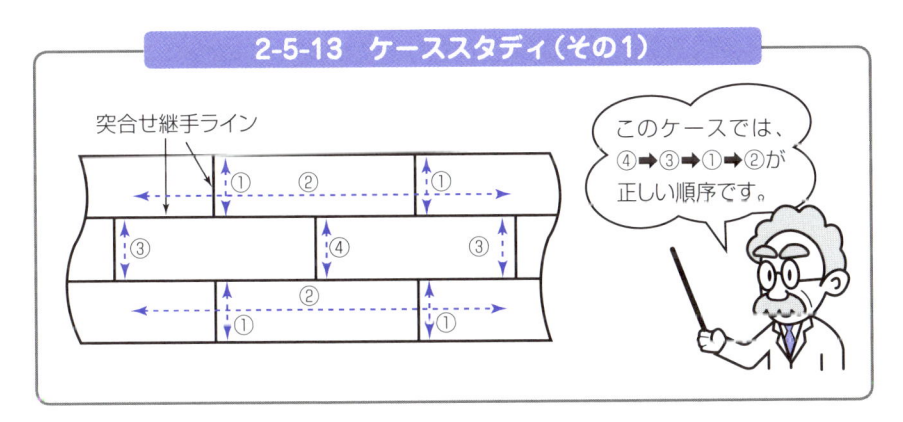

**2-5-13　ケーススタディ（その1）**

このケースでは、④➡③➡①➡②が正しい順序です。

　4)の"著しい拘束応力"すなわち、溶接によって拘束が非常に大きくなる事例としては、図2-5-14のような**はめ込み溶接**があります。全長を一方向に連続して溶接すると、拘束による割れが発生しやすくなります。この場合、図のaに示すように、①➡②➡③➡④の順に溶接を実施します。同図左では、端から順番に実施する方法、同図右では対称的に実施する方法を示していますが、この選択は、事前に検証して有効

## 2-5-14 ケーススタディ（その2）

はめ込み溶接

a 通常の溶接順序

十分に冷却

b 拘束応力が特に大きいときの溶接順序

な方法を選ぶとよいでしょう。

　また、はめ込み溶接では、直径80～100mm程度のものが最大の拘束応力がかかるといわれています。この場合、図のbに示すように、①の半周溶接を行い、その後、収縮が済むまで十分に冷却させた後、残りの半周溶接（②）を行うと、割れを防止することができます。

　また、溶接の順序ばかりでなく、溶接する方向も重要になるケースがあります。方向を誤ると、アークスタート部の溶込み不良、積層間の融合不良、溶け落ち等、不具合を発生する場合があります。具体的な事例をみてみましょう。

　図2-5-15は、額縁形状の板材の突合せ溶接のケースです。母材の材質は、薄板のアルミニウム（合金）です。溶接はティグ溶接で行うこととします。部材の接合箇所において、溶接方向は、①と②が考えられますが、どちらが健全に溶接できるでしょうか？

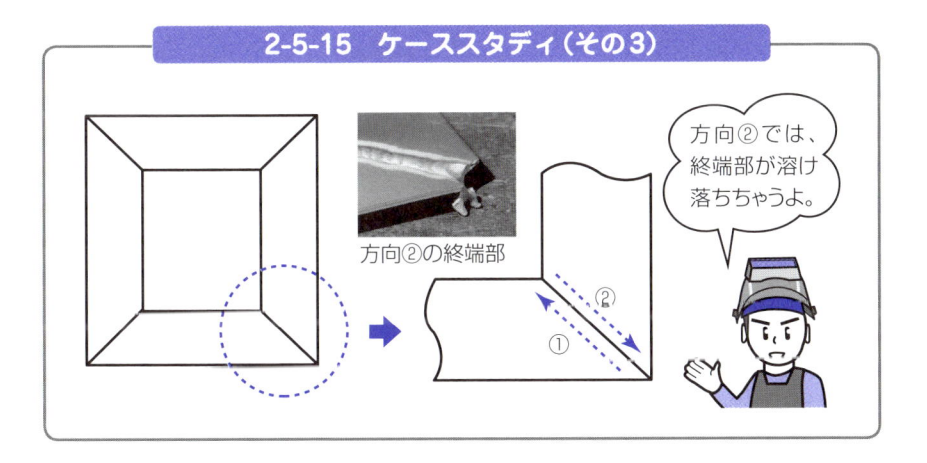

**2-5-15　ケーススタディ（その3）**

方向②の終端部

方向②では、終端部が溶け落ちちゃうよ。

　答えは、①となります。②の場合は、溶接の終端となる部分の母材の熱容量が小さくなることから、溶け落ちが発生しやすくなります。また、仮に溶け落ちが発生しなかった場合でも、母材の熱的なダメージが大きくなり、これに伴う割れや機械的な強度の低下等の不具合が生じる可能性があります。

　以上のように、溶接ができる人になるためには、溶接の順序や方向も配慮した溶接施工計画を組める能力も必要です。肝に銘じておいて下さい。

# 2-6 溶接技能の習得

「溶接の技能は、溶接技能者だけ習得していればよい」…このような考えを持っていませんか？ ここでは技能の必要性について、説明します。

## 溶接設計に携わる方も溶接技能の習得を…

　国内では1980年代後半の頃（バブル期）だったと思います。おおよそ、この頃から「現場を知らない設計技術者が増えてきた」と、世間で聞かれるようになりました。ここで"現場を知らない"とは、"製造している加工現場を知らない"、"ものづくりが分かっていない"ということを意味しています。

　それでは"現場を知らない"設計技術者が増えると、製造現場にとってどのような都合の悪いことが起こりうるでしょうか？ その事例はたくさんあり一言では言い表せませんが、以下は、よく聞かれる事例の一部です。

「機械加工の公差が厳しすぎて、組み立て作業に時間がかかった。」
「加工が難しい材料（材質）に変更されたため、現場が混乱した。」
「構造上、加工箇所に加工ツールが入らなかったため、現場が混乱した。」
「材料や構造の変更により、前工程や後工程に時間がかかるようになった。」
「構造的に製造の効率化を図るのが難しくなった。」

　"現場を知らない"設計技術者が増えてきた要因としては、幾つか考えられますが、中でも、ここ20～30年の間に、生産・製造部門の地方移転、海外移転、分社化（子会社化）が急速に進んだことが大きいと思われます。つまり、製造部門と設計部門が地理的、構造的に離され、設計技術者が現場に足を運ぶ機会が少なくなってきたことが原因の一つとして挙げられます。

　もちろん、企業側もこのことは承知しています。設計技術職に採用した新入社員に対して、新人研修時に自社や関係会社、または取引先の会社などの製造現場で実務体験をさせたり、現職の社員に対しても、キャリアに応じて、製造技術に係わる研修を受講させる等、様々な対応策をとっています。

しかしながら、このような取り組みも企業によって温度差があり、必ずしも十分にカバーできているとは言い切れません。

溶接構造物に係わる設計技術者の場合は、もっと深刻です。製造現場をよく知っておくことは当然ですが、さらに自身で実際の溶接工程を経験していないと、良好な設計ができない可能性が出てきます。例えば、前述の事例に似たケースで、次のようなものがありました。

「構造上、溶接継手付近の作業空間が狭く、溶接の操作が物理的に制限され、溶接施工が難しくなった。」

溶接継手部の位置は、仕様上、溶接作業が行いやすい場所に設定しても問題はなかったのですが、設計者が溶接継手の位置を、安易に作業空間の狭い場所に設定したことが原因でした。この設計者は、溶接の未経験者です。しかし、溶接の現場を何回かは見ているはずでした。では、なぜこのようなことが起きたのでしょうか？

もちろん、社内における図面のチェック体制やデザインレビューが徹底されていなかったことも原因の一つです。しかし、直接的には、設計者自身が適切な設計をしなければなりません。この場合、設計者が溶接の経験がないことが原因になっていました。溶接経験者であれば、溶接作業者の視点で設計ができたはずです。経験していないから、作業者の動作が想像できず、施工が難しくなる位置に設定してしまったのです。実際の溶接作業者の動作は、細かなことを含めると、とても工場見学程度の視察だけでは分からないものです。実際に体験することが大切です。さらに設計技術者が一定レベルの溶接技能を持っていれば、より作業の効率化、品質の安定化を図れる設計が可能になるケースが多分にあります。溶接設計に携わる方は、ぜひ必要最低限の溶接技能の習得に努めていただきたいと思います。

## 溶接ロボットのオペレータも溶接技能の習得を…

設計者に加えて、溶接ロボットなどの自動溶接のオペレータを担当される方も同様のことがいえます。

ここで、溶接ロボットのオペレータを担当していた溶接技術者Ｎ氏の"苦い経験"を紹介します。Ｎ氏は、自動溶接装置のオペレータ歴の長い、ベテラン技術者でした。また、仕事柄、自分の手で溶接を行った経験が少ない方でもありました。

事例は、2-5節で紹介したケーススタディ（その3）です。もう一度、P61の図2-5-15

をご覧下さい。N氏は、たまたまこの溶接を方向②でトライしてしまったので溶接が上手くいきませんでした。そこで、この問題の克服にティグ溶接機の機能を使って取り組むことにしました。

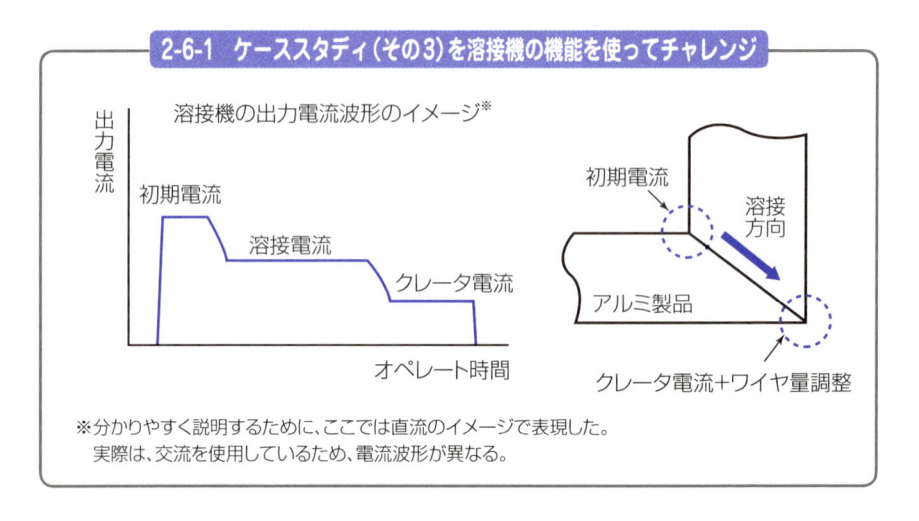

### 2-6-1 ケーススタディ（その3）を溶接機の機能を使ってチャレンジ

溶接機の出力電流波形のイメージ※

（図：出力電流の波形—初期電流、溶接電流、クレータ電流、オペレート時間；アルミ製品に対する溶接方向、初期電流、クレータ電流＋ワイヤ量調整）

※分かりやすく説明するために、ここでは直流のイメージで表現した。
　実際は、交流を使用しているため、電流波形が異なる。

　具体的には、"初期電流＋クレータ電流"の機能を付加させたモードで溶接条件を検討しました。すなわち、初期電流値を溶接電流（本電流）値より高めにとることで、溶接開始部の溶込みの確保を、また、終端部は、クレータ電流と溶接ワイヤの送り量を調整することで入熱過大による溶け落ち等の不具合を解決しようと試みました。

　溶接条件のパラメータが多くなるものですから時間がかかりました。結果、無事この課題を克服することができました。通常であれば、これで万々歳といったところでしょうが、問題はこの後に生じました。

　同じ形状の製品で、材質や大きさの異なるものが多数追加されることになり、製品個々に溶接条件の検討を行うことになったのです。もともとこの方法は、パラメータが複雑で、かつ溶接条件の範囲が狭いものでした。ですから、1製品あたりの溶接条件の選定に時間がかかったのです。

　あまりにも"条件出し"に時間がかかっているものですから、同じ部署に所属しているベテランの溶接技能者（職人さん）が、心配して現場に来てくれたそうです。そして、製品をさっと眺め現状把握をされた後、次のようにアドバイスをしたそうです。

　「そんな、複雑なことをするから時間がかかるんだ。通常のやり方で、溶接方向を逆にしてトライしてみなさい。」

結果は、言うまでもありません。図2-5-15の方向①で溶接を行ってみたところ、短時間に"条件出し"ができました。当事者であるN氏は、溶接ワーク（品物）を少し見ただけで、適切な溶接施工案を導き出せるこの溶接技能者に対し、カルチャーショックに近い衝撃を受け、猛省したそうです。その後、溶接の技能習得に励むようになり、一旦技能が身につくと、見違えるように溶接ロボットのティーチング（溶接条件出し）を早く、確実にできるようになったそうです。この理由として、N氏は、「溶接の条件出しに、今までの技術者としての視点だけではなく、技能者としての視点、場合によっては"職人"としての感覚をも重ね合わせて考えるようになったから…」と語っていました。

　このように、溶接ロボットなどの自動溶接のオペレータを担当される方も、一定レベル以上の溶接技能の習得に努めていただきたいと思います。

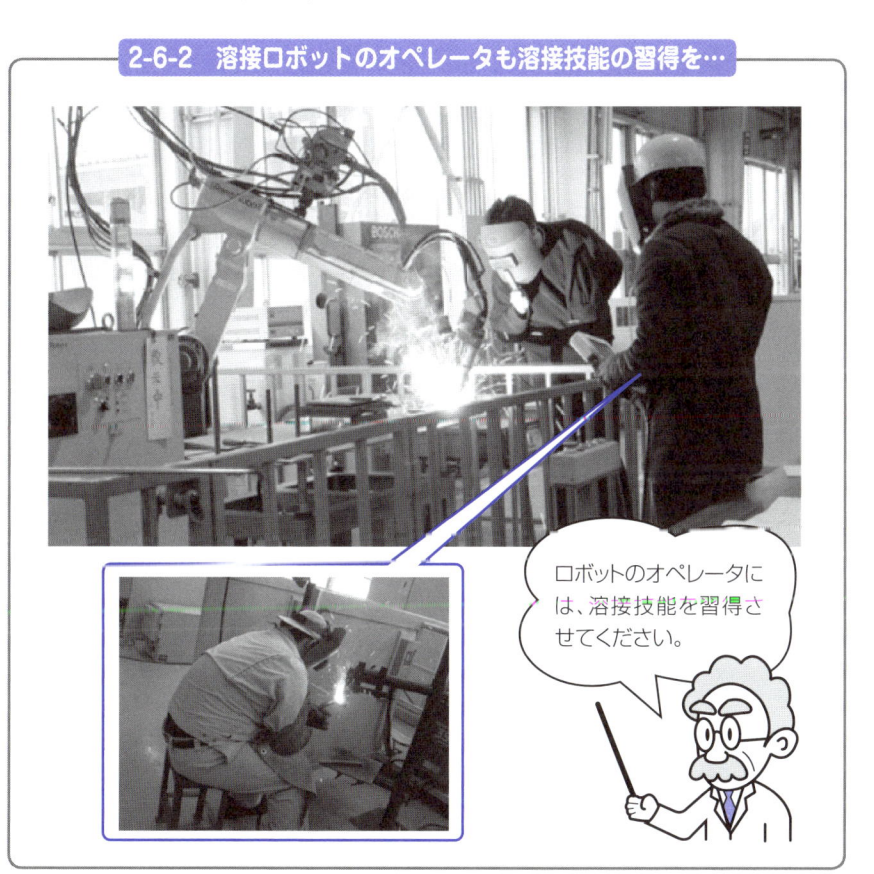

**2-6-2　溶接ロボットのオペレータも溶接技能の習得を…**

> ロボットのオペレータには、溶接技能を習得させてください。

## COLUMN 熟練工いわく『センサは、いらん！』

近年、自動溶接において、**アーク溶接用センサ**（以降、センサ）が積極的に導入されるようになりました。センサとは、溶接中に生じる変形や、元々の継手の組み立て誤差などに応じて、溶接の開始点や終了位置、溶接中のトーチ位置やウィービングの中心位置などを的確に変更させるために、溶接作業者の目の役割を果たして、溶接線などの溶接に必要な情報を自動溶接装置（溶接ロボット）へ提供する装置のことです。

センサには、母材に直接接触させる検出器を用いて必要な情報を得る「接触センサ」と母材に接触しないで情報を得る「非接触センサ」があります。特に、非接触センサには、レーザを用いたセンサなど高価なものが多数あります。

前置きが長くなりましたが、著者の知人（ベテラン溶接工）から聞いた話を紹介します。

ある時、知人が熟練の腕を買われて溶接ロボットのティーチングを担当することになりました。今までの担当者は、新たに設備した高機能の非接触センサを活用してティーチングを行っていたのですが、知人はセンサを使用せずにティーチングだけで安定した溶接を実現しました。

知人は、こう言っていました。
「この溶接には、センサはいらん！」

センサは必要なしとのことです。どうやら、これまでは、センサに依存したティーチングを行っていたそうです。こうしたセンサは、設定に手間がかかることも多く、当人は、まず職人の視点で、本当にセンサが必要かどうかを見極める必要がある、とのことでした。

実は、前任者は自分の手で溶接を操作したことのない技術者でした。センサの要否は判断できず、"センサありき"でティーチングを行っていたそうです。

後日談ですが、知人の話によると、結局すべての溶接がセンサを使用しないで行えたとのことです。設備されていたセンサのシステムが高価だったということもあり、「もったいない設備投資をしてしまった」と嘆いていました。

ここで、誤解のないよう追記します。別にセンサを否定しているのではありません。自動溶接システムとしては必要な技術です。ただし、知人が言うように何でもかんでもセンサに頼りすぎるのは考えものです。本稿を書いている現在は、景気が悪く、設備投資をよく吟味しなければならない時代です。加えて、センサのような便利なものに依存しすぎると、製造する側の溶接施工の対応能力が低下するといった危険性をも持ち合わせていると思います。

本文中にも述べていますが、重要なことは、自動溶接機のオペレータに溶接技能を身につけていただくことです。そして、技術者の視点に技能者の視点をも合わせて対応していくことが重要なのではないでしょうか？

センサを適用する場合は、その延長線上の話であり、真に必要な場合は、ホンモノの溶接オペレータに、適切な種類のものを選択させて、仕事に活用することをお勧めします。

## 溶接技能を習得するために・・・

溶接技能を習得するためには、**OJT**、**OffJT**あるいは自習などにより自己啓発に努めることになります。**OJT**とは、「On-the-job Training」すなわち職場内訓練のことです。職員が職務を遂行する上で必要となる技術や能力を、職場内で業務についたまま教育訓練を受けることになります。また、**OffJT**とは、「Off-the-job Training」す

なわち職場外訓練（研修）のことです。職場外の研修によって職務遂行上の能力を身につけるまたは、能力を向上させるために訓練を受けることになります。

　職場において、教育訓練のシステムが確立されている場合は、積極的なOJTの活用をお勧めします。ただし、溶接製品は、要求事項によって何通りも施工方法が存在します。このことから、所属している業界やお得意様の客層によって施工方法が自社での方法とは異なる場合があります。会社や業界固有の溶接施工法が適用されている場合、教育訓練の内容と異なるケースが考えられるのです。

　こういった時は、OffJTと併用して受講することをお勧めします。市販の教材（テキスト、ビデオ）を使用して自習するのも結構ですが、溶接技能の世界は、そのノウハウを100％デジタル化できないため、実際に人から直接教わった方が良いと思います。人から教わるということは、溶接技能特有の"暗黙知"でしか表現できない事柄を自分自身で感じ取ることができます。また、自身の技量を診断してもらうことができます。さらにOffJTのメリットは、何といっても形式化・体系化された技能や知識についての教育を受講できることです。職場でのやり方との違いを分析してみることによって、知見がさらに広がることと思います。諸般の事情によりOJTを受講できない方も、OffJTにより自己啓発されることをお勧めします。

　溶接の技術や技能に係わる講習会、セミナーには、以下のものがあります。

①溶接機器・材料メーカまたはその関連会社が実施しているもの
②公益法人（一般社団法人、一般財団法人）が主催して実施しているもの
③都道府県立の施設が実施しているもの
④国（独立行政法人）の施設が実施しているもの

### 2-6-3　溶接技能講習会の実施機関の例

**溶接機器・材料メーカ系**
・(株)ダイヘンテクノス
・パナソニック溶接システム（株）
・神鋼溶接サービス（株）　など

**公益法人系**
・(一社)日本溶接協会の指定機関
　　ex ○○県溶接協会
・(一財)日本溶接技術センター　など

**都道府県立**
・○○府立△△高等職業技術専門校
・東京都立△△職業能力開発センター
・○○県立△△高等技術専門校　など

**国（独立行政法人）**
・ポリテクセンター○○
・○○職業訓練支援センター
・○○職業能力開発短期大学校　など

## 2-6 溶接技能の習得

### COLUMN　OffJTに公共職業訓練施設を活用しよう！

　本文中の①溶接機器の材料メーカまたはその関連会社が実施、②公益法人が主催して実施、は地域が限定されますので、ここでは③都道府県立の施設、と④国（独立行政法人）の施設が実施している公共の職業訓練について紹介します。

　公共職業訓練は、一般に求職者が再就職するための訓練をイメージしがちですが、この他に在職者向けの訓練コース（能力開発セミナー）があります。

　「都道府県」と「国」が行う在職者訓練には役割分担があり、例えば、技能・技術のレベルを、基礎、中級、上級にクラス分けすると、都道府県が行う在職者訓練は、おおむね基礎に特化したコース（安全のための特別教育、技能講習含む）に限定されています。一方、国が行う在職者訓練は原則として、基礎に特化したコースは制度上設定ができなくなっており、教育カリキュラム上、中級または上級クラスまでをカバーするようなコース内容になっています。

　実施施設としては、都道府県の場合は、地域によって名称が異なりますが、例えば○○県立△△高等技術専門校というような名称の職業能力開発校、職業訓練校であり、国の場合は、独立行政法人高齢・障害・求職者雇用支援機構（旧 独立行政法人 雇用・能力開発機構）が運営している、全国各地のポリテクセンター、職業訓練支援センター、一部の○○職業能力開発大学校およびその付属の△△短期大学校で実施されています。これらの施設で溶接機器の設備を保有しており、かつスタッフが揃っていれば、おおむね実施されているようです。詳細は都道府県労働局（厚生労働省）や独立行政法人高齢・障害・求職者雇用支援機構のホームページ等でご確認、お問い合わせ下さい。

# Chapter 3

# いろいろな
# アーク溶接法

アーク溶接には様々な種類があります。この Chapter では、アーク溶接の中でも代表的なものを取り上げ、その原理や特徴などについて知っていると役に立つ事柄を説明していきます。

# 3-1 被覆アーク溶接法

被覆アーク溶接法は、古くから鉄鋼材料を中心とした接合に適用されてきた溶接法です。その原理や特徴、機器などについてみていきましょう。

## 被覆アーク溶接法の原理

**被覆アーク溶接法**は、金属の心線に被覆剤（フラックス）を塗布した**被覆アーク溶接棒**を使用します。この溶接棒と母材の間に交流または直流の電流を流して、アークを発生させ、このアーク熱により溶接棒と母材を溶融して溶接金属を形成させます。なお、被覆アーク溶接棒の**被覆剤**は、アーク熱の作用により分解して発生したガスがシールドガスとなって、溶融金属やアークを大気から保護する役割を果たします。

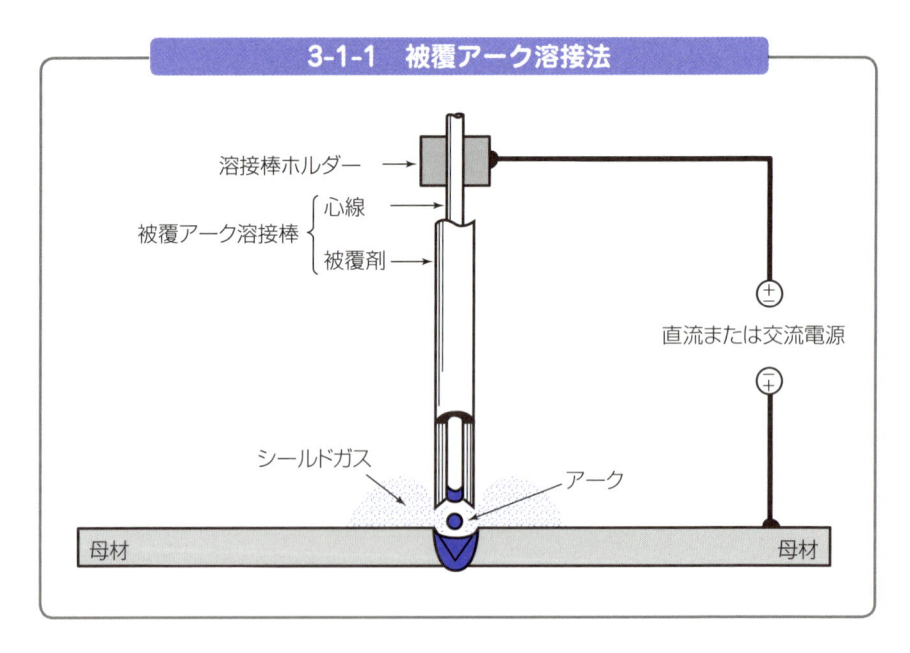

**3-1-1 被覆アーク溶接法**

一般にアーク溶接作業において、良好な溶接部を得るためには適切なアーク長さを維持しなければなりません。本溶接法では、電極である溶接棒が溶けて徐々に消耗する方式であることから、溶接棒の消耗にあわせてアークの長さが一定に保たれるよう

に棒先端を母材に近づけていく操作が要求されます。

　また、本溶接法は、原理的に、すべてを「手」で操作しなければならないので、「**手溶接**」という別名で呼ばれることもあります。古くから鉄鋼材料の溶接を中心として広く普及していましたが、近年では、炭酸ガスによるマグ半自動溶接法の普及に伴い、本溶接法が適用されるケースは減少してきています。しかしながら本溶接法は、比較的安価な設備で、室外作業などにおいても手軽に溶接作業ができることもあり、その特長が活かされる分野で今後も広く使用されていくものと思われます。

## 被覆アーク溶接用電源（その1）

　被覆アーク溶接には、交流または直流の専用電源が使用されます。「専用電源」と書いたのは意味があります。溶接電源であれば何でも良いというわけではありません。被覆アーク溶接の特性に合わせて設計された専用の溶接電源を使用する必要があります。

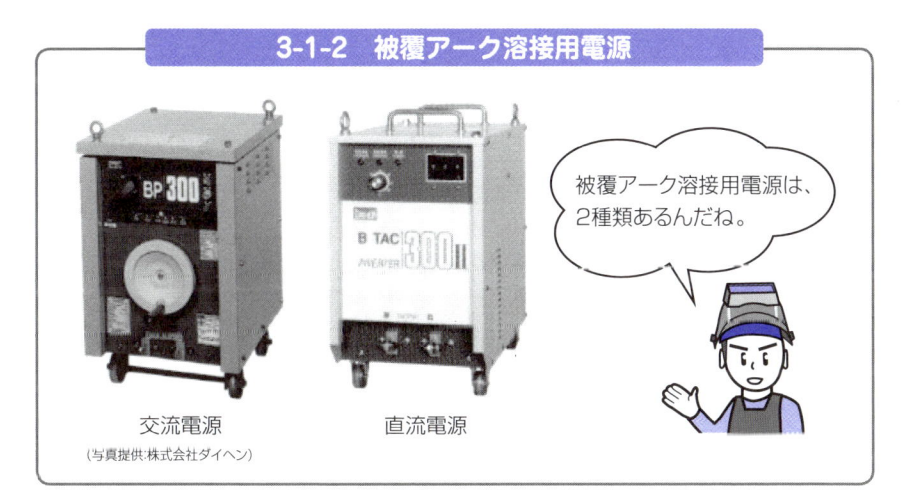

#### 3-1-2　被覆アーク溶接用電源

交流電源　　　　直流電源
（写真提供:株式会社ダイヘン）

被覆アーク溶接用電源は、2種類あるんだね。

　専用電源のキーワードは、「**垂下特性電源**」または「**定電流特性電源**」です。日本においては、交流の垂下特性電源が広く使用されていますので、先に垂下特性電源から説明します。

　垂下特性電源の「垂下」は、その名のとおり「垂れ下がった」特性の電源です。図3-1-3のPQをみて下さい。これが電源の特性です。次にこの特性にアークの特性を重ね合わせてみます。

## 3-1-3　垂下特性電源の働き

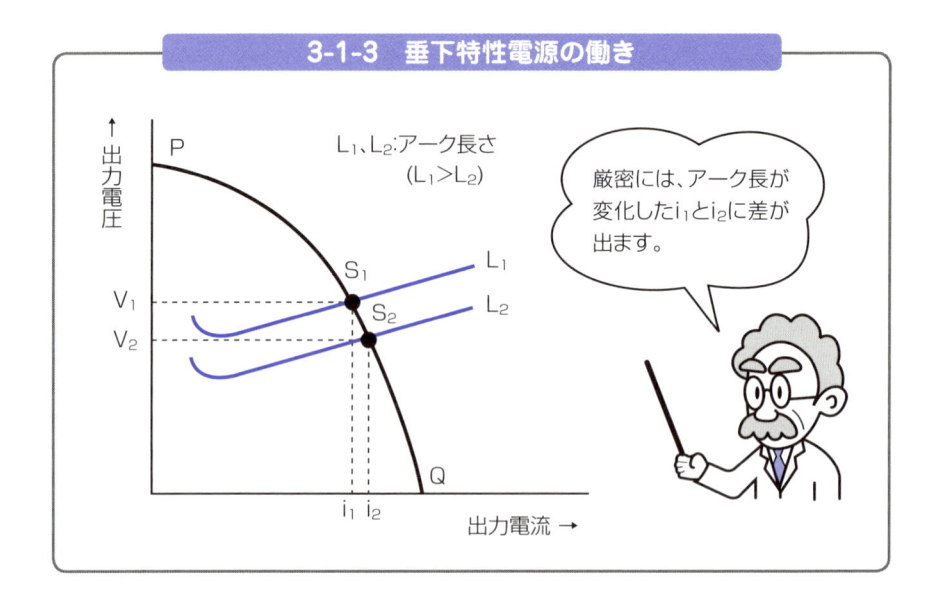

図中の吹き出し：厳密には、アーク長が変化した $i_1$ と $i_2$ に差が出ます。

図中のラベル：出力電圧、出力電流、P、Q、$S_1$、$S_2$、$L_1$、$L_2$、$V_1$、$V_2$、$i_1$、$i_2$、$L_1$、$L_2$：アーク長さ（$L_1 > L_2$）

　$L_1$ および $L_2$ がこれにあたります。ここで $L_1$ はアーク長さが長い場合、$L_2$ は短い場合を示します。これらの交点 $S_1$、$S_2$ は、それぞれアーク長さが $L_1$、$L_2$ の時の溶接の動作点となります。

　例えば、今、アーク長さが $L_2$ の時の溶接を想定してみましょう。溶接操作中、溶接棒が消耗しているのにも関わらず棒ホルダーを母材に近づけなかったとします。そうするとアーク長さが長くなって $L_1$ になります。Chapter1 で説明したようにアーク長さが長くなればアーク電圧は上昇し（$V_2$ から $V_1$ に上昇）、動作点は $S_2$ から $S_1$ に移ります。このときの溶接電流はどうでしょうか？　$i_2$ から $i_1$ に若干下がりますね。これはわずかな変化であることから、ほとんど電流が変わらないとみなすのです。すなわち、アーク長さが変化しても溶接電流がほとんど変わらないような電源特性を垂下特性と呼んでいます。

　しかし、厳密には、定格出力電流300Aクラスの垂下特性電源でアーク長さが2〜3mm変動すると、溶接電流は10〜25A程度の変化が認められます。10〜25Aの変化は、例えば薄板の突合せ溶接のように母材の溶込み面でデリケートさが要求されるような溶接においては、品質に悪影響が出ます。こういった場合には、定電流特性電源が最適です。

　次の図3-1-4のPQをみて下さい。これが電源の特性で、「定電流特性」と呼んでいます。図のように、アーク長さ $L_1$、$L_2$ が変化しても、出力電流 $i_1$、$i_2$ は変化しません。つ

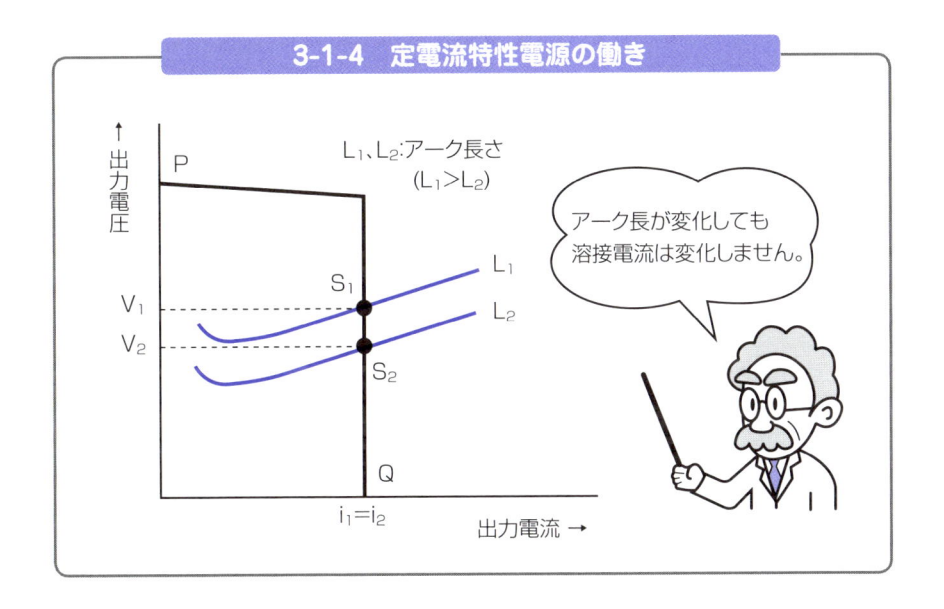

## 3-1-4　定電流特性電源の働き

出力電圧 ↑

P
$V_1$ ―――― $S_1$ ―― $L_1$
$V_2$ ―――― $S_2$ ―― $L_2$
Q

$L_1, L_2$:アーク長さ
($L_1 > L_2$)

$i_1 = i_2$

出力電流 →

アーク長が変化しても溶接電流は変化しません。

まり、溶接作業中にアーク長さが変動しても溶接電流は一定になるのが定電流特性の特長です。現在では、被覆アーク溶接用直流電源の多くがこの特性を採用しています。

## 被覆アーク溶接用電源（その2）

次に交流電源と直流電源による被覆アーク溶接の特徴について比較してみましょう。詳細を図3-1-5に示します。

被覆アーク溶接用の交流電源は、構造がシンプルであり、保守・点検が簡単です。しかも溶接機の価格が安いこともあり、直流電源より多く用いられています。ただし、アーク放電の性質上、交流のアークは直流より安定性に劣ること、必要とする配電設備が大きくなること、電撃の危険性が高くなるといった欠点を持ち合わせています。

一方、直流電源は、アークの安定性が良く、極性が選択できることから溶接棒の選択幅が広くなり、溶接の施工範囲が広がります。ただし、「**磁気吹き（アークブロー）**＊」といわれる溶接の不具合現象が生じやすいことや溶接電源の構造が複雑で保守・点検が面倒なこと、溶接機の価格が高価であるといった点も持ち合わせています。

---

＊磁気吹き（アークブロー）　溶接電流の磁気作用または溶接部に存在する磁場の影響によってアークが偏る現象。電流の磁気的性質の違いから直流アークより交流アークの方が、磁気吹きが少ない。

## 3-1-5 交流電源と直流電源による被覆アーク溶接の特徴比較

| 項目 | 交流アーク溶接 | 直流アーク溶接 |
|---|---|---|
| 電撃の危険性 | 高い | 低い |
| アークの安定性 | やや劣る | 良好 |
| 極性の選択 | 不可能 | 可能(棒+、棒−) |
| 磁気吹き現象 | ほとんど起こらない | 起こりやすい |
| 配電設備の大きさ | 大きい | 小さい |
| 溶接電源の構造 | シンプル | 複雑 |
| 溶接電源の保守 | 簡単 | やや面倒 |
| 溶接機の価格 | 安価 | 高価 |

### COLUMN お勧め！…ティグ溶接電源を活用しよう！

　本文でも述べましたが、直流アーク溶接電源による被覆アーク溶接は、アークの安定性等を考慮すると非常に魅力的です。ただし、専用の直流電源は価格が高いこともあり、あまり市場に浸透していない現実があります。

　こんな時は、ティグ溶接電源を活用して下さい。実は、ティグ溶接電源の機能に被覆アーク溶接モードが付いていることが多いのです。しかも電源特性は、アーク長さが変化しても溶接電流が変化しない定電流特性です。

　ティグ溶接電源は、広く普及していることから周囲を見渡して下さい。あなたの工場にありませんか？　あれば、ぜひ活用してみて下さい。

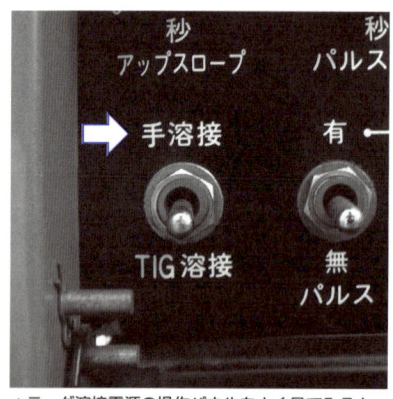

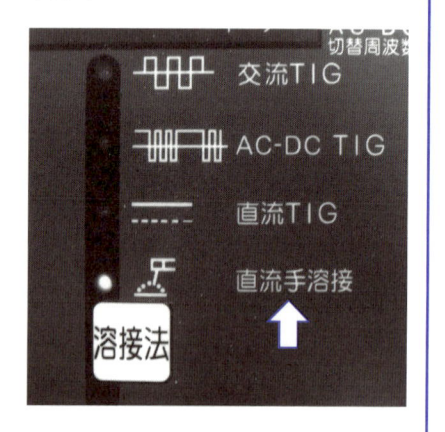

▲ティグ溶接電源の操作パネルをよく見てみると…

被覆アーク溶接法 3-1

## 🔧 自動電撃防止装置（交流アーク溶接機用）

　先にも述べましたが、交流アーク溶接機の場合は、電撃の危険性が高くなります。これは、溶接機の出力側の**無負荷電圧**＊が高いためです。一般的に、無負荷電圧は約80V程度ですが、この電圧になると電撃により死亡事故など重大な災害につながる危険性が高くなり、対策が必要です。そのための装置が「（交流アーク溶接機用）**自動電撃防止装置**」です。労働安全衛生法に基づく交流アーク溶接機用自動電撃防止装置構造規格によれば、「アークを切った後、1.5秒以内に溶接棒と母材の間の電圧が自動的に30V以下の安全電圧になり、アークの起動の時のみ所定の電圧が得られるように制御する」となっています。

　この自動電撃防止装置は、あらかじめ交流アーク溶接機に内蔵されているタイプのものと溶接機に外付けするタイプのものがあります。図3-1-6の写真は、内臓タイプのものです。溶接機を使用する前には、必ず自動電撃防止装置が正常に動作するかを確認する必要があります。

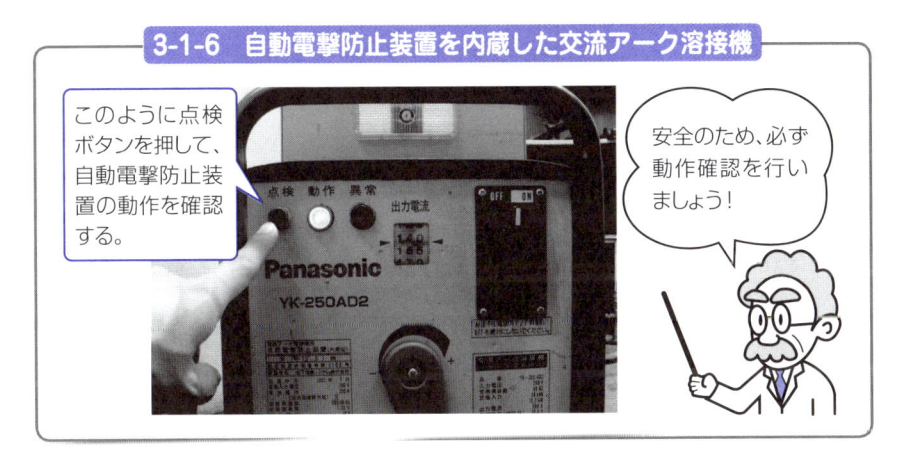

### 3-1-6　自動電撃防止装置を内蔵した交流アーク溶接機

（このように点検ボタンを押して、自動電撃防止装置の動作を確認する。）

（安全のため、必ず動作確認を行いましょう！）

　労働安全衛生規則第332条および第648条によれば、次の危険場所で交流アーク溶接作業を行う場合、自動電撃防止装置を付けて使用しなければならないことが規定されています。
　1）導電体に囲まれた場所で著しく狭あいなところ
　2）2m以上の高所作業で導電性の高い接地物に接触するおそれのあるところ

---

＊**無負荷電圧**　無負荷時の溶接機の端子電圧のこと。開路電圧ともいう。

# 3-2 マグ溶接法

マグ溶接法は、現在、国内で最も広く採用されているアーク溶接法です。その原理や種類、特徴などについてみていきましょう。

## マグ溶接法の原理

　マグ溶接法の「マグ」は、Metal Active Gas*の頭文字MAGをカタカナ表記したものです。その原理は次のとおりです。

　被覆アーク溶接における溶接棒の代わりに、コイル状に巻かれた針金状の溶接ワイヤを電極として用います。この溶接ワイヤは、ワイヤ送給装置に取り付けられ、電動モータの力で回転する送給ローラによって溶接トーチの先端部まで自動的に送られます。溶接ワイヤへの通電は、コンタクトチップを通過する過程で行われ、溶接ワイヤと母材との間に発生させたアークによりワイヤと母材を同時に溶かしながら溶接が行われます。この際、溶接中のアークや溶融池の周辺を大気からシールドする目的でシールドガスを、ノズルを通じて溶接部周辺に供給されます。

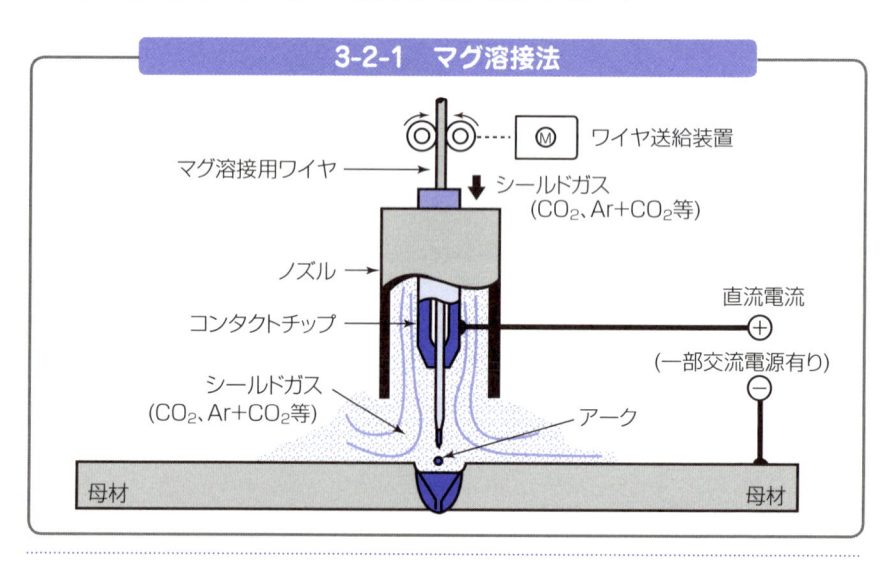

### 3-2-1　マグ溶接法

- マグ溶接用ワイヤ
- ワイヤ送給装置
- シールドガス（$CO_2$、$Ar+CO_2$等）
- ノズル
- コンタクトチップ
- シールドガス（$CO_2$、$Ar+CO_2$等）
- アーク
- 直流電流（一部交流電源有り）
- 母材

＊**Active Gas**　直訳すると活性ガス。活性ガスとは、化学反応しやすいガスである。マグ溶接では、炭酸ガスなどの酸化性ガスが使用される。

マグ溶接で使用されるシールドガスは、炭酸ガス（以降、$CO_2$）の単独またはアルゴンと$CO_2$の混合ガス、アルゴンに数％酸素が入った混合ガスなどの酸化性ガスを使用します。国内では、炭酸ガス単独で使用されるケースが多いことから、この場合は「**炭酸ガスアーク溶接**」と呼ばれています。また、炭酸ガスアーク溶接を簡単な表現で「**$CO_2$溶接**」と呼ばれる場合もあります。

また、マグ溶接においては、溶接ワイヤが自動的に送給されますが、人が溶接を行うときは、溶接トーチの操作は手動になります。つまり、人がマグ溶接を行うときは、半分自動化されているので、本溶接法は「**半自動溶接**」とも呼ばれています。

### 3-2-2 マグ溶接法のいろいろな呼び方

炭酸ガス単独で使用すれば…
『炭酸ガスアーク溶接』

人がオペレートすれば…
『半自動溶接』

現場では、いろいろな呼び方がされているよ。混乱しないようにね。

マグ溶接法は、被覆アーク溶接に比べると、「溶着金属となる電極の溶着速度が大きく、母材の溶込みが深いことなどから作業効率が良い」、「良質な溶接金属が得られる」、「溶接トーチをロボットなどの機械装置に搭載して自動溶接が行なえる」などのメリットがあります。

反面、マグ溶接法は、「風に弱い」というデメリットも持ち合わせています。これは、溶接トーチ先端部から母材溶融部にかけて周囲から風が当たるとシールドガスが乱れ、母材溶融部に空気を巻き込み、気孔などの不具合を発生させることがあるからで

す。一般的に、高品質な溶接金属を得るためには「風速0.5m／秒以下」で管理することが妥当*とされています。風速0.5m／秒を具体的にイメージすると、線香の煙のなびき方が斜め45°に傾く程度の風であり、これ以上の風では母材溶融部に悪影響を与えることになります。したがって、特に屋外作業においては、必要に応じてトーチや溶接箇所の周囲に衝立を立てるなどの防風対策を行わなければなりません。

マグ溶接法で溶接可能な材料は、鋼やステンレスなどの鉄鋼材料になります。

## マグ溶接法のメカニズム

マグ溶接では、$CO_2$のような酸化性のガスを使用するために、溶接のメカニズムは少し複雑になります。難しく感じるかもしれませんが、このメカニズムを理解しておくと、後で触れる溶接材料の知識や溶接施工時のトラブルシューティングについて学ぶ際にも役立ちます。ここでは、軟鋼（低炭素鋼）の炭酸ガスアーク溶接を例に、溶接の基本的なメカニズムを解説します（図3-2-3も参照）。

シールドガスに用いる$CO_2$は、高温のアークに触れて次のように解離して酸化性ガスになります。

$$2CO_2 \rightleftarrows 2CO + O_2 \quad \cdots\cdots\cdots\cdots (1)$$
$$CO_2 \rightleftarrows CO + O \quad \cdots\cdots\cdots\cdots (2)$$

したがって、炭酸ガスアーク溶接近くの雰囲気は$CO_2$とCO（一酸化炭素）、$O_2$およびOの混合したものになります。$CO_2$は溶融した鋼に対しては還元性を示しますが、$O_2$とOは強い酸化性作用があり、溶融鋼は酸化されて、次のような反応を起こします。

$$Fe + O \rightleftarrows FeO \quad \cdots\cdots\cdots\cdots (3)$$
$$FeO + C \rightleftarrows Fe + CO \quad \cdots\cdots\cdots\cdots (4)$$

---

*…が妥当　これまで、ガスシールドアーク溶接の防風対策の管理基準は「風速2.0m/秒以下」とされてきたが、最近では日本溶接協会が実施した調査・研究によって、「風速2.0m/秒以下」は不十分であり、「風速0.5m/秒以下」が妥当とされている。

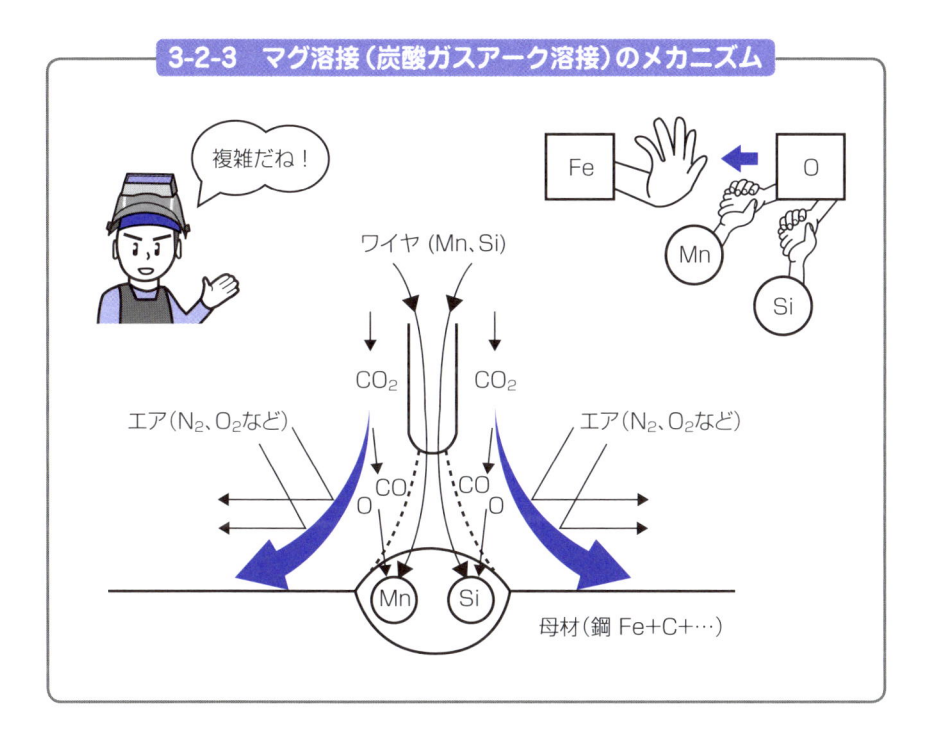

## 3-2-3 マグ溶接（炭酸ガスアーク溶接）のメカニズム

式(3)によって生じたFeOは、鋼に含まれているC（炭素）と反応して、式(4)のようにCOガスを発生し、これが溶融金属の凝固時に「気泡」となって溶接金属内部に残留してしまいます。この「気泡」は、気孔またはブローホールと呼ばれる溶接欠陥です。実際の炭酸ガス溶接では、これを防ぐ、すなわち式(4)の反応を防ぐため、溶接ワイヤの中に適量の脱酸剤（Mnマンガン、Siケイ素）が添加されてあり、式(5)、(6)のような反応が起こります。

$$FeO + Mn \rightleftarrows MnO + Fe \cdots\cdots (5)$$
$$2FeO + Si \rightleftarrows SiO_2 + 2Fe \cdots\cdots (6)$$

これにによって生じたMnO（酸化マンガン）やSiO$_2$（酸化ケイ素）は、溶融池表面に浮き上がって、溶接ビードの表面にガラス状のスラグとなって現れてきます（図3-2-4参照）。このようなメカニズムにより、良質な溶接部が形成されます。

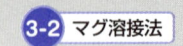

**3-2-4 ビード表面上のスラグは、溶接金属が脱酸精錬された証拠**

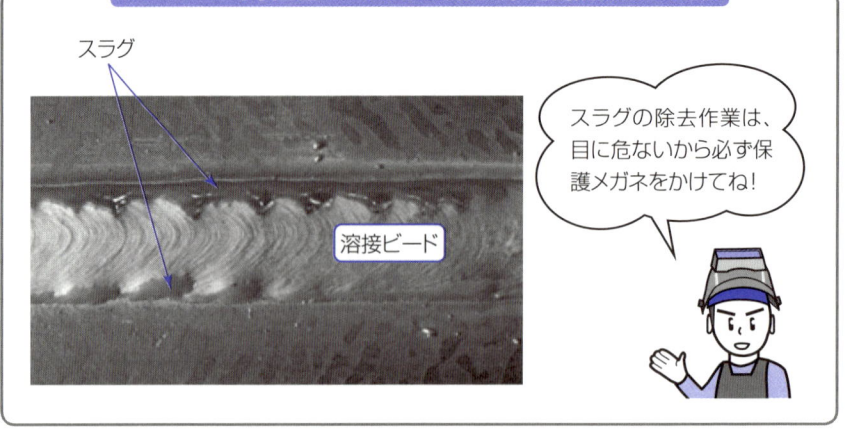

スラグ
溶接ビード

スラグの除去作業は、目に危ないから必ず保護メガネをかけてね！

　なお、母材である鋼の中にも脱酸元素であるMnやSiが微量含まれています。ただし、量的には不十分なのでMnやSiを適量含有させた専用の溶接ワイヤを使用します。したがって、溶接ワイヤの代わりに針金を使用した場合は、気孔が発生し、正常な溶接ができなくなります。

　また、Ar（アルゴン）と$CO_2$との混合ガスに用いるマグ溶接では、シールドガスから生成するCOやCが相対的に少なくなることから、ワイヤに添加される脱酸剤Mn、Siは少なくて済みます。ですから、混合ガスマグ溶接に用いるワイヤは、炭酸ガスアーク溶接用ワイヤよりMn、Siの含有量は少なめです。したがって炭酸ガスアーク溶接に混合ガスマグ溶接用のワイヤを誤って使用した場合には、気孔が発生する可能性があります。逆に混合ガスマグ溶接時に炭酸ガスアーク溶接用ワイヤを使用するとどうなるか？　この場合にも問題があります。溶接金属が硬化し、溶接部の機械的性質が劣化する可能性があります。溶接冶金学の知識が必要となりますので、Chapter6を学習した後に再度考察してみて下さい。

## マグ溶接機

　次にマグ溶接機についてみていきましょう。図3-2-5に示すように、マグ溶接機は、溶接電源、溶接トーチ、ワイヤ送給装置、およびガス供給系（ガスボンベ、ガス流量調整器）などで構成されます。

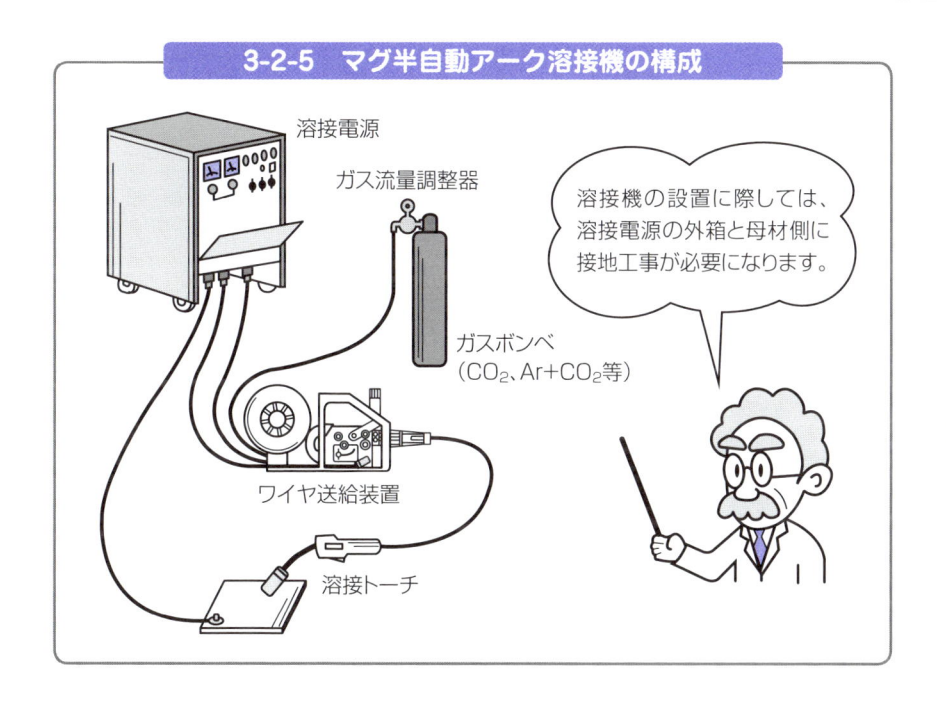

## 3-2-5　マグ半自動アーク溶接機の構成

溶接電源
ガス流量調整器
ガスボンベ（$CO_2$、$Ar+CO_2$等）
ワイヤ送給装置
溶接トーチ

溶接機の設置に際しては、溶接電源の外箱と母材側に接地工事が必要になります。

　先にも述べましたが、マグ溶接機は、送給装置から溶接ワイヤが自動的に送られますが、ワイヤを一定のスピードで安定供給する必要があります。特に半自動アーク溶接では、人がトーチを操作しますので、トーチを持つ手が多少ブレても安定に送給する必要があります。
　そのためには、トーチ操作に多少の乱れがあってもアーク長さが一定に保たれている必要があり、これを実現するためにマグ溶接機では、通常、溶接電源として**定電圧特性電源**が、ワイヤ送給装置には**定速送給方式**が採用されています。以下、半自動マグ溶接においてアーク長さが一定になるメカニズムを説明します。
　図3-2-6をみて下さい。PQが電源特性、すなわち定電圧特性を表わしています。右上がりの3本の直線は、アーク特性です。アークの長さがそれぞれ6mm、4mmおよび2mmの時のアーク特性を表わしています。
　例えば、溶接電流が200A、アーク長さが4mmの状態で安定に溶接していたと仮定しましょう。その時の動作点は$S_1$になります。このとき、作業者の持っている溶接トーチが手ブレなどにより2mm長くなったとします。するとアーク長さは6mmになりますので動作点は$S_2$となり、溶接電流は100Aに大きく減少します。溶接ワイヤの溶ける速さは、溶接電流にほぼ比例しますので$S_2$の時点ではワイヤの溶ける量が半分

程度に減少することにとなります。ワイヤ自身は、一定の速度で送給されますので、アーク長さは急激に縮まり、結果的に、元の$S_1$に戻ることになります。

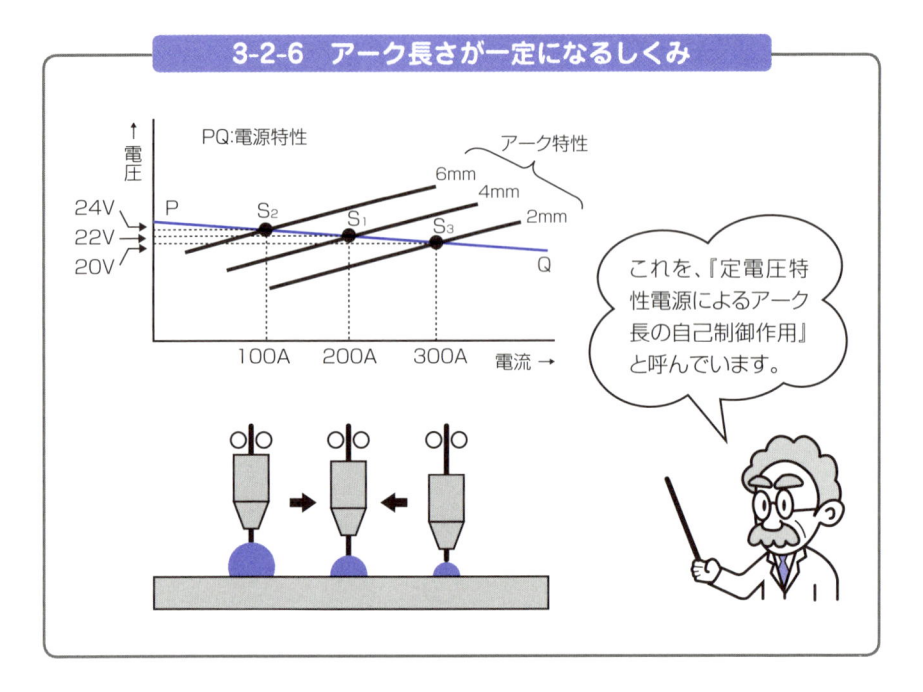

### 3-2-6　アーク長さが一定になるしくみ

PQ:電源特性
アーク特性
電圧
24V
22V
20V
6mm
4mm
2mm
P　$S_2$　$S_1$　$S_3$　Q
100A　200A　300A　電流→

これを、『定電圧特性電源によるアーク長の自己制御作用』と呼んでいます。

反対に、トーチが下がりアーク長さが2mm短くなったような場合は、上記の現象とは逆になり、$S_3$から元の$S_1$に戻ります。このアーク長さの修正に要する時間は、2mm程度の修正で約0.02秒となります。まさに瞬間的に生じる現象であり、溶接電流計やアーク電圧計にも数値が表示されないような速さで修正されます。

以上のような働きを「定電圧特性による**アーク長の自己制御作用**」と呼んでいます。

## マグ溶接現象（溶滴の移行現象）

マグ溶接では、アークの熱によって母材が溶融されると同時にワイヤの先端も加熱され液状となって母材側に滴下します。このワイヤの溶融したものが母材に移行する現象を「**溶滴の移行現象**」と呼んでいます。溶滴の移行現象を知っておくと、実際の溶接作業において溶接施工条件を設定する際に役に立つので覚えておくとよいでしょう。以下、マグ溶接における溶滴の移行現象について説明します（図3-2-7も参照）。

## 3-2-7 マグ溶接における溶滴の移行形態

| 溶滴移行の種類 | 短絡移行 | グロビュール移行 | スプレー移行 |
|---|---|---|---|
| | | 【反発移行】【ドロップ移行】 | |
| シールドガス | $CO_2$、Ar+$CO_2$ | $CO_2$、Ar+$CO_2$ | Ar+$CO_2$、Ar+$O_2$ |
| 溶接電流 | 小電流域 | 中〜大電流域 | 大電流域 |
| 溶接現象 移行状況 | 母材の短絡時に移行 | 大粒で移行 | 小粒で移行 |
| 溶接現象 アーク音 | 『ジー』 | 『パシャパシャ』 | 『シュー』 |
| 溶接現象 スパッタ | 小粒 | やや大粒 | 小粒・ほとんど無い |
| 溶接現象 溶込み | 浅い | 深い | 深い |
| 適用板厚 | 薄板、中厚板(難姿勢溶接) | 薄板(高速溶接)、中厚板 | 中厚板 |

　**短絡移行**は、マグ溶接用ガスの種類を問わず小電流条件で溶接した場合に生じます。ワイヤ先端がアーク熱で溶け、溶滴を形成する時期(アーク発生期間)と溶滴が母材溶融池に接触して、表面張力により溶融池に移行する期間(短絡期間)があります。この繰り返しが、炭酸ガス100%雰囲気では1秒間に40〜100回(これを**短絡回数**と呼びます)生じます。また、短絡期間中は、アークが消失しているために母材に入る熱量が少なく、溶込みが浅くなります。したがって薄板材の溶接や、重力によって溶融金属が垂れるような難姿勢(立向、横向、上向などの姿勢)での溶接に適しています。別名『**ショートアーク**』とも呼ばれています。

　**グロビュール移行**は、ワイヤ径よりも大きな溶滴が溶融池に移行する現象です。グロビュールとは、英語でGlobularと書き、「球状の」という意味です。この移行は、ガスの種類や電流などの条件により、**反発移行**と**ドロップ移行**に大別されます。

　**反発移行**は、炭酸ガス100%および30%以上の炭酸ガスを含んだアルゴン混合ガス雰囲気中において大電流条件で溶接した場合に生じます。炭酸ガス($CO_2$)は、高温のアークに触れてCOとOに解離しますが、その瞬間に周囲から熱を奪います(これを吸熱反応と呼びます)。これにより、アークは強い冷却作用を受けて収縮(これを熱的

ピンチ効果と呼びます）するとともに、図3-2-8に示すように溶滴内の外側から内側に向かって電流が流れ、溶滴の下端部にアークが発生します。

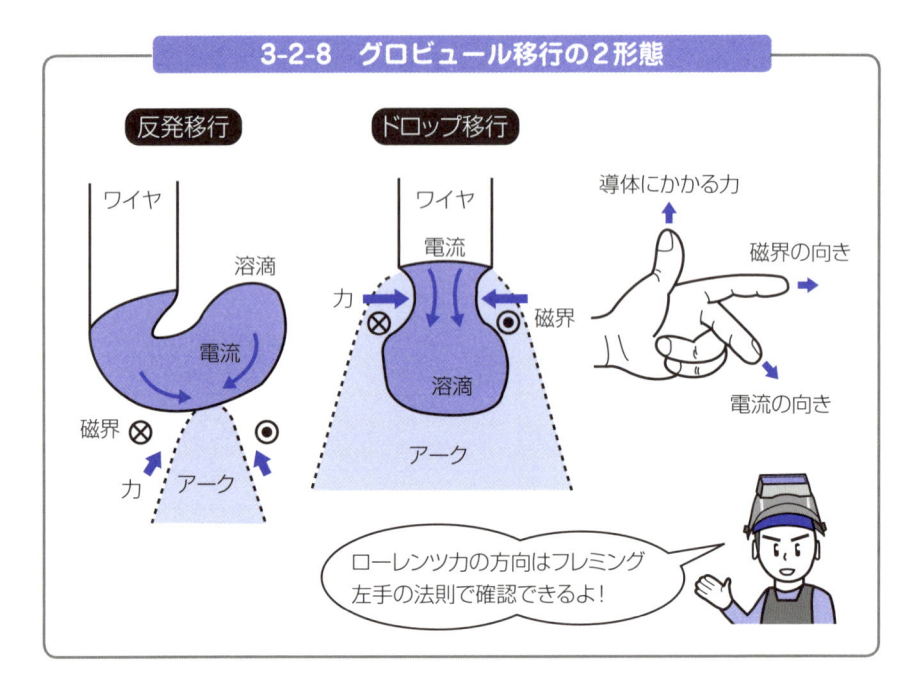

**3-2-8　グロビュール移行の2形態**

反発移行／ドロップ移行

ローレンツ力の方向はフレミング左手の法則で確認できるよ！

　この時、アークが発生している部分の周囲には磁界が発生しており、ローレンツ力＊により溶滴を押し上げようとする力（反発力）が発生します。この反発力により溶滴がワイヤから大きな塊となって溶融池に移行します。同時に、大粒のスパッタが発生しやすく、またアークが断続する短絡移行とは異なり、アークは連続して発生しているので熱への入熱が多くなり、溶込みは深くなります。

　**ドロップ移行**は、アルゴンガスに25％以下の炭酸ガスを含んだ雰囲気中において中電流域の条件で溶接する場合に生じます。この移行形態は、アークが溶滴を包みこむような形で広がって放電しており、ワイヤ先端の溶滴を押し上げる力は存在しません。溶滴には、ローレンツ力が作用して溶滴を引き絞る効果（これを**電磁ピンチ効果**と呼びます）をもたらします。これによって溶滴はスムーズに溶融池に移行し、スパッタの発生は少なくなります。

＊**ローレンツ力**　磁場の中で運動する荷電粒子に働く力。図中に描いたフレミング左手の法則は、ローレンツ力の方向を覚えやすくするために考案されたものである。

**スプレー移行**は、ドロップ移行が生じる条件でさらに電流を高くしたときに生じます。電流が高くなることで電磁ピンチ効果が強力に働き、ワイヤ端はあたかも鉛筆の先端形状のように先鋭化して、溶滴は小粒となって溶融池に移行します。スプレー移行は、他の移行形態と比べて最も安定しており、スパッタの発生は少なくなります。

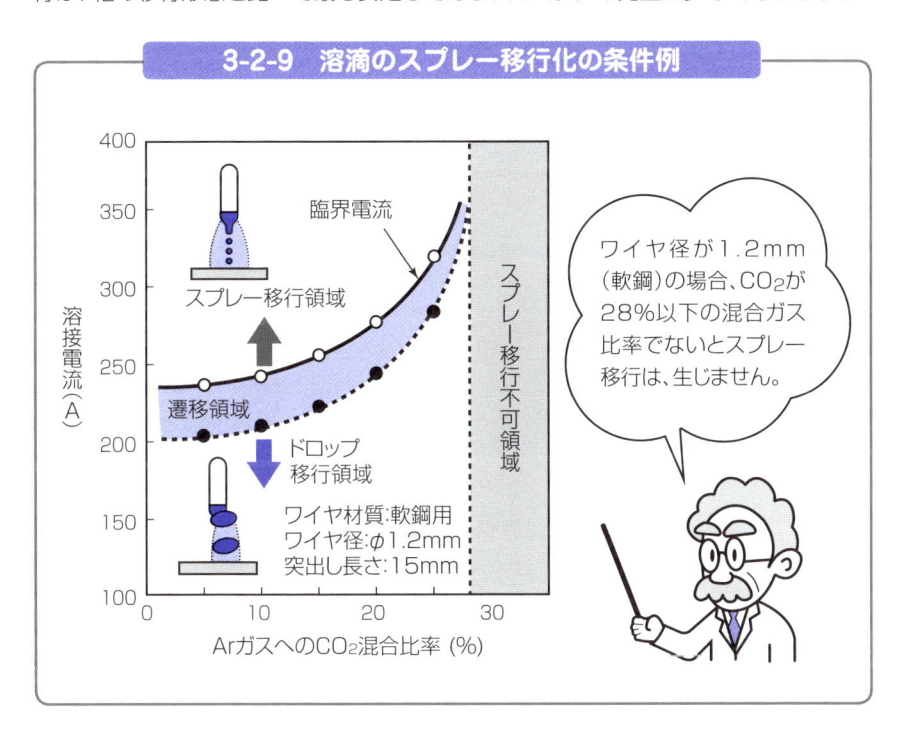

**3-2-9 溶滴のスプレー移行化の条件例**

グラフ：縦軸 溶接電流（A）100〜400、横軸 ArガスへのCO₂混合比率（%）0〜30
- スプレー移行領域
- 臨界電流
- 遷移領域
- ドロップ移行領域
- スプレー移行不可領域
- ワイヤ材質：軟鋼用
- ワイヤ径：φ1.2mm
- 突出し長さ：15mm

（吹き出し）ワイヤ径が1.2mm（軟鋼）の場合、$CO_2$が28％以下の混合ガス比率でないとスプレー移行は、生じません。

図3-2-9にスプレー移行が起きるための条件例を示しますが、スプレー移行を生じさせるための条件の一つは、シールドガス中の炭酸ガスが28％以下の混合比率であることと、もう一つは、溶接電流が高電流であることです。ドロップ移行からスプレー移行への変わり目の電流を**臨界電流**と呼んでいます。なお、この臨界電流は、混合ガスの比率や、ワイヤ径、材質によって異なります。

## 3-2 マグ溶接法

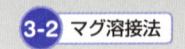

### いろいろなマグ溶接法(その1)

　現在、現場で適用されている色々なマグ溶接法を紹介します。まず、炭酸ガスアーク溶接法です。これには、使用する溶接ワイヤ、すなわち**ソリッドワイヤ**と**フラックス入りワイヤ**(**コアードワイヤ**とも呼ばれています)によって分類されます。また、フラックス入りワイヤはワイヤの種類によってスラグ系とメタル系に大別されます。

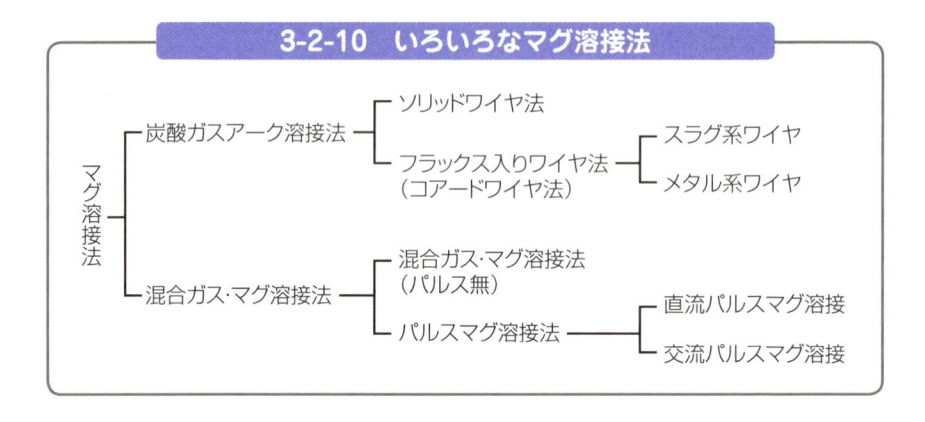

#### 3-2-10　いろいろなマグ溶接法

```
マグ溶接法 ─┬─ 炭酸ガスアーク溶接法 ─┬─ ソリッドワイヤ法
　　　　　　│　　　　　　　　　　　　└─ フラックス入りワイヤ法 ─┬─ スラグ系ワイヤ
　　　　　　│　　　　　　　　　　　　　 (コアードワイヤ法)　　　 └─ メタル系ワイヤ
　　　　　　└─ 混合ガス・マグ溶接法 ─┬─ 混合ガス・マグ溶接法
　　　　　　　　　　　　　　　　　　　│　 (パルス無)
　　　　　　　　　　　　　　　　　　　└─ パルスマグ溶接法 ─┬─ 直流パルスマグ溶接
　　　　　　　　　　　　　　　　　　　　　　　　　　　　　　└─ 交流パルスマグ溶接
```

　以下、マグ溶接法に使用されているワイヤについて説明します。

　**ソリッドワイヤ**は、一般に広く使用されているワイヤです。直径0.8～1.6mmのものが多く使用されています。「ソリッド(Solid)」ですから、その名の示すとおり断面同質の「裸」のワイヤです。炭素鋼用のワイヤでは、耐錆性と通電性を良くするため、通常ワイヤの表面に銅メッキが施されています。また、近年銅メッキを施されていないワイヤ(**メッキレスワイヤ**)が開発され、市場に出ています。このメッキレスワイヤは、メッキ有りワイヤと比べて、さびやすいという欠点はありますが、アークの安定化が図られているほか、溶接トーチ内部のメンテナンス性が向上しています。

　**フラックス入りワイヤ**は、フラックスをワイヤの内部に入れることでアークの安定、スパッタの減少、溶接ビード外観の改善などを図っています。図3-2-11にワイヤの断面構造の例を示します。(a)、(b)、(c)のタイプが一般的で、ワイヤ径1.2～2.0mmのものが広く使用されています。なお(d)のタイプは、ステンレス鋼用に使用されています(図3-2-12はフラックス入りワイヤの特長例)。

　**スラグ系ワイヤ**は、被覆アーク溶接の場合と同様に、溶接後スラグがビード表面を覆います。フラックスの成分は、そのほとんどが酸化チタンや酸化シリコンを主成分としたチタニヤ系です。このワイヤを使用した溶接は、以下の特長があります。

①溶着速度が大きい
②ビード外観が良い
③スパッタ発生量が少ない

### 3-2-11　マグ溶接ワイヤの種類

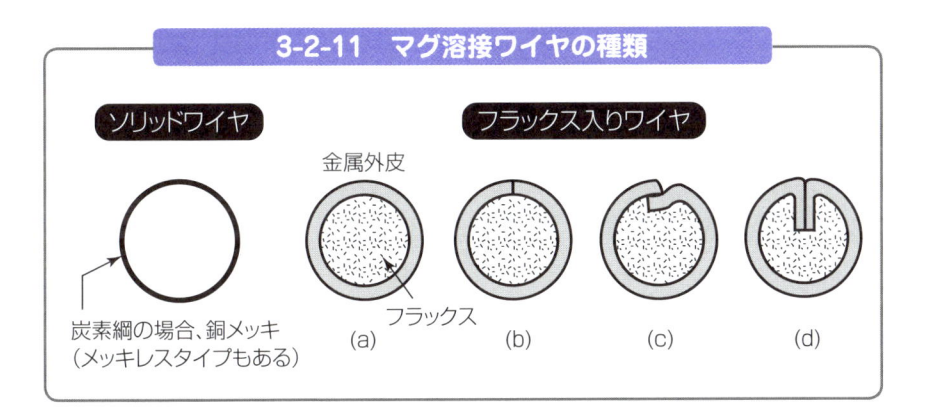

ソリッドワイヤ　　フラックス入りワイヤ

金属外皮

フラックス
(a)　(b)　(c)　(d)

炭素鋼の場合、銅メッキ
（メッキレスタイプもある）

**メタル系ワイヤ**のフラックスは、金属粉を主成分としており、スラグ形成剤は、ほとんど含まれていません。その溶接は、スラグ発生量が少ないというソリッドワイヤの長所とスラグ系ワイヤの長所を兼ね備えています。これを整理すると、

①溶着速度が大きい
②ビード外観が良い
③スパッタ、スラグの発生量が少ない

といった特長があります。

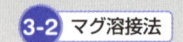

### 3-2-12 フラックス入りワイヤ法の特長例

**溶着速度が大きい**

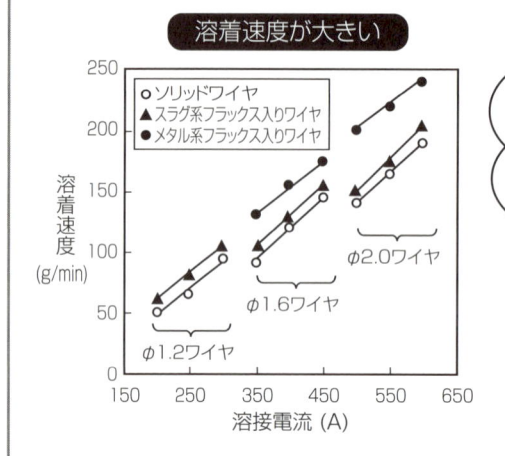

○ ソリッドワイヤ
▲ スラグ系フラックス入りワイヤ
● メタル系フラックス入りワイヤ

φ1.2ワイヤ、φ1.6ワイヤ、φ2.0ワイヤ

縦軸：溶着速度 (g/min)
横軸：溶接電流 (A)

フラックス入りワイヤには、溶着速度が大きい、スパッタ発生量が少ない、といった特長があるんだ。

**スパッタ発生量が少ない**

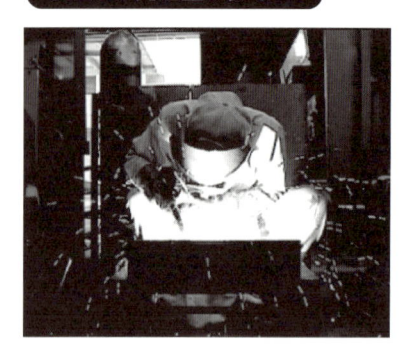

ソリッドワイヤによる溶接 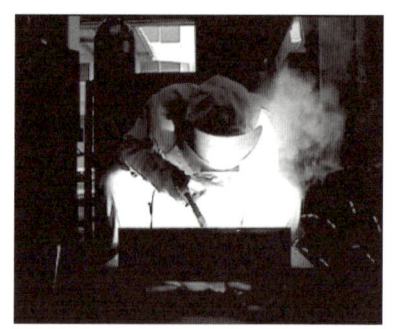　　　メタル系フラックス入りワイヤによる溶接

## いろいろなマグ溶接法（その2）

　続いて**混合ガス・マグ溶接法**です。混合ガス・マグ溶接法は、パルス電流を適用しない方法と適用する方法（**パルスマグ溶接法**）に大別されます。シールドガスに用いる混合ガスは、炭素鋼用には、先に示した炭酸ガス＋アルゴンガスが一般的に用いられています。その混合比率は、80％アルゴン＋20％炭酸ガスが標準とされています（先に述べましたスプレー移行が可能な混合比率になっていることに注目して下さい）。低電流から高電流にわたってアークが安定しており、スパッタが少なく溶接品質が優れています。

また、ステンレス鋼用にはシールドガスに、アルゴン＋数％酸素が広くに用いられています。数％の酸素を混合させる理由は、アーク放電中の母材側の極点（陰極点）の動きを落ち着かせてアークを安定化させるためです。

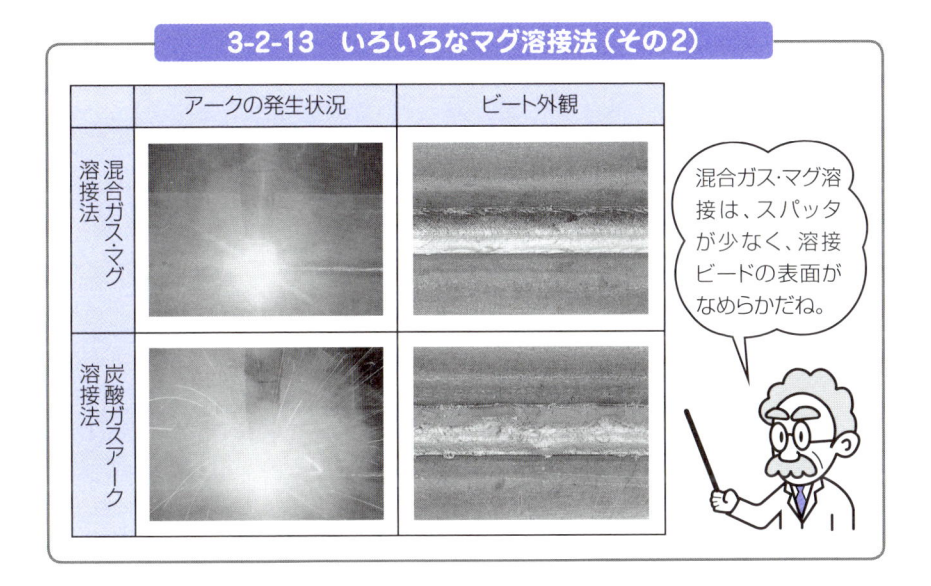

### 3-2-13　いろいろなマグ溶接法（その2）

| | アークの発生状況 | ビート外観 |
|---|---|---|
| 混合ガス・マグ溶接法 | | |
| 炭酸ガスアーク溶接法 | | |

混合ガス・マグ溶接は、スパッタが少なく、溶接ビードの表面がなめらかだね。

**パルスマグ溶接法**は、混合ガス・マグ溶接の中で最も広く適用されている方法です。この溶接法には、**直流パルスマグ溶接法**と**交流パルスマグ溶接法**＊があります。以下、直流パルスマグ溶接法の原理について説明します。

図3-2-14に示すように、臨界電流以上のパルス電流とアークを維持する程度の小さなベース電流を交互に繰り返して（1秒間あたり約50～500回）、平均電流が臨界電流以下の電流条件においても、ワイヤからの溶滴移行がスプレー化できるようにしています。

ベース電流期間中は、ベース電流が平均電流より小さいので、ワイヤの先端がわずかに加熱されますが、溶滴の成長はわずかに進むだけになりますので、溶滴の離脱や移行は起こりません。

---

＊**交流パルスマグ溶接法**　　主として自動車業界などの薄板向け自動溶接に適用されている方法。交流にパルス電流を重畳させることで母材とワイヤ両方の溶融量を制御することができ、母材継手部に隙間（ギャップ）があっても溶落ちすることなく溶接することができる。

## 3-2-14　パルスマグ溶接法の原理

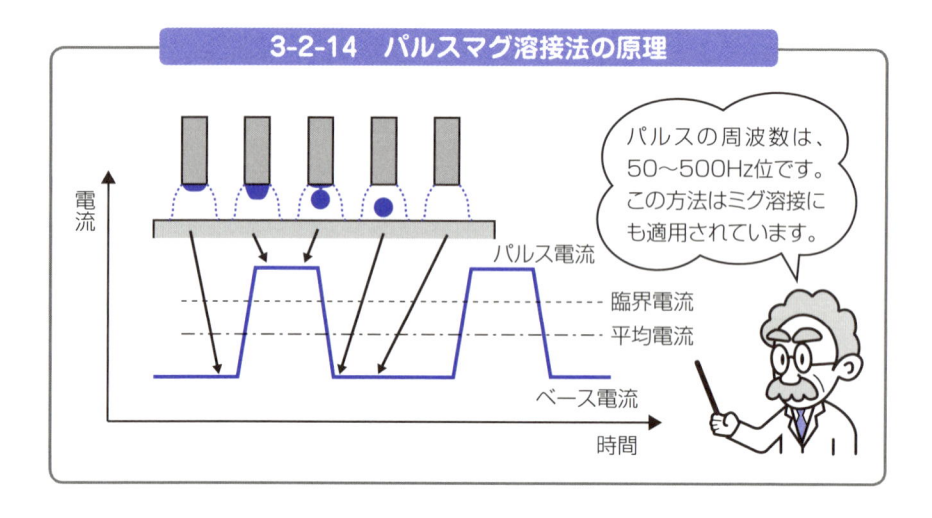

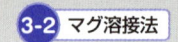

パルスの周波数は、50～500Hz位です。この方法はミグ溶接にも適用されています。

　臨界電流より大きなパルス電流が一定時間流れると、溶滴が急成長するとともに電磁的ピンチ力が強く働くので、溶滴は強制的に移行します。このため、本溶接法は、低電流から高電流域まで、スパッタをほとんど発生させない溶接が可能です。つまり薄板から厚板までの継手の溶接が高品位に行うことができます。この他、溶着速度が大きい、母材の溶込みが深い、高速溶接に適しているなどの特長が挙げられます。

## 3-2-15　パルスマグ溶接法の特長例

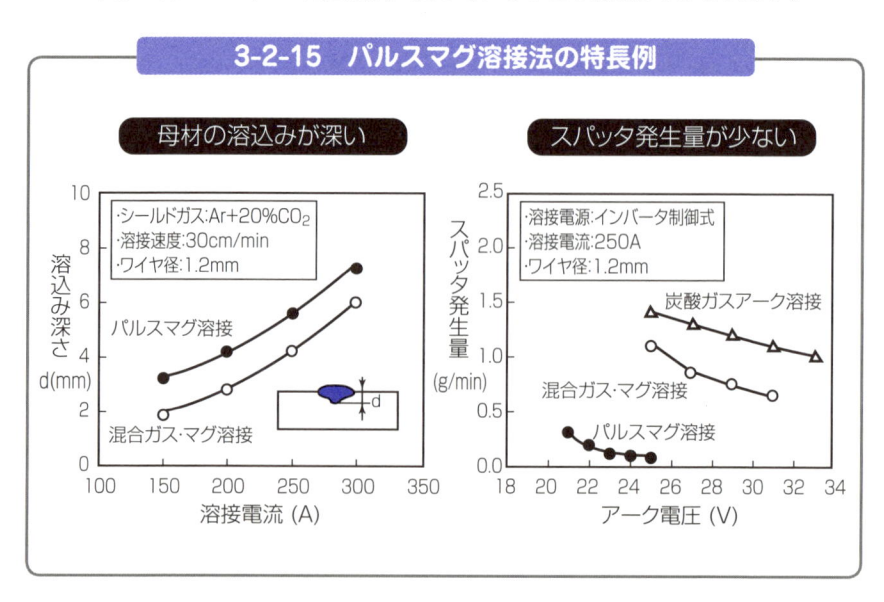

**母材の溶込みが深い**
- シールドガス:Ar+20%$CO_2$
- 溶接速度:30cm/min
- ワイヤ径:1.2mm

**スパッタ発生量が少ない**
- 溶接電源:インバータ制御式
- 溶接電流:250A
- ワイヤ径:1.2mm

# 3-3 ティグ溶接法

ティグ溶接法は、工業的に使用されているほとんどの金属の接合が可能であることから貴重な溶接法です。今やなくてはならない存在になっています。

## ティグ溶接法の原理

**ティグ溶接法**の「ティグ」とは、Tungsten Inert Gasの頭文字TIGをカタカナ表記したもので、放電用電極としてタングステンを、シールドガスとしてアルゴンガスやヘリウムガスなどの不活性ガスすなわちInert Gasを使用します。その原理は、次のとおりです。

不活性ガス雰囲気中で、電極であるタングステンと母材の間にアークを発生させ、アーク熱により母材を溶融溶接させます。この時、目的に応じて溶加材（溶接ワイヤまたは溶加棒）を溶融池に添加する場合と、添加せずに母材のみを溶融接合する場合があります。

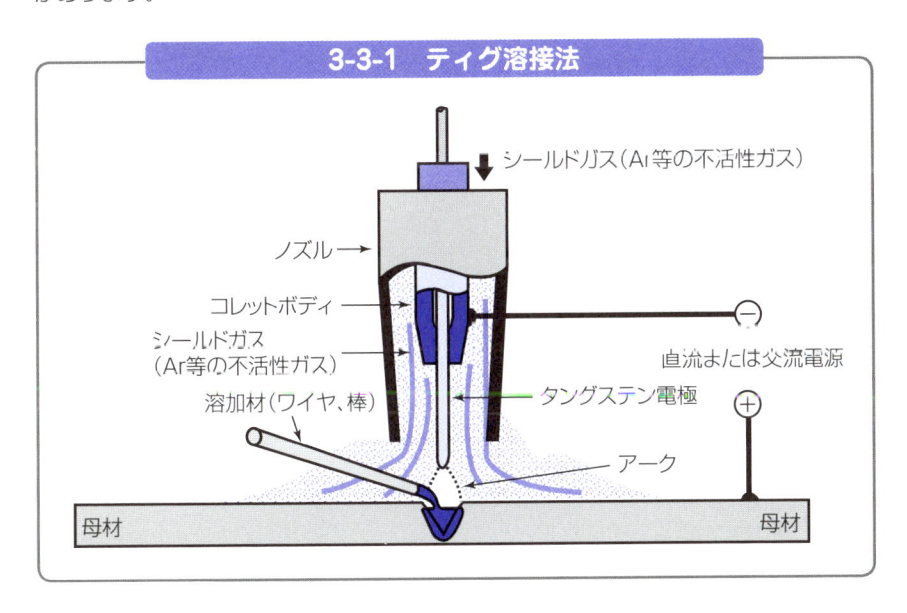

**3-3-1 ティグ溶接法**

溶接中は、溶融池が不活性ガスで安定して覆われていること、また、アークは安定

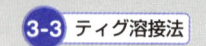

してスパッタがほとんど発生しないことから品質の良い溶接金属を得ることができます。その溶接部はち密であり、水密性、気密性に優れています。また、ティグ溶接は、鉄、非鉄を問わず、様々な金属の溶接が可能です。ただし、材料の種類によって、溶接電流の種類（極性）を、電極側がマイナスの直流にするか、交流にするかを選択する必要があります。交流を使用するのは、材料表面の酸化皮膜を除去する必要のあるアルミニウム、マグネシウムです。その理由は、Chapter6で説明します。

### 3-3-2　ティグ溶接における主な対象材と極性

| 対象材 | 交流 | 直流（電極マイナス） |
|---|---|---|
| 炭素鋼 | × | ○ |
| ステンレス鋼 | × | ○ |
| アルミニウム | ○ | × |
| マグネシウム | ○ | × |
| 純銅 | × | ○ |

備考　○印：推奨する　×印：推奨しない

溶接法
● 直流TIG
　 交流TIG

極性切替えスイッチ
(交直両用電源)

材料に応じた適正な極性を選択することが大切です。

ちゃんと覚えなきゃダメだよ！

　この他、図3-3-2には載せていませんが、交流を用いると上手くいくケースとして、黄銅のような亜鉛が含まれている材料や、特殊な用途で母材の溶込みが深すぎると都合の悪い場合などに用いることがあります。これ以外のほとんどの溶接には、直流（電極マイナス）を選択するとよいでしょう。

## ティグアークの起動方法

　ティグアークの起動方法は、母材と電極が非接触状態でアークを起動できる**高周波高電圧方式**が一般的に採用されています。しかし、この方式では、強い電磁ノイズを発生するため、電波障害を生じやすいという問題点を持ち合わせています。特に、電子機器やIT機器を多く導入している生産現場では、このノイズの対策を実施しなければならないケースがあります。

そこで、この問題を解決するために開発されたのが次の2つのアーク起動方式です。1つは、**電極タッチ方式**です。タングステン電極をいったん母材にタッチした後に通電を開始し、その後電極を引き上げてアークを起動する方法です。この方法では、ノイズの問題をほとんど生じませんが、原理的に自動溶接には不向きです。手動溶接に適しています。もう1つは、**直流高電圧方式**です。電極と母材の間に数kVの直流高電圧を瞬間的に印加させて両者間の絶縁を破り、電極と母材を非接触の状態でアークを起動する方法です。しかし、この方式を採用した電源は比較的高価であり、また安全性への配慮からロボット溶接などの自動溶接用としての用途に限られています。

### 3-3-3 様々なティグアークの起動方法

| 起動方式 | 高周波高電圧方式 | 電極タッチ方式 | 直流高電圧方式 |
|---|---|---|---|
| アーク起動の原理 | 10kV | 電極を母材に接触させて…／引き離すと／アーク発生／パッ！ | 数kV |
| 発生ノイズ | 大 | 極小 | 小 |

電磁ノイズの大きな高周波花火放電

電極タッチ方式のスイッチ例

## ティグ溶接機

次にティグ溶接機についてみていきましょう。図3-3-4に示すように、ティグ溶接機は、溶接電源、溶接トーチおよびガス供給系（ガスボンベ、ガス流量調整器）で構成されます。この他、溶接トーチが水冷式の場合における冷却水循環装置や、溶加材が溶加棒ではなくコイル状に巻かれたワイヤを使用する場合（半自動ティグ溶接仕様の場

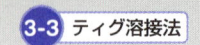

合)、ワイヤ送給装置とこれに伴う制御装置が付加されるケースもあります。

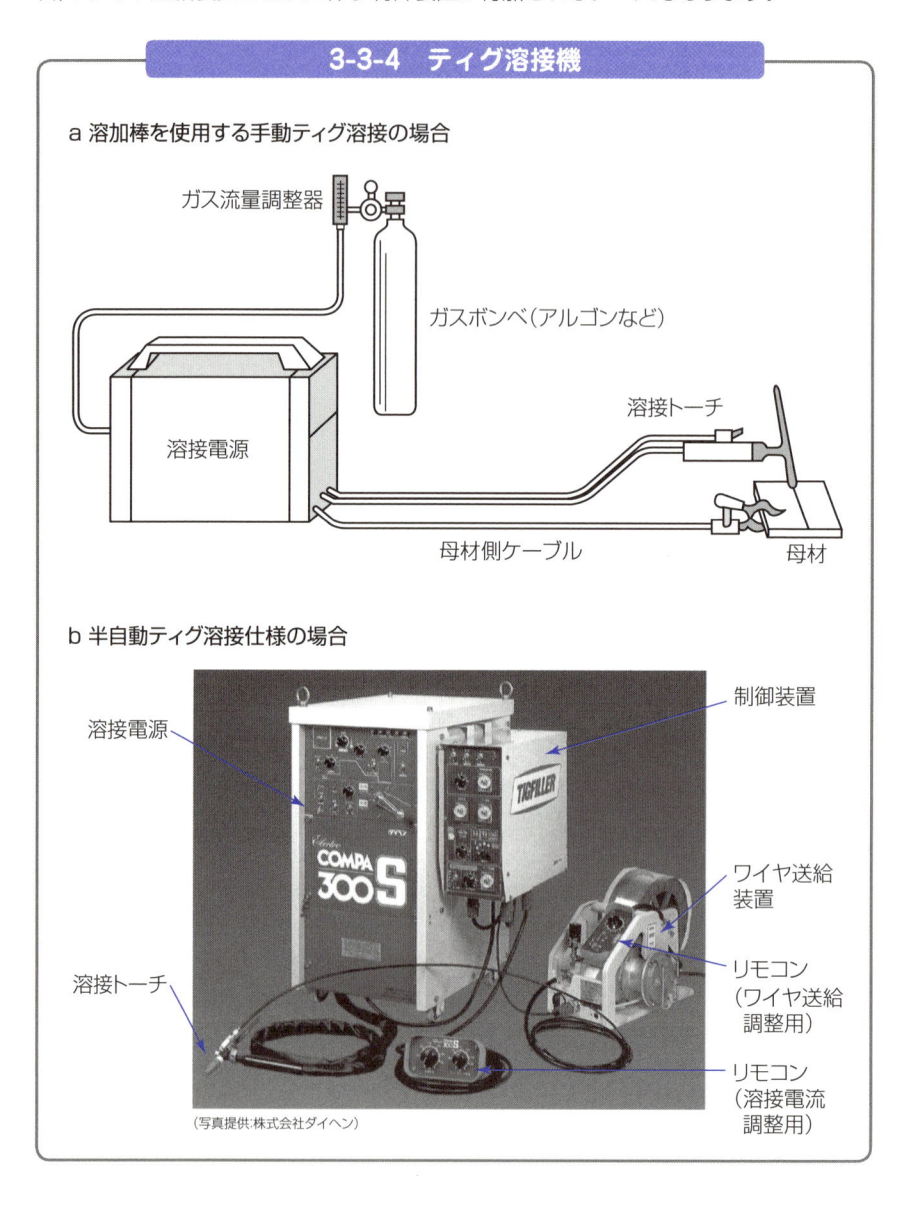

### 3-3-4　ティグ溶接機

a 溶加棒を使用する手動ティグ溶接の場合

- ガス流量調整器
- ガスボンベ(アルゴンなど)
- 溶接電源
- 溶接トーチ
- 母材側ケーブル
- 母材

b 半自動ティグ溶接仕様の場合

- 溶接電源
- 制御装置
- ワイヤ送給装置
- リモコン(ワイヤ送給調整用)
- 溶接トーチ
- リモコン(溶接電流調整用)

(写真提供:株式会社ダイヘン)

　溶接電源には、直流専用電源と、直流と交流を両方兼ね備えた交直両用電源があります。したがって、例えばアルミニウムを溶接する場合には、交流を適用しなければ

ならないので直流専用電源は使用不可です。溶接電源が溶接する材料に適しているかどうか、電源の種類をあらかじめ確認しておく必要があります。また、ティグ溶接電源には、多くの場合、先に述べた定電流特性が採用されています。つまり、電極－母材間のアーク長さ（アーク電圧）が変化しても溶接電流は変化せず、一定の溶接電流を出力するようになっています。

## いろいろなティグ溶接法（その1）

ティグ溶接法には多くの種類があります。現在、実用化されているものを図3-3-5に示します。まず、出力電流（波形）で分類すると、直流（DC）と交流（AC）、およびこれらが混合したもの（AC/DCハイブリッド）に分けられます。交流ティグ溶接とAC/DCハイブリッドティグ溶接の詳細は、Chapter6で説明します。

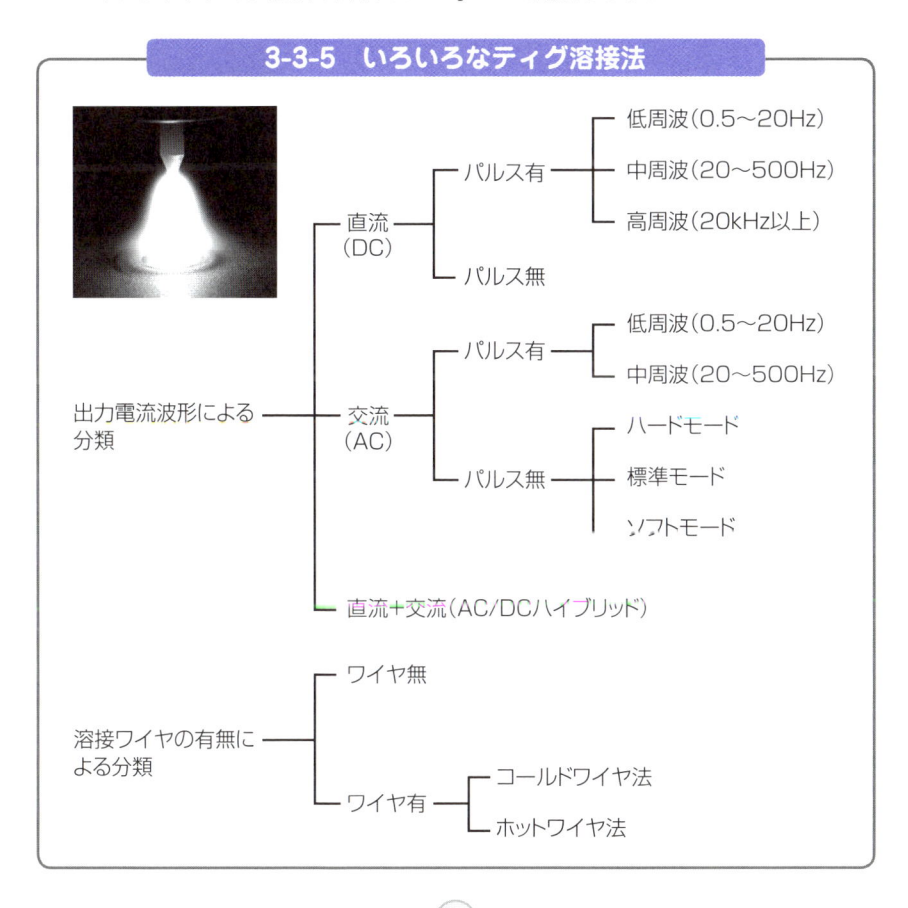

### 3-3-5　いろいろなティグ溶接法

出力電流波形による分類
- 直流（DC）
  - パルス有
    - 低周波（0.5～20Hz）
    - 中周波（20～500Hz）
    - 高周波（20kHz以上）
  - パルス無
- 交流（AC）
  - パルス有
    - 低周波（0.5～20Hz）
    - 中周波（20～500Hz）
  - パルス無
    - ハードモード
    - 標準モード
    - ソフトモード
- 直流＋交流（AC/DCハイブリッド）

溶接ワイヤの有無による分類
- ワイヤ無
- ワイヤ有
  - コールドワイヤ法
  - ホットワイヤ法

直流ティグ溶接法は、パルス電流を印加する「パルス有」の方式と印加しない「パルス無」の方式に分類されます。図3-3-5中の「パルス無」が標準の直流ティグ溶接法になります。「パルス有」は、「**パルスティグ溶接法**」と呼ばれており、知っておくと溶接施工の範囲が広がり非常に役に立ちます。以下、このパルスティグ溶接法について説明します。

　**パルスティグ溶接法**は、溶接電流を一定周期で変化させ、パルス電流が流れている時間に母材を溶融し、ベース電流が流れている時間にはその溶融池を冷却・凝固させ、周期的にできる溶融スポットを重ね合わせながら溶接する方法です。溶接ビードの外観は、あたかも数珠球が連なったような形状となり、現場では"ウロコビード"と呼ばれることがあります（図3-3-6参照）。

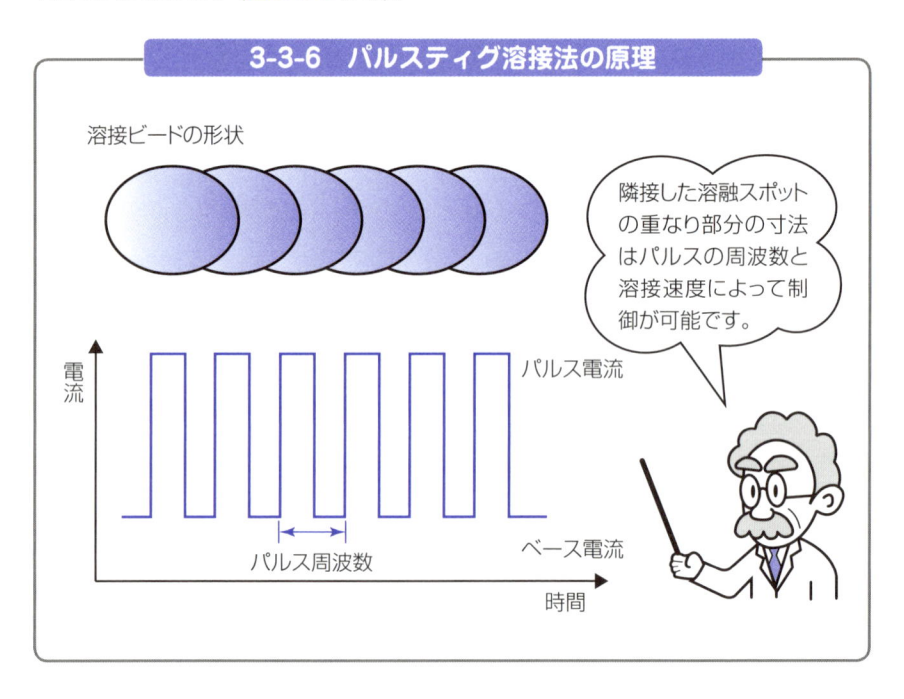

### 3-3-6　パルスティグ溶接法の原理

溶接ビードの形状

隣接した溶融スポットの重なり部分の寸法はパルスの周波数と溶接速度によって制御が可能です。

電流　パルス電流　パルス周波数　ベース電流　時間

　実際の溶接施工にあたっては、目的に応じてパルス周波数を変化させて適用します。詳細を、図3-3-7にまとめて示します。

## 3-3-7 パルス周波数設定の考え方

| 分類 | 周波数域 | 効果 | 用途例 |
|---|---|---|---|
| 低周波 | 0.5Hz〜20Hz | ● 母材への入熱制御による溶接性の向上<br>● 溶着金属の結晶粒微細化 | ● 裏波、板厚違いの溶接<br>● 隙間のある継手の溶接<br>● 異種金属の溶接 |
| 中周波 | 20Hz〜500Hz | ● アークの指向性を高める<br>● 溶融池を振動させて止端部のなじみを向上させる | ● 薄板の溶接<br>● ワイヤ無しの溶接法による重ね、角継手の溶接 |
| 高周波 | 20kHz以上 | ● 低電流域でのアークの硬直性を高め、アークを安定化させる | ● 0.1mm程度までの極薄板、微細の熱電対などの精密溶接 |

## いろいろなティグ溶接法 (その2)

　ティグ溶接法を溶接ワイヤの有無により分類すると、「ワイヤ有」では、「コールドワイヤ法」と「ホットワイヤ法」に分けられます。これらは、文字どおり、使用する溶接ワイヤが"冷たい"状態であるか、"熱い"状態であるかを表わしています。

　「コールドワイヤ法」は、通常の溶加材（ワイヤ、棒）を用いるタイプのティグ溶接法です。一方、「ホットワイヤ法」は、予め溶接ワイヤに電流を流すタイプの溶接法です。以下、「ホットワイヤ法（ホットワイヤティグ溶接法）」について説明します。

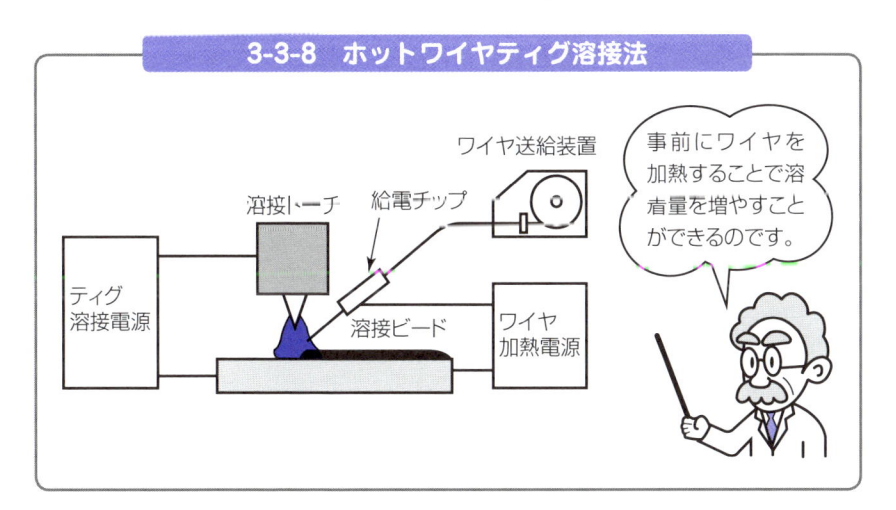

## 3-3-8 ホットワイヤティグ溶接法

（事前にワイヤを加熱することで溶着量を増やすことができるのです。）

## 3-3 ティグ溶接法

**ホットワイヤティグ溶接法**は、図3-3-8に示すようにティグ溶接用の電源とは別に専用のワイヤ加熱電源を使用し\*、この電源により溶接ワイヤに給電\*します。給電されたワイヤは、抵抗発熱を生じ、ワイヤを半溶融状態で母材の溶融池に送り込むことができます。この結果、通常の方式(コールドワイヤ法)に比べて、約3倍までの溶着金属量を得ることができます。そもそも、ティグ溶接は、高品質な溶接部が得られる反面、溶着金属量が少なく、能率が悪いという欠点を持ち合わせています。ホットワイヤティグ溶接法は、こうした欠点を補った高能率ティグ溶接法と言えます。

---

### COLUMN 様々な呼び方がある「ティグ溶接」

　本書では、初学者になじみやすいようにカタカナ表記で「ティグ溶接」としていますが、通常は「TIG溶接」とアルファベットで表記されます。このティグ溶接は、業界では様々な呼び方がされています。

　まず、よく耳にするのが「**アルゴン溶接**」です。会社の看板や広告でよく見かけます。この呼び方は、厳密にはミグ溶接も含まれます。それから、同様な意味で、「**イナートガスアーク溶接**」という呼び方もあります。

　今ではあまり聞かなくなりましたが「**ヘリ溶接**」という呼び方もあります。これは昔、日本にティグ溶接が導入された頃、ヘリウムをシールドガスに使用していた時代があり、こからきていると思われます。

　また、国際的には「**GTA溶接**」と呼んでいます。Gas Tungsten Arcの頭文字をとったものです。厳密にはプラズマ溶接も含んだ呼び方です。

　また、溶接ワイヤを添加しないティグ溶接では、文字どおり「**ノンフィラ**」や、溶かしながら進める「**メルトラン**」、材料同士を共に溶接するという意味から「**共付け**(ともづけ)」という呼び方もあります。ユニークな呼び方としては、溶接ワイヤを添加しないティグ溶接で「**ナメ付け**」と呼ばれる場合もあります。

---

\*加熱電源を使用し　ワイヤ加熱電源を使用せずに溶接電流をワイヤに分流して加熱する方式もある。
\*溶接ワイヤに給電　この図では、加熱電源を母材と給電チップに接続しているが、給電チップの両端に接続する方式もある。

## ティグ溶接法 3-3

**COLUMN** 既存設備を活かした高付加価値ティグ溶接法の一例

仕事柄、中小企業の溶接ユーザから技術相談を受けます。例えば最近多いのが、「既存設備を活かした条件下で、高付加価値な溶接を実現するためにはどうしたらよいか？」というものです。確かに景気が悪いと設備投資を控える傾向にありますので、こういった相談が出てくるのは当然の成り行きです。

今回、ご紹介するのはステンレス鋼（SUS304材）の高能率ティグ溶接法の事例です。準備していただくのは、アルゴンに3〜7％の水素を混合したプリミックスガスとテフロン製のガスホースです。ガス代が気になるところですが、昔から高能率溶接で使用されているヘリウムと比べると結構安くなっています。アルゴンに水素を加えたガスは、アーク電圧が上昇し、母材への入熱量が増します。その結果、溶込み量が増えてきます。この傾向は、水素量が増すほど顕著になります。自動でティグ溶接を実施するのであれば、市販ガスの中でも水素量の多い7％入りのものを使うと良いでしょう。

図は、著者の研究室で高速溶接性を確認した事例です。溶込み量が増えるということは溶接の高速化が図れるのではと考えたのです。図中の継手条件の場合、アルゴン使用時の約3倍のスピードで溶接が可能になることがわかります。

ここで注目していただきたいポイントがあります。溶接の高速化を図るにあたって、水素入りアルゴンの方が溶接電流を高くとれるということです。水素入りガスは、高いアーク電圧のことだけが注目され、溶接電流をアルゴンの場合と同様に設定しがちですが、水素入りアルゴンは溶接電流を大きくとることができます。これに気がつかないと、当ガスの性能を十分に発揮することができません。

最後に、本溶接を適用するに当たって注意しなければならないことがあります。大変重要なことです。本溶接法は、SUS304のようなオーステナイト系の鋼しか適用できません。水素を使用している関係上、他の材料では、溶接不具合（火陥）を発生します。ご注意下さい。

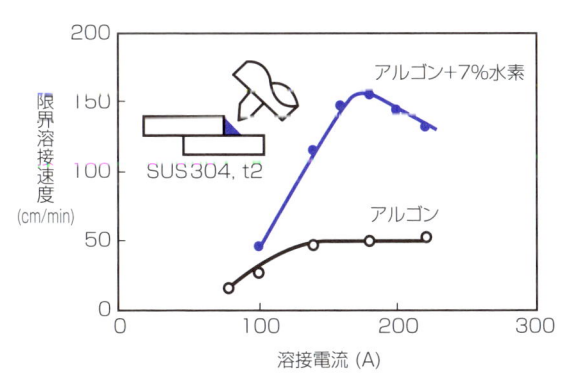

▲アルゴン水素混合ガスを用いたティグ溶接による溶接速度向上の例

（グラフ：横軸 溶接電流(A) 0〜300、縦軸 限界溶接速度(cm/min) 0〜200、SUS304, t2、アルゴン+7％水素、アルゴン）

# 3-4 ミグ溶接法

　ミグ溶接法は、アルミニウム（合金）など非鉄金属の溶接に広く適用されています。その原理、特徴等は、マグ溶接法と似ており、学習しやすいでしょう。

## ミグ溶接法の原理

　**ミグ溶接法**の「ミグ」とは、Metal Inert Gasの頭文字MIGをカタカナ表記したもので、シールドガスにアルゴンガスなどの不活性ガスすなわちInert Gasを使用します。その原理は、次のとおりです。
　電極である溶接ワイヤが送給装置によってトーチ先端部のノズル内部に送られてきます。そしてコンタクトチップで通電され、シールドガス雰囲気中で母材との間にアークを発生させ、このアーク熱で母材とワイヤを連続的に溶融させて溶接します。

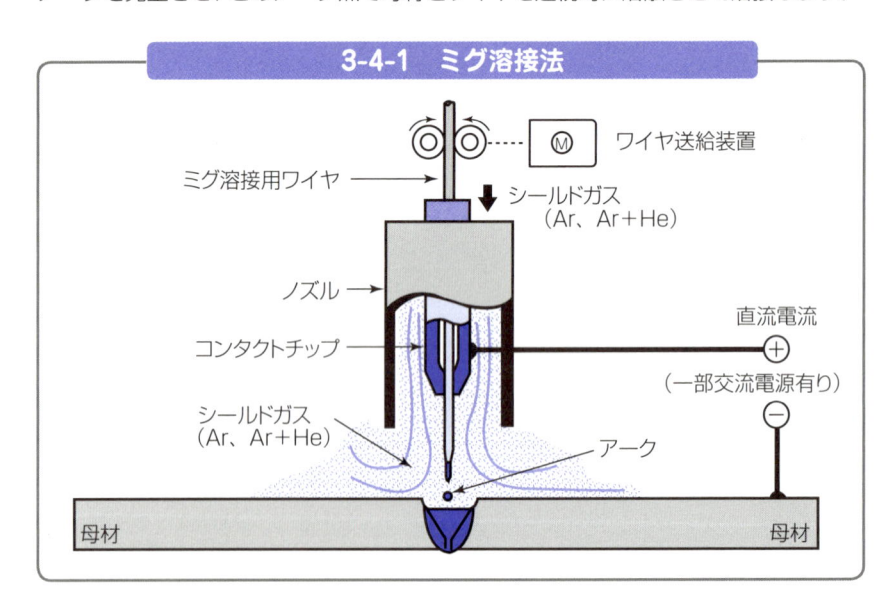

**3-4-1　ミグ溶接法**

- ワイヤ送給装置
- ミグ溶接用ワイヤ
- シールドガス（Ar、Ar＋He）
- ノズル
- コンタクトチップ
- シールドガス（Ar、Ar＋He）
- アーク
- 直流電流（一部交流電源有り）
- 母材

　このように、原理的にはマグ溶接と同じであるため、ミグ溶接も人が直接トーチを手に持って溶接する場合は、「半自動溶接」になります。
　また、ミグ溶接で使用されるシールドガスには、アルゴンガス単独またはアルゴン

－ヘリウムの混合ガスが使用されます。前者は、通常使用される方法です。後者は、母材の溶込み量を増やすなど、高能率な溶接施工を実施する際に適用されます。

溶接できる材料は、不活性ガスを使用しているため、理論上、鉄、非鉄を問わず様々な金属ということになります。しかし、高価なガスを多量に使用すること等の理由から、実際には、非鉄金属、特にアルミニウムとその合金に適用されることが多いようです。

## ミグ溶接機

ミグ溶接機は、マグ溶接機とほとんど同じ構成になります。すなわち、溶接電源、溶接トーチ、ワイヤ送給装置、およびガス供給系（ガスボンベ、ガス流量調整器）等で構成されます。ただし、この中で、ワイヤ送給装置は、マグ溶接機のものと比べると、溶接ワイヤの送り機構に改良がなされています。

現在、市場で販売されているミグ溶接機のほとんどは、アルミニウム溶接向けに標準仕様化されています。このため、ワイヤ送給装置は、軟らかいアルミニウムワイヤを安定に送給するために、送り機構に工夫がされています。

### 3-4-2　ミグ溶接機のワイヤ送給装置は、4WD

2ロール方式
（マグ溶接機の多くに採用）

4ロール方式
（ミグ溶接機に採用）

アルミニウムのミグ溶接では、4ロール方式の専用送給装置を使ってね！

図3-4-2の写真をご覧下さい。マグ溶接機の送給装置と比べると、ミグ溶接機の送給装置は、送給ロールの数が4つになっています。4ロール方式、つまり4輪駆動（4WD）が採用されています。この機構により、軟らかいアルミニウムワイヤでも、送給ロール部で座屈することなく安定に送給できるようになっています。

## 3-4 ミグ溶接法

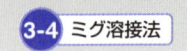

### いろいろなミグ溶接法（直流パルス無し）

　ミグ溶接法の場合も他のガスシールドアーク溶接法と同様に、たくさんの種類があります。図3-4-3に、これらをまとめて示します。

　ミグ溶接法は、直流と交流、およびこれらを混合したもの（ハイブリッド）に分類されます。この中で、交流とハイブリッドは、パルス電流を印加した非常に複雑な出力電流波形になっています。その用途は、主に自動車産業などの輸送機業界向けになり、板厚がおおよそ1.8mm以下の薄板材向けに開発された特殊な溶接法です。ここでは、各種の直流ミグ溶接法について説明します。

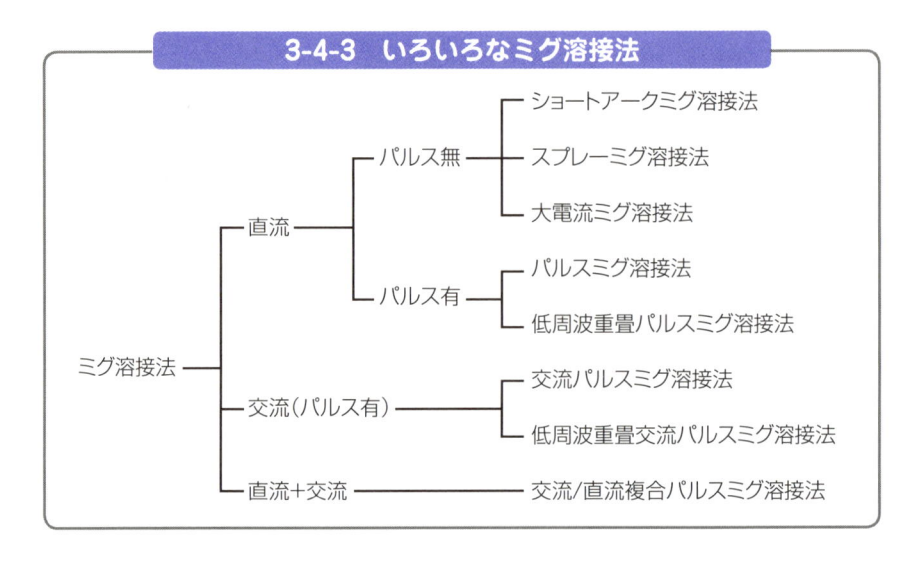

**3-4-3　いろいろなミグ溶接法**

```
                             ┌─ ショートアークミグ溶接法
                    ┌ パルス無 ┼─ スプレーミグ溶接法
                    │        └─ 大電流ミグ溶接法
            ┌ 直流 ─┤
            │       │        ┌─ パルスミグ溶接法
            │       └ パルス有 ┤
ミグ溶接法 ─┤                └─ 低周波重畳パルスミグ溶接法
            │                  ┌─ 交流パルスミグ溶接法
            ├ 交流（パルス有）─┤
            │                  └─ 低周波重畳交流パルスミグ溶接法
            └ 直流＋交流 ────── 交流/直流複合パルスミグ溶接法
```

　直流ミグ溶接法は、「パルス有」と「パルス無」に分類されます。以下は、パルス無のミグ溶接法です。

　**ショートアークミグ溶接法**は、短絡移行（ショートアーク）現象を伴うミグ溶接法です。半自動アーク溶接で施工することが多く、母材への入熱が少ないことから、対象材は薄板となります。マグ溶接でのショートアーク溶接の場合は、薄板材の溶接に加えて中厚板材の難姿勢溶接（下向以外の姿勢の溶接）によく適用されますが、ミグ溶接では、中厚板材の難姿勢溶接には、後述するパルスミグ溶接法がよく適用されるため、薄板での用途が一般的です。例えば、アルミ船の組み立て時のタック溶接（仮付溶接）などに、よく使用されています。

　**スプレーミグ溶接法**は、スプレー移行現象を活用したミグ溶接法です。臨界電流以

上に溶接電流を設定し、アーク電圧を高めに設定して溶接を行います。ただし、アルミニウムのミグ溶接では、スパッタの発生しない完全なスプレー移行の条件で溶接すると、融合不良等の溶接欠陥を生じる可能性があります。そこで、ベテランの溶接工は、アーク電圧を少し下げて、完全スプレーから微小な短絡を伴ったスプレー移行（これを**メソスプレー移行**といいます）の条件で実施しています。溶接中は、見た目にスパッタが少し発生しますが、結果的にこの方法が、溶接欠陥が生じない健全な溶接部が得やすくなります。なお、対象材は、主として中厚板材となります。

　最近は、パルスミグ溶接法が一般化されてきており、その適用範囲は、薄板から厚板の溶接まで広範囲に利用されています。このため、スプレーミグ溶接法は、最近ではあまり見かけなくなりました。スプレーミグの溶接条件設定の考え方は非常に重要であり、現在、複雑化している各種の電流波形制御型のパルスミグ溶接法の条件設定において、この考え方を基礎知識として持っていないと対応が難しくなる場合があります。読者の中で、今後、ミグ溶接（特にパルス系のミグ溶接）に係わる可能性のある人は、教育訓練の段階でスプレーミグ溶接法についてよく学んでおくことをお勧めします。

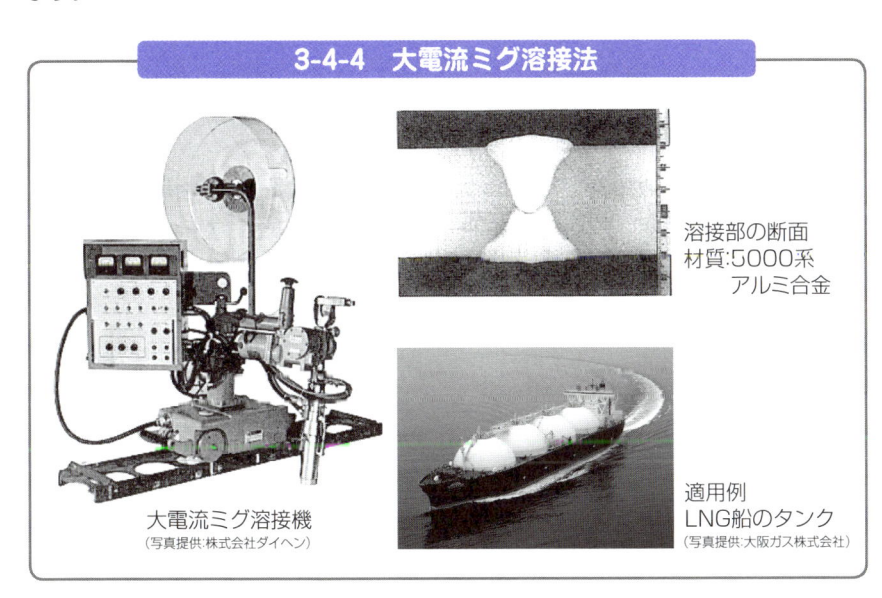

### 3-4-4　大電流ミグ溶接法

大電流ミグ溶接機
(写真提供:株式会社ダイヘン)

溶接部の断面
材質:5000系アルミ合金

適用例
LNG船のタンク
(写真提供:大阪ガス株式会社)

**大電流ミグ溶接法**は、直径3.2～5.6mm程度の太径溶接ワイヤを用い、溶接装置として、シールド効果の高い大口径の2重シールドガスノズルを有する溶接トーチと、

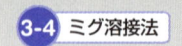

定格出力電流が1000A程度の定電流特性電源を用いた高能率自動溶接法です。アルミニウム（合金）の場合、1パスで最大45mm程度の深溶込みの溶接が可能であることから、主としてアルミ合金製のLNGタンクの溶接に適用されています。

## いろいろなミグ溶接法（直流パルス有り）

　次は、パルス有りのミグ溶接法です。現在、ミグ溶接法の中で最も一般的に使用されているのは、（直流）パルスミグ溶接法です。近年、開発され実用化されてきている各種の電流波形制御型のパルスミグ溶接法と区別する意味で**コンベンショナル・パルスミグ溶接法**とも呼ばれています。コンベンショナルとは、Conventionalつまり「従来（型）の」パルスミグ溶接法という意味です。

　その基本原理は、先述したパルスマグ溶接法と同じです。臨界電流以上のパルス電流とアークを維持するための小さなベース電流を交互に繰り返して、平均電流が臨界電流以下においてもワイヤからの溶滴移行がスプレー化できるようにした方法です。本溶接法は、薄板から厚板まで高能率かつ高品位に溶接することができます。

### 3-4-5　今やパルスミグ溶接は、標準のミグ溶接法

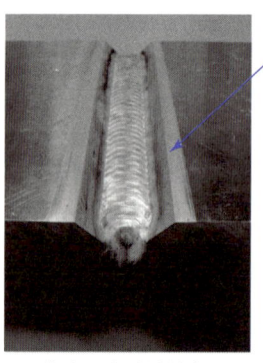

パルスミグによる半自動アーク溶接でウィービング操作

裏ビード（裏波）外観

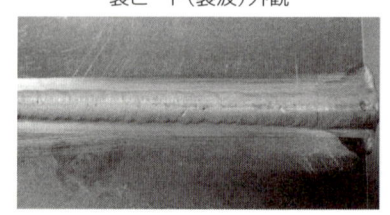

V開先内の裏波溶接（アルミニウム合金A5083材,板厚20mm）

　パルスミグ溶接法は、ロボット等と組み合わせて自動溶接として適用されることが多いのですが、人が手動で行う半自動溶接としても広く用いられています。今や、ミグ溶接といえば、パルスミグ溶接といってもよいほど、スタンダードな存在になっています。

　**低周波重畳パルスミグ溶接法**は、パルスミグ溶接法をベースに、アルミニウム（合金）

の高付加価値な溶接を目的に開発されたものです。その原理を図3-4-6に示します。

1つのパルスで1溶滴の移行が可能となるような大小2種類のパルスを低周波で周期的に変化させます。小さなパルスが連なっている期間（図3-4-6の期間a）内では、アーク長が短くなり、大きなパルスが連なっている期間（同図の期間b）内では、アーク長が長くなるので、周期的にアーク長が変動します。この時、溶融池内の溶融金属は攪拌作用を伴いながら溶接金属を形成していきます。

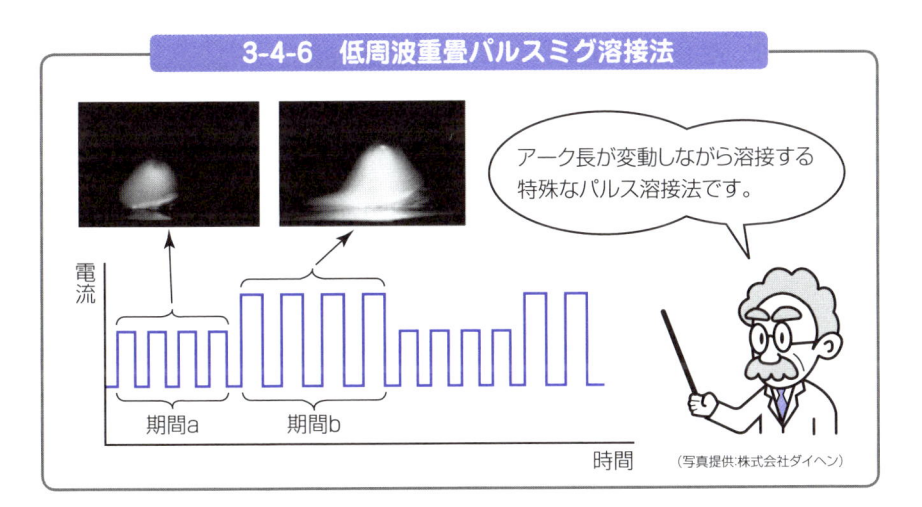

**3-4-6　低周波重畳パルスミグ溶接法**

アーク長が変動しながら溶接する特殊なパルス溶接法です。

（写真提供：株式会社ダイヘン）

このような溶接現象を意図的に生じさせることで、次のような効果が生まれます。

①ティグ溶接でみられるような、ウロコ状のビード外観が得られる。
②溶込みの制御が可能で、特に薄板の重ね溶接等の継手で母材間に多少隙間があっても溶け落ちすることなく溶接することができる。
③溶接金属の結晶粒が微細化され、溶接凝固割れ感受性を改善することができる。
④溶接部に発生するブローホールを抑えることができる。

等です。

　生産技術の観点からは、②～④は画期的であり、例えば自動車や二輪車の製造ラインのようなアルミニウム薄板の溶接分野に積極的に取り入れられるようになりました。
　①については、美観の話になりますが、溶接ユーザの中には、「ティグ溶接のようなウロコ状の溶接ビードをミグ溶接で実現したい」といったニーズが以前からあり、こ

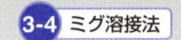

## 3-4-7 低周波重畳パルスミグ溶接法の特長例

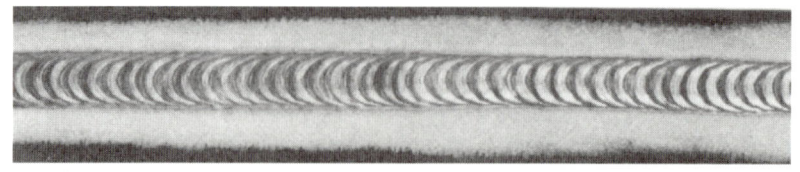

ティグ溶接のようなウロコ状の溶接ビードが得られる

継手に隙間があっても溶落ちしにくい

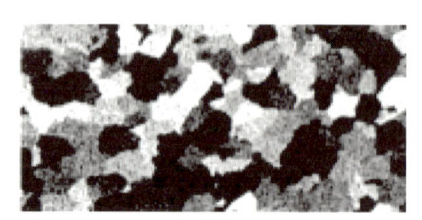

溶接金属の結晶粒が微細化される

(右下の写真提供:株式会社ダイヘン)

れに答えた形になります。溶接施工時に、大きなパルスと小さなパルスの切替え周波数と溶接速度を調整することによって、溶接ビードの波形(ウロコ)の間隔を自由に調整することができ、ユーザの好みにあった美観の溶接ビードを得ることができます。二輪車等の各種パーツを製造しているユーザに受け入れられているようです。

### COLUMN アルミニウムのミグ溶接の技能訓練にこんな裏技が…

　本文で紹介した低周波重畳パルスミグ溶接法の開発担当者からこんな裏技を教えていただきました。通常、低周波重畳パルスミグ溶接法は、その特長を活かすためにロボット等の自動機と組み合わせて使用されるのですが、これを技能訓練用として半自動溶接で使用すると効果があるというのです。

　これは、どういうことかというと、作業者が安定に溶接トーチを操作していれば本溶接法の特長である溶接ビードのウロコ模様が規則正しく外観に現れるということです。つまり、溶接トーチの操作を一定(溶接速度を一定)にしていれば、ビードのウロコ模様が規則的に並び、溶接速度にムラが出ている場合は、ウロコ模様が不規則に並んで現れるというものです。言わばトーチ操作の技量を外観で判断できるのです。著者は、早速トライしてみました。

　その結果は…。確かに効果がありました。特に、半自動溶接の経験の浅い人には、自分の技量がウロコ模様で確認できるのですから、訓練生が夢中になって技能訓練に取り組んでいました。開発担当者の方には、紙面を借りてお礼申し上げます。

**Chapter 4**

# 知っておきたい 溶接施工の予備知識

よりよい溶接施工を実施するためには、施工計画に基づいた適切な準備をしなくてはなりません。このChapterでは、溶接の準備をする際に知っておくと役に立つ溶接継手や溶接材料、機器などの事柄について説明していきます。

## 4-1 知っておきたい溶接継手

溶接しようとする2つの母材の接合面を適切な形状に設定することは、能率や品質の面からも非常に重要です。以下、その概要を説明します。

### 溶接継手の種類

溶接継手は、母材の接合形態によって、突合せ継手、T継手、十字継手、角継手、重ね継手、当て金継手およびへり継手に分類されます。また、これらの継手を溶接する場合、溶接部の形態によって突合せ溶接、すみ肉溶接、せん溶接およびスロット溶接に分類されます。

**4-1-1 溶接継手の種類**

| | 突合せ溶接 | すみ肉溶接 | せん溶接 | スロット溶接 |
|---|---|---|---|---|
| 突合せ継手 | ○ | | | |
| T継手・十字継手 | | ○ | | |
| 角継手 | ○ | ○ | | |
| 当て金継手 | | ○ | ○ | ○ |
| 重ね継手 | | ○ | ○ | ○ |
| へり継手 | ○ | | | |

同じ継手でも、継手の形状によって溶接方法が変わってきます。

## 継手設定のルール

溶接継手の設定に際して、溶接設計や品質保証の視点から決められたルールがあります。溶接施工に携わる人は、このルールを熟知しておく必要があります。

1つ目は、「溶着金属量を可能な限り少なくなるような継手を選択する」です。溶着金属量が多くなると、効率が悪くなる上に、溶接熱による変形量や収縮量が大きくなり、製品の寸法精度不良等の不具合が生じやすくなります。このため、適切な開先形状を選択する必要があります。この点については、後で詳しく触れます。

2つ目は、「溶接継手部に、可能な限りモーメントが集中して働かないような配置をする、もしくは補強をする」です。その具体例を図4-1-2に示します。

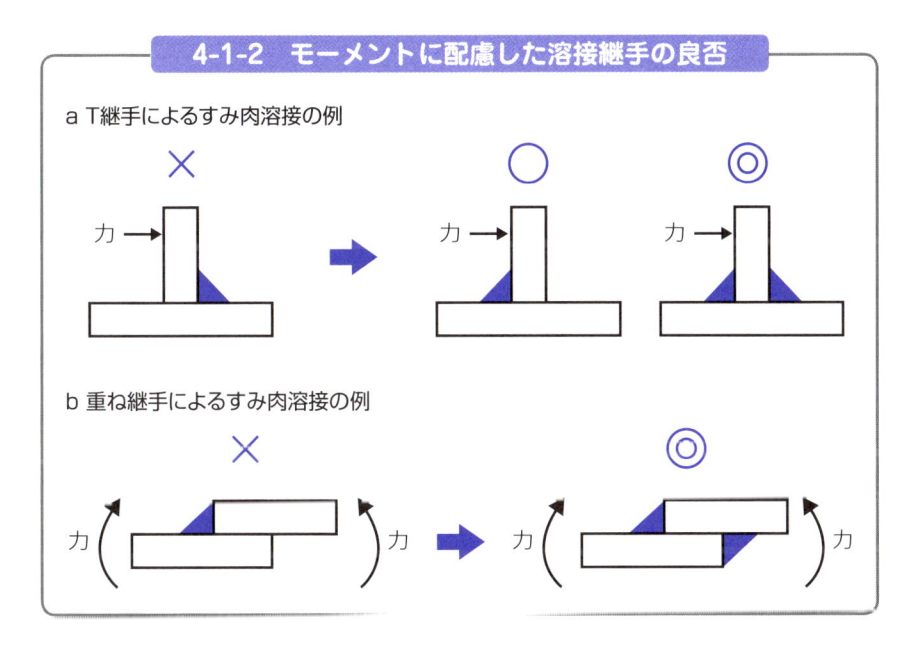

**4-1-2 モーメントに配慮した溶接継手の良否**

a T継手によるすみ肉溶接の例

b 重ね継手によるすみ肉溶接の例

3つ目は、「溶接継手を1個所に集中させたり、継手部同士をお互いに接近させることは、できるだけ避けなければならない」です。前にも触れましたが、溶接継手の溶接熱影響部は、高温に加熱されて、硬くなったり、もろくなったり、あるいは軟化したりして材質が変化します。また、溶接による急熱、急冷によって継手部に収縮、変形が生じ、さらに溶接残留応力の発生が伴います。したがって、幾何学的に溶接継手部が集中すると、これらの悪影響が相乗効果となって、さらに品質を悪化させる可能性があります。可能な限り、溶接継手部を狭いエリア内に集中させないようにしなければな

## 4-1 知っておきたい溶接継手

りません。

　溶接線の交差を避けるための対策の一例として、一方の母材に扇形の切り込みを設ける（これを、**スカラップ**という）工法があります。図4-1-3の写真に例を示します。突合せ継手とこれを交差する方向のすみ肉継手がある場合等に広く適用されています。

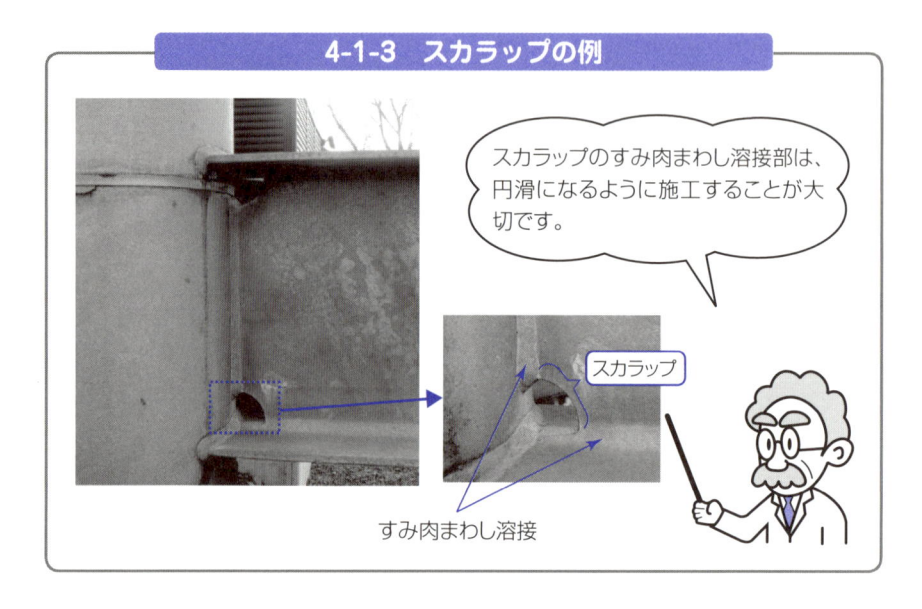

### 4-1-3　スカラップの例

スカラップのすみ肉まわし溶接部は、円滑になるように施工することが大切です。

スカラップ

すみ肉まわし溶接

　この工法の溶接上の注意点としては、特にスカラップのすみ肉まわし溶接部が円滑となるよう実施しなければならないということです。まわし溶接部が円滑に仕上がっていない場合、この部分が切り欠けとなり、不具合発生の原因となります。注意して下さい。

　4つ目は、「溶接継手は、応力集中を受けないように配置や部材の形状に配慮する必要がある」です。その具体例を図4-1-4に示します。

　aは、コーナー（角）を伴う部材の継手設定のケースです。角部は、特に応力が集中するため、溶接する位置をずらして突合せ継手に設定しています。bは、板厚に差がある部材の継手設定のケースです。この場合も幾何学的にみて応力が集中しやすいため、図のように板厚の厚い方の部材に傾斜の緩やかなテーパー加工を施して、溶接継手部に応力が集中をしないようにしています。

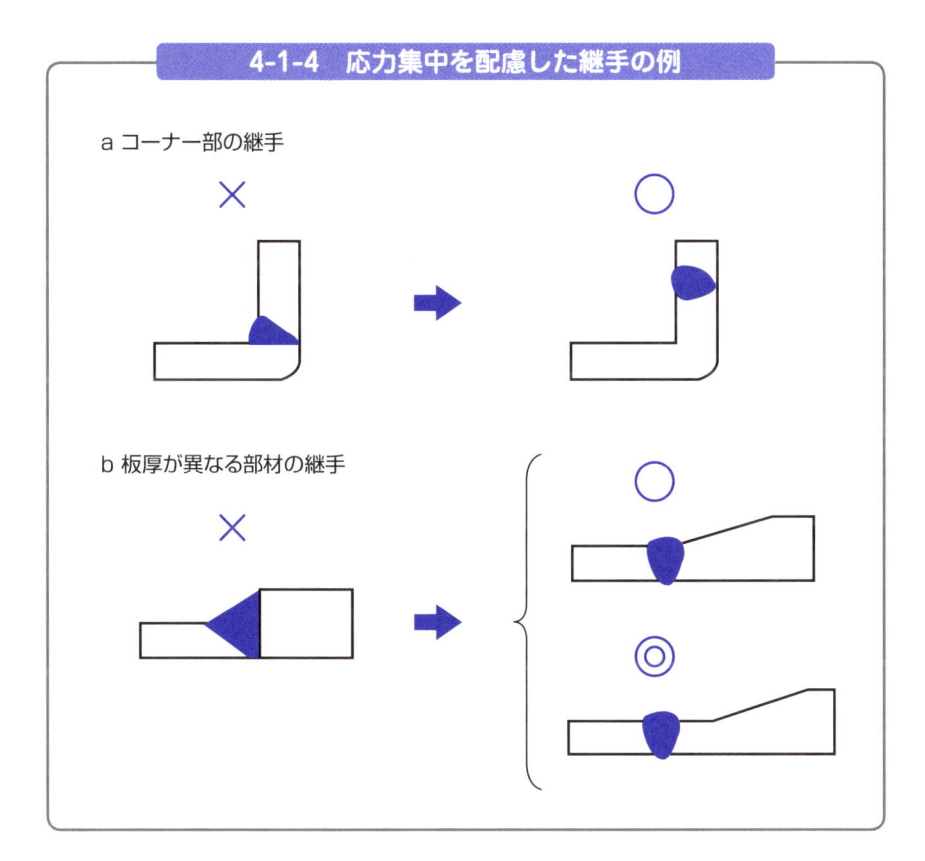

## 4-1-4　応力集中を配慮した継手の例

a コーナー部の継手

b 板厚が異なる部材の継手

### ⚙ いろいろな突合せ継手

　次に、溶接継手の中から突合せ継手を例に、様々な継手形状を紹介します。

　突合せ継手では、2つの母材を一体化させるために、材料の厚さの違いによって継手形状を工夫しなければなりません。これは、必要な溶込みが得られるように目的とする位置まで溶接の熱源を近づけなければならないからです。このため、継手部には様々な形状の溝があり、この溝のことを**開先**と呼んでいます。以下、代表的な形状の開先について説明します（図4-1-5参照）。

　**I形開先**は、開先の加工が容易で、溶着量を少なくできて熱変形が少ない長所をもっています。しかし、完全溶込みを得るためには、板厚に限界があります。開先部の表側、裏側から両面溶接を行うことである程度の板厚まで適用可能ですが、その上限の板厚は、マグ溶接法を適用する場合でもせいぜい6mm程度です。

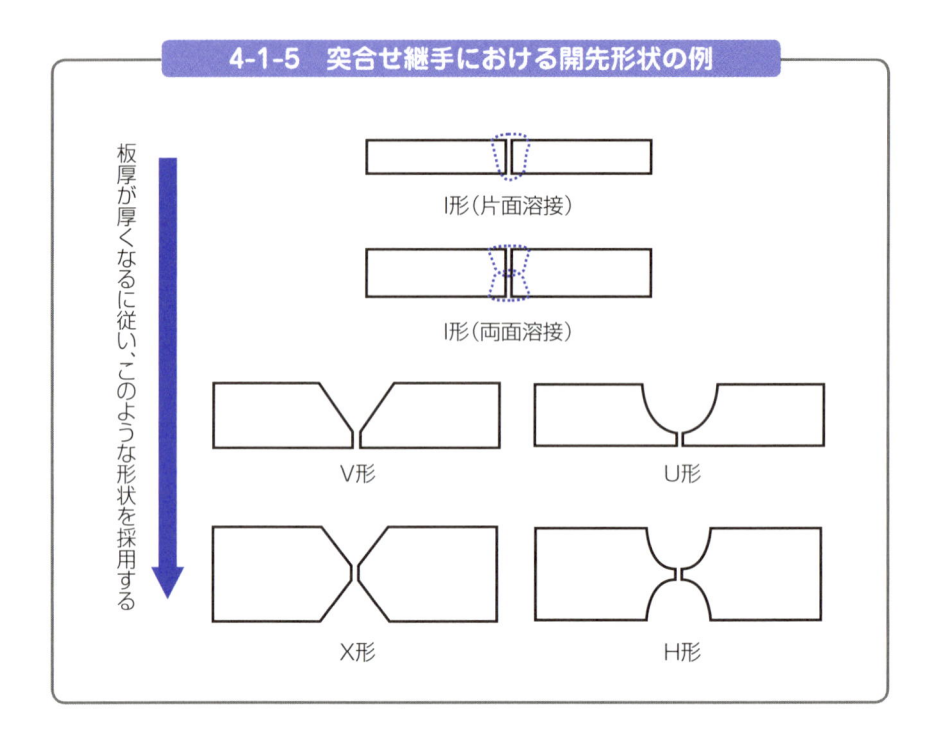

### 4-1-5　突合せ継手における開先形状の例

板厚が厚くなるに従い、このような形状を採用する

I形（片面溶接）

I形（両面溶接）

V形　　　　　　　　　U形

X形　　　　　　　　　H形

　板厚が、I形開先の適用上限を超える場合には、V形やU形開先が採用されます。**V形開先**は、開先加工が比較的容易で、全姿勢の溶接に有効です。ただし、板厚が大きくなるにしたがって溶着量が多くなり、角変形や横収縮が発生しやすくなります。このような場合、後述する開先角度（ベベル角度）や、ルート面、ルート間隔を調整することになりますが、表側、裏側の両方にV形溝を施した**X形開先**とすることで溶着量を少なくでき、角変形や横収縮を抑制することができます。

　**U形開先**（**H形開先**）は、極厚板の溶接に適用されます。V形開先（X形開先）よりも変形が少なく、ルート部を安定に溶融させることができます。ただし、開先加工は工数が増え、手間がかかるといった欠点をも持ちあわせています。厚板ステンレス鋼のティグ溶接には、この形状の開先が多く採用されています。

## 開先部の寸法設定の考え方

　V形開先の場合を例に、開先各部の寸法設定の考え方について説明します（図4-1-6参照）。**開先角度**は、大きくとると、必要な溶込みを確保しやすくなります。しかし、溶着金属が多くなることから、溶接効率が悪く、溶接による熱変形が大きくな

ります。反対に開先角度を小さくとった場合は、その逆になります。従って、必要な溶込みを確保しながら溶着金属量を少しでも少なくできるように、溶接の施工方法をよく検討して、少しでも開先角度が小さくできるような工夫をする必要があります。

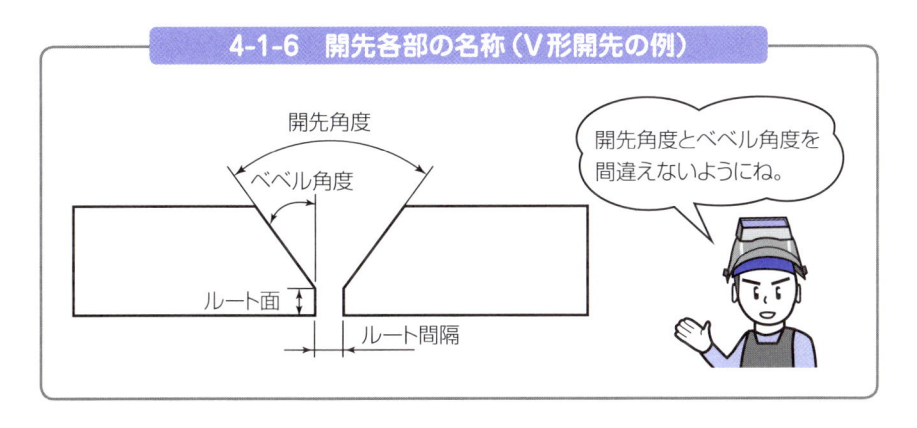

## 4-1-6 開先各部の名称（V形開先の例）

開先角度とベベル角度を間違えないようにね。

　**ルート間隔**は、広すぎると、裏波が溶落ちしやすく、溶接技量の難易度が上がってきます。逆に、ルート間隔が狭すぎると、初層の溶込みの確保が難しくなります。その適正値は、溶接法や開先角度（**ベベル角度**）、ルート面の大きさ等により変化しますが、基本的には、溶接の作業性を配慮しながら、安定で健全な初層溶接が実施できる値を検討する必要があります。

　**ルート面**の大きさは、初層溶接の品質に大きく影響します。例えば、開先角度とルート間隔は一定の値と仮定します。ルート面を大きくとった場合と小さくとった場合との開先部の断面形状（溶接進行方向に対して垂直方向の横断面形状）を比較すると、図4-1-7に示すように、ルート面を大きくとった方は、ルート部近傍の母材の断面積（体積）が大きくなります。つまり一定量の母材を溶かすのに多くの熱エネルギーが必要になります。言い換えれば、ルート面を大きくとった方が母材のルート部近傍の熱容量が大きくなるのです。逆に、ルート面を小さくとると、ルート部近傍の熱容量は小さくなります。

　以上のことから、ルート面を大きくとり過ぎると初層溶接部に溶込み不良が、また小さくとり過ぎると初層溶接部に溶落ちが懸念されることになります。

## 4-1 知っておきたい溶接継手

### 4-1-7 ルート部近傍の母材の熱容量を考える

**熱容量が大きすぎると…**

例えば、開先角度が狭い
ルート面が大きい、その両方

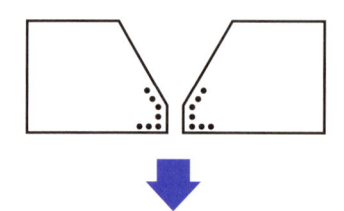

⬇

・初層部の溶込み不良が生じやすい

**熱容量が小さすぎると…**

例えば、開先角度が大きい
ルート面が小さい、その両方

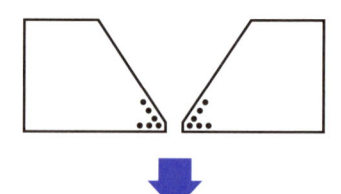

⬇

・初層溶接部が溶落ちしやすい
・裏当て金有りでは、当て金と母材裏面間の溶融形成が不安定になりやすい

　また、裏当て金有りの場合でルート面が大きすぎると、ルート部の溶込みの確保に初層からウィービング操作を行わなければならなくなります。全体的に、溶着金属量が多くなることから、溶接の効率が悪く、溶接ひずみが大きくなります。

　さらに、裏当て金有りの場合にルート面が小さすぎると、ルートエッジ部が早く溶け過ぎて、当て金と母材裏面との溶融形成が不安定になり、健全な溶込みが得られなくなる可能性があります。鋼材（低炭素鋼）の被覆アーク溶接や炭酸ガスによるマグ溶接では、開先角度を小さめにとっていれば、ルート面が小さくてもこういった不具合が起こる可能性が少なくなりますが、例えば、アルミニウムのように融点が低く、溶融金属の流動性が高い材料のミグ溶接では、初層溶接の不安定現象が顕著に出てきます。従って、母材の材質や開先角度（ベベル角度）、ルート間隔、溶接方法に応じて、安定した初層溶接が得られるようなルート面の大きさを検討する必要があります。

## 4-2 知っておきたい溶接材料

溶接施工を適切に実施するためには、使用する溶接材料（溶接棒、ワイヤ、シールドガス等）について知っておく必要があります。ここでは、代表的な溶接材料を例に説明します。

### 被覆アーク溶接棒

近年、産業界における急速な国際化を背景に、JIS規格の国際規格（ISO規格）との整合化が進んでいます。溶接関連の規格も同様に様々な規格が改正されています。中でも**軟鋼用被覆アーク溶接棒**は、2008年12月に大きく改正されました。

以下、軟鋼用被覆アーク溶接棒（JIS Z 3211:2008「軟鋼,高張力鋼及び低温用鋼用被覆アーク溶接棒」）について説明します。

軟鋼用被覆アーク溶接棒には、様々な種類があります。まずは、溶接棒のJIS記号と種類について把握しましょう（図4-2-1参照）。

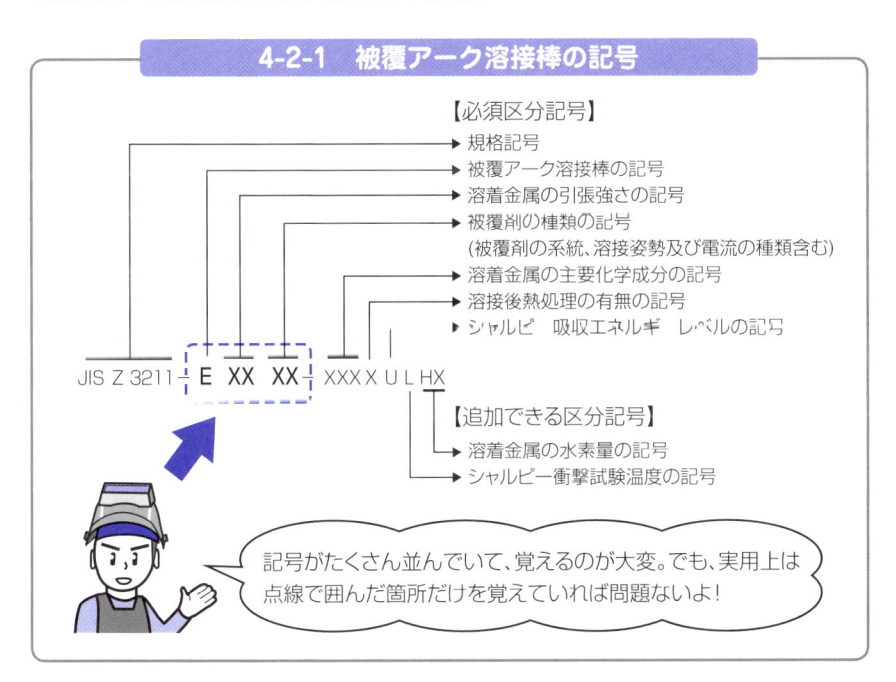

#### 4-2-1 被覆アーク溶接棒の記号

【必須区分記号】
- 規格記号
- 被覆アーク溶接棒の記号
- 溶着金属の引張強さの記号
- 被覆剤の種類の記号（被覆剤の系統、溶接姿勢及び電流の種類含む）
- 溶着金属の主要化学成分の記号
- 溶接後熱処理の有無の記号
- シャルピー吸収エネルギーレベルの記号

JIS Z 3211　E XX XX - XXXX U L HX

【追加できる区分記号】
- 溶着金属の水素量の記号
- シャルピー衝撃試験温度の記号

記号がたくさん並んでいて、覚えるのが大変。でも、実用上は点線で囲んだ箇所だけを覚えていれば問題ないよ！

## 4-2 知っておきたい溶接材料

溶接棒のJIS記号は、「必須区分記号」と「追加できる区分記号」から構成されます。詳細は、JIS Z 3211:2008を参照して下さい。記号がたくさん並んでいるために、初心者にとって覚えるのにハードルが高いと思われますが、心配いりません。溶接作業者の視点からは、実用上、この長い記号の中で、図4-2-1の点線で囲んだ（矢印を示している）箇所を覚えておくだけで結構です。

最初の「E」は、不変の記号です。電極の英語表現ElectrodeのEです。なお、以前のJISでは、ローマ字表現Denkyokuの「D」となっていました。「E」に続く記号は、溶着金属の引張強さを示します。ここには、ほとんどの場合、2桁の数字がくることになります。詳細を図4-2-2に示しますが、例えば「43」であれば、溶着金属の引張強さが430MPa以上ということになります。

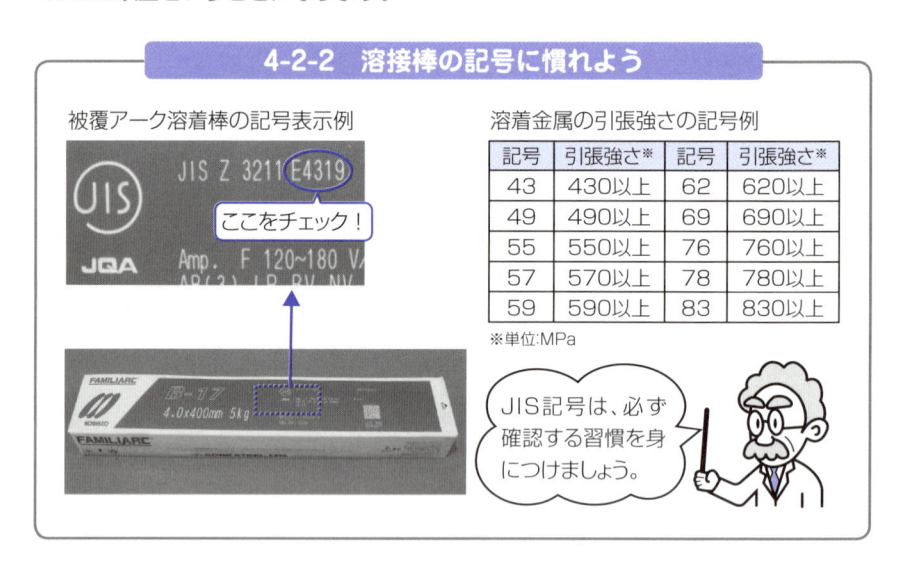

### 4-2-2 溶接棒の記号に慣れよう

被覆アーク溶着棒の記号表示例

JIS Z 3211 E4319
ここをチェック！
Amp. F 120〜180 V
4.0×400mm 5kg

溶着金属の引張強さの記号例

| 記号 | 引張強さ※ | 記号 | 引張強さ※ |
|---|---|---|---|
| 43 | 430以上 | 62 | 620以上 |
| 49 | 490以上 | 69 | 690以上 |
| 55 | 550以上 | 76 | 760以上 |
| 57 | 570以上 | 78 | 780以上 |
| 59 | 590以上 | 83 | 830以上 |

※単位：MPa

JIS記号は、必ず確認する習慣を身につけましょう。

次に続く記号は、被覆剤の種類を示します（図4-2-3参照）。記号は、2桁の数字です。被覆剤の種類は、イルミナイト系、低水素系といった被覆剤の系統と、適用可能な溶接姿勢および適用可能な極性を"電流の種類"として分類されています。

以下、この中から代表的なものを取り上げ、その特徴について説明します。

●イルミナイト系（記号19）

被覆剤の主成分が、イルミナイト（チタンおよび鉄の酸化物が結合した鉱物）の被覆アーク溶接棒です。我が国で独自に発達してきた経緯があり、現在最も多く使用さ

れています。全姿勢の溶接が可能で、溶接中に発生するスラグは、比較的流動性に富み、溶接金属表面をよく覆って良好な外観の溶接ビードを形成し、溶着金属の機械的性質も良好です。また、他の種類の棒と比べて、アークの吹きつけが比較的強く、溶込みが深くなるなどバランスのとれた溶接棒として、各種構造物の溶接に広く適用されています。

### 4-2-3 被覆剤の種類の記号

| 記号 | 被覆材の系統 | 溶接姿勢[a] | 電流の種類[b] |
|---|---|---|---|
| 03 | ライムチタニヤ系 | 全姿勢[c] | AC及び/又はDC(±) |
| 10 | 高セルロース系 | 全姿勢 | DC(+) |
| 11 | 高セルロース系 | 全姿勢 | AC及び/又はDC(+) |
| 12 | 高酸化チタン系 | 全姿勢[c] | AC及び/又はDC(−) |
| 13 | 高酸化チタン系 | 全姿勢[c] | AC及び/又はDC(±) |
| 14 | 鉄粉酸化チタン系 | 全姿勢[c] | AC及び/又はDC(±) |
| 15 | 低水素系 | 全姿勢[c] | DC(+) |
| 16 | 低水素系 | 全姿勢[c] | AC及び/又はDC(+) |
| 18 | 鉄粉低水素系 | 全姿勢[c] | AC及び/又はDC(+) |
| 19 | イルミナイト系 | 全姿勢[c] | AC及び/又はDC(±) |
| 20 | 酸化鉄系 | PA及びPB | AC及び/又はDC(−) |
| 24 | 鉄粉酸化チタン系 | PA及びPB | AC及び/又はDC(±) |
| 27 | 鉄粉酸化鉄系 | PA及びPB | AC及び/又はDC(−) |
| 28 | 鉄粉低水素系 | PA、PB及びPC | AC及び/又はDC(+) |
| 40 | 特殊系(規定なし) | 製造業者の推奨 | |
| 48 | 低水素系 | 全姿勢[d] | AC及び/又はDC(+) |

注 a) 溶接姿勢は、JIS Z 3011による。PA下向、PB水平すみ肉、PC横向
b) 電流の種類に用いている記号の意味は、次による。
AC:交流、DC(+):棒プラス、DC(−):棒マイナス、DC(±):棒プラス及び棒マイナス
c) 立向姿勢は、PF(立向上進)が適用できるものとする。
d) 立向姿勢は、PG(立向下進)が適用できるものとする。

### ●ライムチタニヤ系（記号03）

　被覆剤の主成分が、酸化チタンと石灰（ライム）の被覆アーク溶接棒です。全姿勢の溶接が可能で、スラグは流動性に富み、多孔質のため、特に立向上進溶接の作業性に優れています。また、アークの吹きつけはソフトで、溶込みはイルミナイト系よりも浅くなります。溶接部の割れ感受性はイルミナイト系と同程度で、一般構造物の溶接に広く用いられています。

　ただし、耐ブローホール性がやや劣りますので、放射線透過試験が要求されるような重要箇所への適用には注意が必要です。

### ●高酸化チタン系（記号12，13）

　被覆剤の主成分が、酸化チタンの被覆アーク溶接棒です。アークの吹きつけはソフトで、スパッタが少なく、アークの安定性に優れています。このため、溶接ビードは、アンダカットが発生しにくく、ビード外観が非常に美しいといった特長があります。また、全姿勢溶接が可能で、スラグの剥離性が良く、作業性も良好です。用途上での使い分けとして、記号12は、接合部間に隙間がある場合の溶接に適しています。また記号13は、12よりも低電流域におけるアークの安定性が優れていることから薄板の溶接に適しています。

　短所としては、他の溶接棒と比べて溶接部の機械的性質（溶着金属の延性、切欠きじん性および割れ感受性）が劣ります。したがって、重要構造物の溶接には、表層部の仕上げ盛りを除き、あまり使用されません。

### ●低水素系（記号15，16）

　被覆剤に、ライムや蛍石を多く含んだ被覆アーク溶接棒です。アークの安定剤としてナトリウムを含むものが記号15、カリウムを含むものが記号16です。低水素系は、その名のとおり、溶着金属に取り込まれる拡散性水素量が低いことから、溶接部は優れた機械的性質を示し、重要構造物（特に厚板の溶接で、拘束度が大きくなる構造物）の溶接には、なくてはならない溶接棒です。また、全姿勢溶接も可能で、初層の裏波溶接専用の溶接棒があります。

　短所としては、溶接開始時のアークの発生がやや不安定なことです。このため、溶接の始点やビードの継目部にブローホールが発生しやすく、溶接棒の操作に注意を要します。また、溶接棒の保管のための乾燥条件が他の種類の棒と異なるため、その管理には十分な注意が必要です。

# 知っておきたい溶接材料 4-2

> **COLUMN** 無断で自動電撃防止装置の機能を失わせてはいけません！
>
> 　自動電撃防止装置が機能している交流アーク溶接機では、原理的にアークの起動性が悪くなる傾向があります。特に低水素系被覆アーク溶接棒では、その傾向が顕著に現れます。こういった時、自動電撃防止装置の機能を失わせて使用するケースをよく見かけます。
> 　確かに、高い無負荷電圧ほどアークの起動性は良くなります。ただし、無断で電撃防止装置の機能を失わせてはいけません。労働安全衛生規則第29条によれば、事業者の許可を受けることが必要となっています。もちろん、本文で述べた労働安全衛生規則第332条および第648条で掲げられている危険な場所でないことが前提です。
> 　無断で行うと、法令違反となりますので気をつけて下さい。

## 被覆アーク溶接棒の保管管理

　Chapter2でも触れましたが、溶接材料の保管管理は、溶接品質を保証する上で非常に重要です。被覆アーク溶接棒の場合は、被覆材が吸湿しやすい性質があり、この吸湿が原因で、アークの安定性が損なわれたり、スパッタの発生量が増えたりします。さらに、アンダカットやブローホール、ピットなどが発生しやすくなるほか、水素に起因した溶接割れの発生を助長したりもします。

　したがって、溶接棒をいったん箱から開梱したら、溶接棒を使用する前には必ず決められた条件で乾燥（再乾燥）させ、溶接棒が吸湿しないように管理しなければなりません。図4-2-4に、再乾燥および作業現場における保管管理上の推奨乾燥条件を示します。低水素系溶接棒と低水素系以外の溶接棒は、乾燥条件が異なるので注意が必要です。

## 4-2-4 被覆アーク溶接棒の乾燥条件

| 溶接の種類 | 再乾燥 | | 現場保管 |
|---|---|---|---|
| | 設定温度(℃) | 保持時間(分) | 設定温度(℃) |
| 低水素系 | 300〜400 | 30〜60 | 100〜150 |
| 非低水素系 | 70〜100 | | 常温※ |

※作業現場の湿度が高く、吸湿するおそれがある場合は、70〜100℃で保管

▼被覆アーク溶接棒用乾燥庫の例

▼携帯形保管乾燥器の例

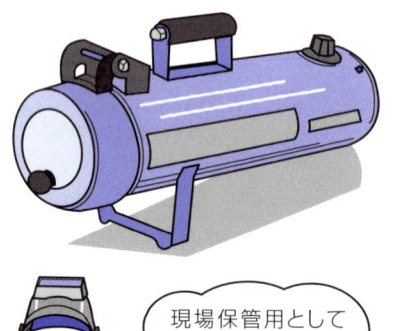

現場保管用として携帯形の乾燥器があると便利ですよ。

## ⚙ マグ溶接用ソリッドワイヤ

**マグ溶接用ソリッドワイヤ**は、JIS Z 3312:2009「軟鋼,高張力鋼及び低温用鋼用のマグ溶接及びミグ溶接ソリッドワイヤ」に規定されています。規格体系は、被覆アーク溶接棒と同様にISOと整合した規格になっています。

まずは、溶接ワイヤのJIS記号と種類について把握しましょう。

規格によると、ワイヤの種類を示すJIS記号は、次の2つがあります。

①溶着金属の引張特性、衝撃試験温度、シャルピー吸収エネルギーレベル、溶接後熱処理の有無、シールドガスの種類およびワイヤの化学成分によって区分されたもの

②シールドガスの種類、ワイヤの化学成分および溶着金属の機械的性質によって区分されたもの

本書では、②で説明します。図4-2-5に示すように、記号の最初にある「Y」は、溶接ワイヤを表わしています。次の「GW」は、マグ溶接またはミグ溶接用であることを表わす記号です。最後の「XX」は、2桁の数字がきます。ワイヤの化学成分、シールドガスおよび溶着金属の機械的性質によって数字が割り振られています。詳細は、図中の表を参照して下さい。

### 4-2-5 ソリッドワイヤのJIS記号と主な種類

Y GW XX
- 溶接ワイヤの記号
- マグ溶接及びミグ溶接用の記号
- ワイヤの化学成分、シールドガス及び溶着金属の機械的性質の記号

| ワイヤ種類 | シールドガス | 溶着金属の機械的性質 | | | | |
|---|---|---|---|---|---|---|
| | | 引張強さ(MPa) | 耐力(MPa) | 伸び(%) | 衝撃試験温度(℃) | シャルピー吸収エネルギー規定値(J) |
| YGW11 | 炭酸ガス | 490〜670 | 400以上 | 18以上 | 0 | 47以上 |
| YGW12 | | 490〜670 | 390以上 | 18以上 | | 27以上 |
| YGW13 | | | | | | |
| YGW14 | | 430〜600 | 330以上 | 20以上 | | |
| YGW15 | 炭酸ガス20〜25%+アルゴン | 490〜670 | 400以上 | 18以上 | −20 | 47以上 |
| YGW16 | | 490〜670 | 390以上 | 18以上 | | 27以上 |
| YGW17 | | 430〜600 | 330以上 | 20以上 | | |

※ワイヤの化学成分は省略

比較的、覚えやすい記号だね!

　これらのワイヤの中で特に多く用いられているのが、炭酸ガスをシールドガスとして用いるYGW11とYGW12です。
　YGW11は、ワイヤからの溶滴がグロビュール移行（反発移行）となる中〜大電流域で使用するワイヤです。Chapter3でも説明したように、炭酸ガスによるマグ溶接の反発移行形態は、大粒のスパッタが発生しやすいので、アークの安定化剤としてチタン（Ti）等の元素が微量添加されています。

## 4-2-6　YGW11とYGW12の使用を間違えないように…

単位 %(質量分率)

| ワイヤ | 化学成分 | | | | | | | | | | | |
|---|---|---|---|---|---|---|---|---|---|---|---|---|
| | C | Si | Mn | P | S | Cu | Ni | Cr | Mo | Ti | Zr | 他 |
| YGW11 | 0.02~0.15 | 0.55~1.10 | 1.40~1.90 | 0.030以下 | 0.030以下 | 0.50以下 | ― | ― | ― | Ti+Zr 0.02~0.30 | | ― |
| YGW12 | 0.02~0.15 | 0.50~1.00 | 1.25~2.00 | 0.030以下 | 0.030以下 | 0.50以下 | ― | ― | ― | ― | ― | ― |

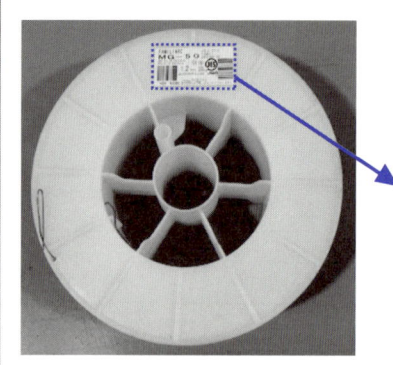

ここをチェック

　YGW12は、ワイヤからの溶滴が短絡移行となる小電流域（ショートアーク溶接）で使用するワイヤです。アークの安定化剤としてのTi等の元素を含んでいないため、反発移行となる中～大電流域の溶接で使用すると、アークの安定性が劣り、品質上、様々な不具合を生じることがあるので誤った使用は避けて下さい。このためにも、溶接作業前には必ず使用するワイヤが作業に適したワイヤであるかをJIS記号で確認＊するようにしましょう（図4-2-6参照）。

### ティグ溶接用ワイヤ

　ティグ溶接は、様々な金属の溶接が可能であることをChapter3で説明しました。中でも、軟鋼、ステンレス鋼およびアルミニウム（合金）は、ティグ溶接においてよく用いられている材料です。これらの材料のティグ溶接で使用されるワイヤ（溶加棒含む）は、次のJISで規定されています。

＊…記号で確認　　生産現場において、ワイヤの銘柄（商品名）で確認しているケースをよく見かけます。これも悪くはありませんが、銘柄を多く扱うようになると間違えやすくなります。できる限り、JISの記号で確認するようにしましょう。

JIS Z 3316:2008「軟鋼及び低合金用ティグ溶加棒及びソリッドワイヤ」
JIS Z 3321:2010「溶接用ステンレス鋼溶加棒、ソリッドワイヤ及び鋼帯」
JIS Z 3232:2009「アルミニウム及びアルミニウム合金の溶加棒及び溶接ワイヤ」

　ここでは、ステンレス鋼およびアルミニウム合金のティグ溶接用ワイヤについて説明します。
　まず、ステンレス鋼の溶接ワイヤについてです。図4-2-7をみて下さい。記号の最初にある「YS」は、ステンレス鋼の溶接ワイヤ（溶加棒含む）を表わしています。ちょうど、「Y」が前述したように溶接ワイヤを、「S」がステンレス鋼のJIS表記であるSUSのSです。

### 4-2-7　ステンレス鋼の溶接ワイヤ

YS XXX
→ ステンレス鋼の溶加棒及びソリッドワイヤ
→ 溶加材の化学成分を示す記号

| 分類 | 被溶接材 | | 溶接ワイヤ |
|---|---|---|---|
| | 種類 | 概略組成 | |
| Ⅰ | SUS304 | 18Cr-8Ni | YS308 |
| | SUS304L | 18Cr-8Ni-低C | YS308L　YS347 |
| | SUS316 | 18Cr-12Ni-2.5Mo | YS316　YS316L |
| | SUS316L | 18Cr-12Ni 2.5Mo 低C | YS316L |
| | SUS321 | 18Cr-8Ni-Ti | YS347 |
| Ⅱ | SUS430 | 18Cr | YS430　YS309　YS310 |
| | SUS434 | 18Cr-1Mo | YS430　YS309　YS310 |

Ⅰ：オーステナイト系　Ⅱ：フェライト系

（吹き出し）炭素含有量を低く抑えているL材に対しては、基本的にL記号のワイヤを使用します。

　次の「XXX」は、溶加材の化学成分を表わす記号で、通常は、ステンレス鋼のJIS記号の3桁の数字または、3桁の数字＋アルファベットの添字が表記されます。アルファベットの例としては、炭素含有量を低く抑えていることを表わす「L」や、珪素や銅を多く含有させている「Si」や「Cu」、また特別にニオブを添加させている「Nb」等があります。なお、JIS Z 3321:2010のYS系ワイヤは、ティグ溶接用に限定されたものではなく、プラズマ溶接やアルゴンに数％の酸素を加えたステンレス鋼用のマグ溶接等の溶接法にも適用されます。

参考までに、代表的なステンレス鋼と推奨される溶接ワイヤの組み合わせを図4-2-7に示しました。後のChapter6で、ステンレス鋼の溶接施工について触れますので、その時に、もう一度図4-2-7を参照して下さい。また、図4-2-8に代表的な溶加棒の彩色表示を示しておきました。溶加棒タイプのワイヤは、JISによってその種類を色で識別できるよう規定されており、この色を知っておくことで溶加棒の誤用を防ぐことができます。

### 4-2-8　ステンレス鋼溶加棒の識別色

| 種類 | 色 | 種類 | 色 |
|---|---|---|---|
| YS308 | 黄 | YS316 | 白 |
| YS308L | 赤 | YS316L | 緑 |
| YS309 | 黒 | YS347 | 青 |
| YS310 | 金 | YS430 | 茶 |

最低限、よく使用される棒の色は覚えておきましょう！

次に、アルミニウム（合金）の溶接ワイヤについてです。JISによれば、種類および呼び方を示す記号が2種類あります。1つは、従来のJISから継続されてきた記号であり、もう1つは、ISOの規定によるものです。本書では、前者を取り上げ、溶接ワイヤの種類および溶加棒およびワイヤを区別する区分記号について説明します。

図4-2-9をみて下さい。最初の記号にある「A」は、アルミニウム（Aluminium）のAを意味しています。「XXXX」は、アルミニウムの種類（化学成分による）の記号で、4桁の数字で示されます。

XXXXに続く「(X)」は、本規格がISOとの整合化を図った際に増えた種類のものです。増えたものにはA,B,Cのアルファベットが付けられています。ベースとなる材料の一部の化学成分の含有率（質量分率）が異なっており、例えばA5183A材は、A5183のベリリウム含有量が0.0003％以下に対して、0.0005％以下となっています。

続いての「XX」は、溶加棒かワイヤかの区別を表わす記号です。「BY」と表記されていると溶加棒であり、「WY」と表記されていると、ワイヤになります。すなわち、ティグ溶接用としてWYの記号が付けられたワイヤは、半自動ティグ溶接用または自動ティグ溶接用となります。

## 知っておきたい溶接材料 4-2

### 4-2-9 アルミニウム（合金）の溶接ワイヤ

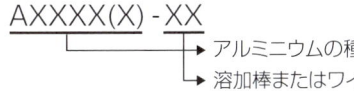

```
AXXXX(X)-XX
```
→ アルミニウムの種類（化学成分）を示す記号
→ 溶加棒またはワイヤの区別を示す記号
　BY:溶加棒
　WY:ワイヤ

ここに記載：A5356-BY

Chapter2でも説明しましたが、溶接ワイヤは、一度開梱したら湿気させないよう、適切な保管管理が必要です。

▼代表的な溶加棒の識別色

| 種類 | 色 | 種類 | 色 |
|---|---|---|---|
| A1100 | 赤 | A5183 | 青 |
| A1200 | 茶 | A5356 | 黄緑 |
| A4043 | 橙 | A5556 | 緑 |

注：種類の記号がISO規定のものであれば、この表は適用されない

次に、JIS Z 3232:2009に規定されている代表的な溶加棒の識別色の表示を、図4-2-9内の表に示しました。ステンレスの溶加棒の場合と同様に、溶加棒の誤用を防ぐ目的でその種類を色で識別できるよう規定されています。

なお、アルミニウム（合金）においても材料の種類に応じて推奨される溶接ワイヤがあります。これについては、Chapter6で説明します。

なお、JIS Z 3232:2009に規定されている溶接ワイヤは、その対象がティグ溶接用以外にミグ溶接や酸素－アセチレン炎によるガス溶接用溶加棒も含まれています。

### ⚙ ティグ溶接用タングステン電極

ティグ溶接の放電用電極として使用されるタングステンは、JIS Z 3233:2001「イナートガスアーク溶接並びにプラズマ切断及び溶接用タングステン電極」に規定されています。

この規格では、タングステンの分類記号が2種類存在します。1つは、従来のJISから継続されてきた旧JIS分類（A系列）であり、もう1つは、ISO分類（B系列）です。B系列には、2.8〜4.2%酸化トリウム入りタングステンや0.15〜0.9%酸化ジルコニウム

入りタングステンなどが規格化されています。

本書では、従来から適用されており、溶接現場において馴染みのあるA系列について説明します。

### 4-2-10　タングステン電極

| 一般的な呼び名※ | 分類記号 | 化学成分 | 識別色 |
|---|---|---|---|
| 純タングステン | YWP | W | 緑 |
| 1%酸化トリウム入りタングステン | TWTh-1 | $W+0.8〜1.2\%ThO_2$ | 黄 |
| 2%酸化トリウム入りタングステン | TWTh-2 | $W+1.7〜2.2\%ThO_2$ | 赤 |
| 1%酸化ランタン入りタングステン | TWLa-1 | $W+0.9〜1.2\%La_2O_3$ | 黒 |
| 2%酸化ランタン入りタングステン | TWLa-2 | $W+1.8〜2.2\%La_2O_3$ | 黄緑 |
| 1%酸化セリウム入りタングステン | TWCe-1 | $W+0.9〜1.2\%Ce_2O_3$ | 桃 |
| 2%酸化セリウム入りタングステン | TWCe-2 | $W+1.8〜2.2\%Ce_2O_3$ | 灰 |

※「一般的な呼び名」欄は、便宜上記載したもの。JISには規定されていない。

図4-2-10に、A系列に記載されているタングステン電極の種類をまとめました。また、合わせて識別色も載せています。

**純タングステン**（YWP）は、昔から交流ティグ溶接用として使用されることが多い電極です。交流ティグ溶接においては、電極がプラスとなる極性時（EP時）に、電極が過熱され、溶融して消耗しやすくなります。YWPは、純粋なタングステンであることから、EP時に溶融する電極先端部の形状が綺麗な半球状になります。このためアークの安定性は優れていますが、アークの起動性が他の酸化物入りタングステンと比べると劣ることから、YWPは、直流ティグ溶接で使用されるケースはほとんどありません。

YWP以外の各種酸化物入りタングステンは、YWPの短所を補うために開発された電極です。タングステンに添加される酸化物には、電子の放出に必要なエネルギーを低減する作用があり、このためアーク発生に伴う電極自身の負荷が軽減されます。結果、YWPよりも優れたアークの起動性や耐消耗特性を示すことになります。また、アークの安定性も優れています。

**酸化トリウム入りタングステン**（YWTh系）は、識別色が赤色の酸化トリウム2%入りのものが市場に多く出ているようです。上述した酸化物入りの長所により、主として直流ティグ溶接用として使用されています。交流ティグ溶接に使用した場合は、EP

時における電極先端の溶融部に凹凸（図4-2-11の写真bにみられるコブ状の連なった形状の突起物）が形成しやすく、このため、アークが偏るなど、アークの集中性や安定性が劣る傾向があります。

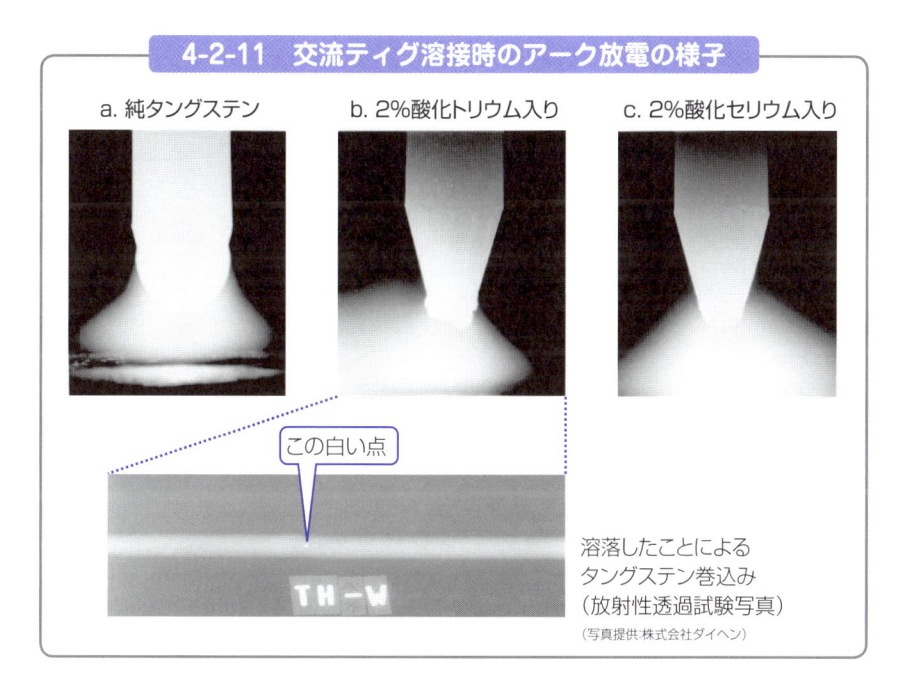

**4-2-11　交流ティグ溶接時のアーク放電の様子**

a. 純タングステン　　b. 2%酸化トリウム入り　　c. 2%酸化セリウム入り

この白い点

溶落したことによるタングステン巻込み（放射性透過試験写真）

（写真提供:株式会社ダイヘン）

　また、特に手動による溶接時に、こうした突起物が溶落し、図4-2-11の下の写真に示すように溶接部にキズ（**タングステン巻込み**）が発生することがあります。以上のことから、この種類の電極は交流ティグ溶接用としてはあまりお勧めできない電極です。

　**酸化セリウム入りタングステン**（YWCe系）は、識別色が灰色の酸化セリウム2%入りのものが市場に多く出ているようです。直流および交流ティグ溶接共にアークの起動性、電極の耐消耗特性がYWTh系より優れていることが報告されています。特に、交流ティグ溶接におけるアークの集中性と安定性には定評があります。同図の写真cをみれば分かるように、電極先端部の溶融状態は、同図の写真aのYWPよりも小さくなっています。さらにその溶融部は、ほぼ半球状となっており、アークの集中性や安定性の向上が認められます。

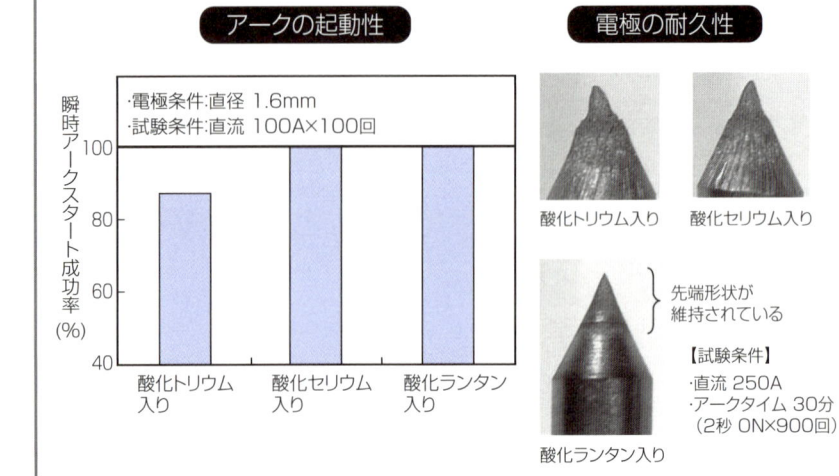

## 4-2-12 直流ティグ溶接における電極性能の例

アークの起動性

電極条件：直径 1.6mm
試験条件：直流 100A×100回

瞬時アークスタート成功率 (%)

- 酸化トリウム入り
- 酸化セリウム入り
- 酸化ランタン入り

電極の耐久性

- 酸化トリウム入り
- 酸化セリウム入り
- 酸化ランタン入り（先端形状が維持されている）

【試験条件】
・直流 250A
・アークタイム 30分
（2秒 ON×900回）

※ここに記している電極は、すべて酸化物の添加量が2％のタングステンである

（写真提供：株式会社ダイヘン）

　**酸化ランタン入りタングステン**（YWLa系）は、識別色が黄緑色の酸化ランタン2％入りのものが市場に多く出ているようです。YWCe系と同様、直流および交流ティグ溶接共にアークの起動性、電極の耐消耗特性がYWTh系より優れていることが報告されています。

　特に、直流ティグ溶接時の耐消耗特性は、YWCe系よりも優れており、長時間の使用においても電極先端部の消耗変形が少ないことから、直流ティグ溶接において、特にロボット等での自動溶接で施工する場合には、この電極の適用が有効と考えられます。一方で、交流ティグ溶接では、アークの集中性が劣る傾向のあることが指摘されています。

## 溶接用シールドガス（汎用系）

　マグ溶接やティグ溶接等で使用されるシールドガスは、溶接中のアークや電極、溶融金属を大気から保護する役割をもっています。

　以下、主なシールドガスを図4-2-13に沿って説明します。

　アルゴン（Ar）は、希ガスともいわれているガスです。高温、高圧において他の元素と化学反応しない、いわゆる化学的に不活性な性質をもっています。このことから「不

活性ガス（イナートガス）」ともいわれています。したがって、高温状態の金属など反応性の高い材料への雰囲気ガスとして適しています。溶接に適用した場合には、冶金的に高品質な溶接部が得られます。また、Arの空気に対する比重が1.38と重いことから、アークや溶融池のシールド効果が良く、ミグ溶接やティグ溶接用ガスに適しています。

### 4-2-13 主なシールドガス

| シールドガス | | 性質 | | 溶接法 | | | 備考 |
|---|---|---|---|---|---|---|---|
| | | 活性 | 不活性 | マグ | ミグ | ティグ | |
| 汎用系 | Ar | | ○ | | ○ | ○ | |
| | $CO_2$ | ○ | | ○ | | | |
| | Ar+約20%$CO_2$ | ○ | | ○ | | | |
| | Ar+数%$O_2$ | ○ | | | ○ | | ステンレス鋼向け |
| 高付加価値系 | Ar+He | | ○ | | ○ | ○ | 厚板アルミ、銅（合金）の溶接等 |
| | Ar+3〜7%$H_2$ | | ○ | | | ○ | オーステナイト系ステンレス限定 |
| | Ar+$CO_2$+$O_2$ | ○ | | ○ | | | 亜鉛メッキ鋼板の高速溶接等 |
| | Ar+He+$CO_2$ | ○ | | ○ | | | 高溶着・高速化・ビード外観向上 |

　ミグ溶接におけるAr100%雰囲気は、ワイヤからの溶滴移行がスプレー移行となり、さらに低電流条件におけるパルス電流制御も可能で、溶接の安定化に寄与します。

　炭酸ガス（$CO_2$：二酸化炭素）は、マグ溶接で使用される主要なガスです。溶接時は、高温のアークによってCOとOに解離します。その結果、酸化作用が現れることから、溶接ワイヤに脱酸剤の添加が必要になります。$CO_2$の空気に対する比重は、1.53と重く、Arと同様にシールド効果は良好です。

　Arに$CO_2$を20%程度混合したガスは、混合ガス・マグ溶接法の標準ガスとして使用されているガスです。この混合比は、Chapter3でも説明したように、ワイヤからの溶滴移行がスプレー移行にすることができ、さらに低電流条件におけるパルス電流制御も可能で、溶接の安定化を図るのに有利となります。

## 4-2 知っておきたい溶接材料

**4-2-14 混合ガス（プリミックスガス）ボンベの例**

炭酸ガス入りを示す緑色の帯マーク付き　　酸素入りを示す黒色の帯マーク付き

Ar + 20%$CO_2$　　　　　　　　　　　Ar + 2%$O_2$

　Arに$O_2$を数％程度混合したガスは、ステンレス鋼のマグ溶接用＊シールドガスとして標準使用されているものです。ステンレス鋼に対して純Arで溶接（ミグ溶接）を行うと、母材側のアークの放電点（陰極点）が激しく動き回り、アークが不安定になる傾向があります。そこで、溶接部の機械的性質を損なわない程度の少量（2％程度）の$O_2$をArに混合して、陰極点の動きを落ち着かせることで、アークの安定化を図っています。また、少量の$O_2$は、ワイヤ先端の溶滴の形成と離脱移行の安定性も高まり、これもアークの安定化につながっています。さらに、このガスの雰囲気では、スプレー移行が実現できることから、パルス電流制御を用いたパルスマグ溶接法が可能となります。本ガスを用いたステンレス鋼のマグ溶接は、パルスマグ溶接法を適用するケースが多くなっています。

### ⚙ 溶接用シールドガス（高付加価値系）

　続いて、汎用のシールドガス以外で多くのガスメーカーから市販されている高付加価値系のシールドガスについて、代表的なものを取り上げてみます。
　アルゴン（Ar）とヘリウム（He）の混合ガスは、従来からティグ溶接やミグ溶接で使用されているガスです。混合比率は、施工目的によって種々の組み合わせがあります。

---

＊…のマグ溶接用　一昔前は、このガスを使用した溶接をミグ溶接と呼んでいた。現在では、ISO整合化の流れもあり、用語の使用が厳密化され、例え数％といえども酸化性ガスがArに含まれていると、シールドガス全体としては、活性ガス（Active Gas）なので、マグ溶接と呼ぶようになっている。

## 知っておきたい溶接材料 4-2

　Heは、Arと同じ不活性ガスの一種です。Heをシールドガスとして使用すると、アーク放電時に、高いアーク電圧が得られ、高入熱の溶接が可能となります。

　その結果、母材の溶込みの改善や溶接速度を上げて、溶接の効率化を図ることができます。主な適用材料は、銅やアルミニウム、ステンレス鋼が挙げられます。特に銅においては、板厚が厚くなると溶接電流だけの熱量では母材を溶融させることが厳しく、Heを活用しなければ安定した溶融が図れなくなります。

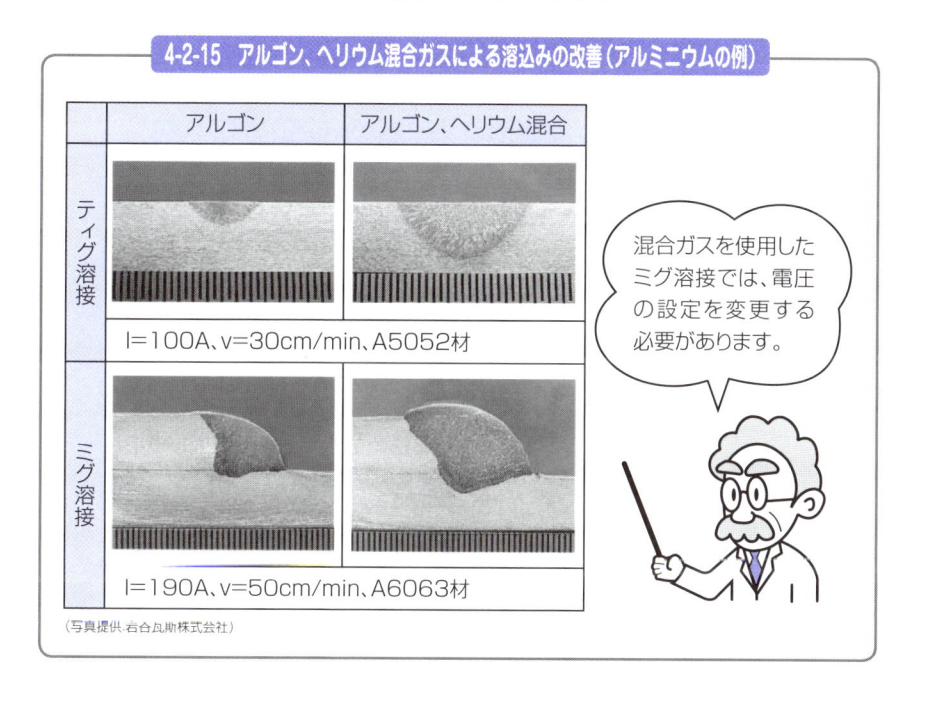

**4-2-15　アルゴン、ヘリウム混合ガスによる溶込みの改善（アルミニウムの例）**

| | アルゴン | アルゴン、ヘリウム混合 |
|---|---|---|
| ティグ溶接 | I=100A, v=30cm/min、A5052材 | |
| ミグ溶接 | I=190A, v=50cm/min、A6063材 | |

（写真提供：岩谷瓦斯株式会社）

＊混合ガスを使用したミグ溶接では、電圧の設定を変更する必要があります。

　反面、短所としては、次のような点が挙げられます。

①ガス費用が高価である
②Heの含有量が多いほど高入熱の溶接が可能になるが、アルミニウム（合金）の溶接では、溶接品質上重要となる母材のクリーニング作用が低下する
③ティグ溶接においてHeの混合比が多くなるほど、アークの起動性が悪くなる

　したがって、本ガスの適用にあたっては、生産性、作業性、経済性など様々な観点から慎重に検討する必要があります。

## 4-2 知っておきたい溶接材料

　Arに3〜7%程度の水素（$H_2$）を混合させたガスも、Ar＋He混合ガスと同様にアーク電圧上昇に伴う高入熱溶接が可能になるガスです。これまで、この種のガスは、プラズマ溶接で使用されていました。これをティグ溶接に適用すると母材の溶込みの改善や溶接速度を向上させることができます。詳細をChapter3内のコラム「既存設備を活かした高付加価値ティグ溶接法の一例」に記載しましたので参照して下さい。

　ただし、適用材としては、SUS304のようなオーステナイト系ステンレス鋼（18-8ステンレス鋼）に限定されます。他の系統の材料では、$H_2$に起因した割れなどの溶接不具合（欠陥）が発生する可能性がありますので、適用しないようにしましょう。

### 4-2-16　アルゴン、水素混合ガスによるティグ溶接

アルゴン

アルゴン水素混合

アルゴン　　　アルゴン水素混合

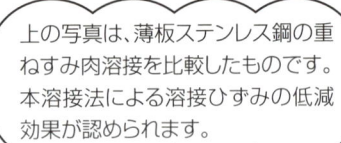

母材:SUS304

上の写真は、薄板ステンレス鋼の重ねすみ肉溶接を比較したものです。本溶接法による溶接ひずみの低減効果が認められます。

　ここで、図4-2-16のアーク現象の写真をみて下さい。本ガスを使用したティグ溶接のアークは、$H_2$の作用により熱的ピンチ効果が働くため緊縮したアークとなり、アークの集中度が高くなります。この特長と上述した溶接速度の向上とが相まって、溶接ひずみも減少するメリットも認められます。元々、オーステナイト系ステンレス鋼は、軟鋼より熱伝導率が小さく、膨張係数が高い材料特性を持っていることから、溶接熱による変形が発生しやすい材料です。

　したがって、本ガスをティグ溶接に適用すれば、溶接ひずみ（変形）減少の効果がより明確に現れます。

# 4-3 知っておきたい溶接機器

溶接施工を適切に実施するためには、溶接機器について知っておく必要があります。ここでは、機器の導入、設置に関して知っていただきたい事柄について説明します。

## 溶接機器の選択のポイント

適用する溶接法が決まれば、どのような仕様の溶接機器を選択するかを考えなければなりません。溶接機器は、溶接電源、トーチ、ガス供給系等で構成されていますが特に重要なのは溶接電源です。最初に、溶接電源の選定についてそのポイントを説明します。

まず、考えなければならないことは、対象となる母材の板厚の範囲です。ここから溶接電源の**定格出力電流**（電源で出力できる最大の電流値）を決めることになります。この時、溶接施工の仕事量を考えて、板厚の厚い材料を溶接する機会が多い場合には、定格出力電流を1段階ランクアップした溶接電源を選ぶと良いでしょう。例えば、適

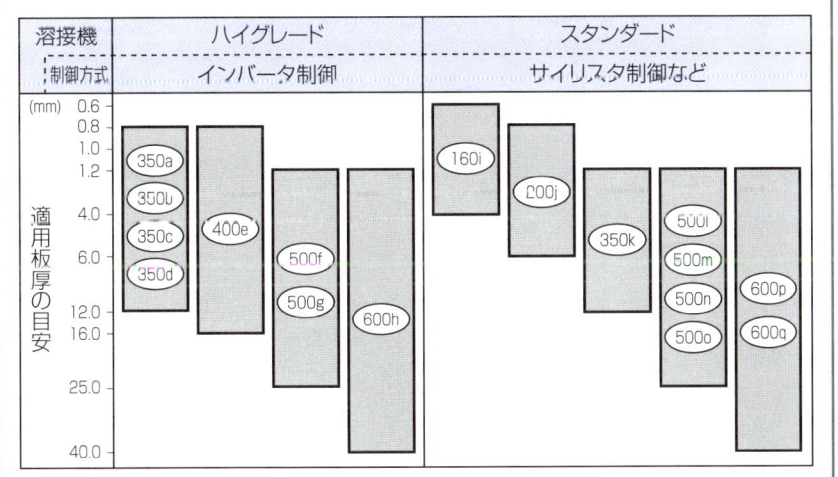

### 4-3-1 溶接電源の選択（マグ溶接電源の場合）

| 溶接機 | ハイグレード | | スタンダード | |
|---|---|---|---|---|
| 制御方式 | インバータ制御 | | サイリスタ制御など | |

| 適用板厚の目安 (mm) | | | | | | | | |
|---|---|---|---|---|---|---|---|---|
| 0.6 – 1.2 | 350a, 350b, 350c, 350d | | | 160i | 200j | | | |
| 4.0 – 6.0 | | 400e | 500f | | | 350k | 500l, 500m | |
| 12.0 – 16.0 | | | 500g | 600h | | | 500n, 500o | 600p, 600q |
| 25.0 – 40.0 | | | | | | | | |

※楕円は、溶接電源の機種を示し、3桁の数字は、定格出力電流を意味する。

用板厚が9～12mmの溶接の仕事量が多くなることが想定される場合には、定格出力電流が350Aの電源よりも400Aや500Aの電源を選んだ方が良い、という具合です。理由は、次のとおりです。溶接電源には、「使用率」というものが定められており、これをオーバーして溶接電源を使用すると、溶接電源内が異常に高温になり、部品が劣化したり、焼損してトラブルを生じてしまうからです。なお「使用率」については、P138で詳しく触れます。

次に、溶接電源のグレードを選択しなければなりません。図4-3-1では、ハイグレード、スタンダードに分けていますが、これは、溶接電源の出力制御方式に対応しています。

ハイグレードとは、インバータ制御方式の電源、スタンダードとは、サイリスタ制御方式等の電源を意味しています。

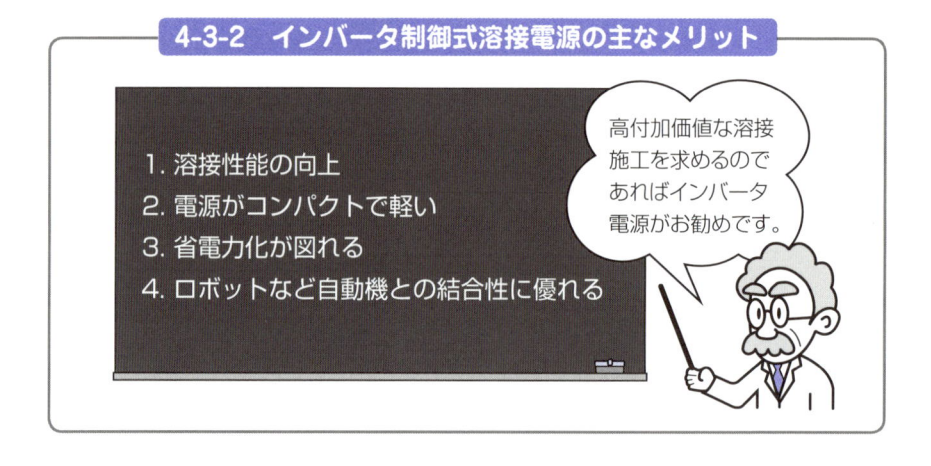

**4-3-2　インバータ制御式溶接電源の主なメリット**

1. 溶接性能の向上
2. 電源がコンパクトで軽い
3. 省電力化が図れる
4. ロボットなど自動機との結合性に優れる

> 高付加価値な溶接施工を求めるのであればインバータ電源がお勧めです。

インバータ制御式溶接電源の主なメリットを図4-3-2に示しました。この中で「溶接性能の向上」とは、

①スパッタ発生の低減
②溶接速度の向上（高速溶接の実現）
③溶接施工条件（電流、電圧、速度など）範囲の拡大
④アークスタート成功率の向上

等のことです。インバータ制御式溶接電源は、原理的に溶接電流波形を高速にきめ細

かく制御することができるため、このようなことが可能になります。

具体例をみてみましょう。例えば、Chapter3で触れたマグ溶接法のショートアーク溶接（短絡移行の溶接）において、出力電流を図4-3-3に示すような電流波形に制御することで、複雑な溶接現象を安定化させ、スパッタ発生の低減化を図っている機種（主にロボット溶接用）があります。

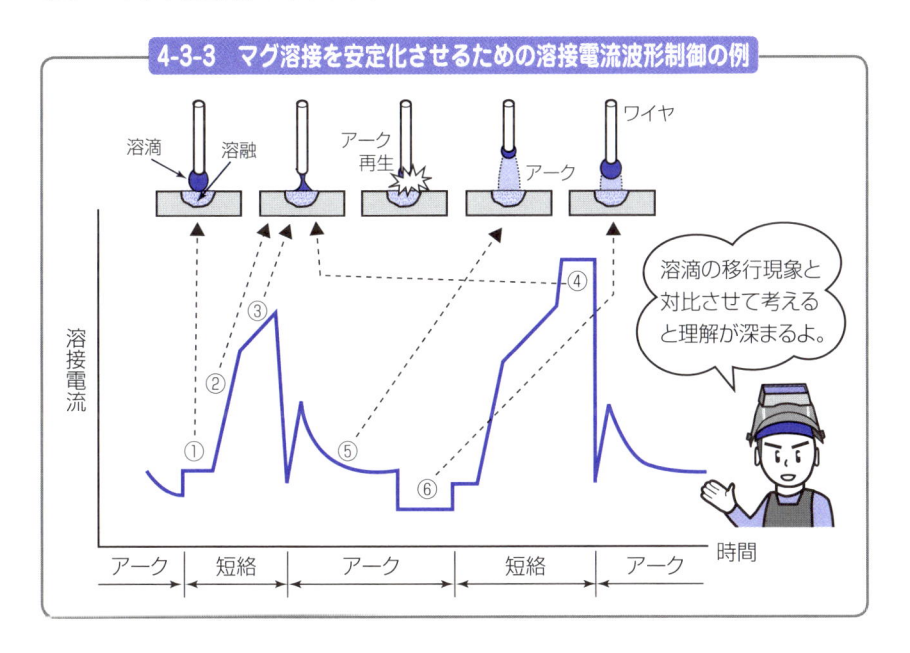

**4-3-3　マグ溶接を安定化させるための溶接電流波形制御の例**

溶滴の移行現象と対比させて考えると理解が深まるよ。

短絡期間の①で短絡直後の数msの時間内に、電流の増加を抑え、溶滴を確実に溶融池に短絡させます。②および③で短絡した時の電流の増加を当初は早く、短絡の（溶融池からの）開放直前は遅くして必要最小限の電流で短絡開放時のスパッタを抑制させます。また、③および④では、外乱などの理由で所定時間以上動作すると、電流をより大きな値に引き上げて、溶滴に働くピンチ力を高めて強制的に短絡の開放を促進させ、短絡の移行を安定化させます。

アーク期間の⑤は、溶滴の形状を整形、均一化させる働きがあり、溶滴や溶融池の挙動を安定化させます。⑥は、アークからの短絡が所定の時間が過ぎても生じない場合に、強制的に電流を下げて短絡の発生を促進させます。これにより、過大な溶滴の形成を防止することができ、短絡時のスパッタが抑制されます。

インバータ制御式溶接電源は、以上の例のような付加価値のある特長を持っていま

すが、価格が高価です。従って、このような付加価値を求めない場合は、安価なサイリスタ制御等の電源を選択されると良いでしょう。

　この他の選択要素として配慮しなければならないのが、その電源で適用可能な溶接アプリケーションです。例えば、マグ溶接用電源であれば、適用ワイヤ（種類と径）の範囲やパルス溶接、マグスポット溶接機能の有無などです。また、ティグ溶接用電源であれば、アルミニウム（合金）の溶接ができる交直両用電源、鋼やステンレス鋼、チタンなどの溶接が中心となる場合は、直流専用電源の選択、パルス溶接機能の有無、といったことなどを配慮して機種を選択します。

## 溶接機器の選択のポイント（その2）

　溶接電源が選択できれば、次に溶接トーチを選択しなければなりません。その選択基準は、電源の場合と同様で、定格電流、使用率（P138で詳しく説明します）、また適用ワイヤ径やオプションの種類、そして何よりも手動（半自動）で使用する時の「使い勝手」ということになります。「使い勝手」とは、溶接時のトーチの重さやトーチハンドルの握りやすさ等です。

### 4-3-4　半自動ミグ溶接トーチの例

| 定格電流 | 180A | 200A | 300A | 400A |
|---|---|---|---|---|
| トーチ外観 | | | | |
| 定格使用率 | 20% | 30%（パルス） | 50% | 100% |
| 適用ワイヤ径 | 0.8mm | 1.0 1.2mm | 1.0 1.2 1.6mm | 1.2 1.6mm |
| 冷却方式 | 空冷 | | | 水冷 |

（写真提供：株式会社ダイヘン）

　一般に、定格電流および使用率が高い仕様のトーチは、重くなります。特に使用率が100%のものは、トーチの仕様が水冷方式になるので、より重くなります。したがって、溶接作業者の負担を軽くするためには、定格電流や定格使用率の低いものを選択

したくなりますが、使用電流やアークタイムによっては、定格使用率をオーバーして、トーチを焼損させる可能性があるので注意が必要です。この場合、定格電流、定格使用率の異なる複数のトーチを用意し、溶接施工の内容によって使い分けることが理想です。

　付加価値の高い溶接トーチの例を図4-3-5に示します。最近のマグ・ミグ溶接トーチでは、電力を供給するパワーケーブルやガスホース、制御ケーブルを一体化した一線式形のトーチが市販されており、トーチの脱着がワンタッチで交換できるようになっています（図4-3-5の写真a）。また、溶接の作業姿勢に対して柔軟に対応できる便利なトーチもあります。トーチボディを自由に曲げることができるフレキシブル形トーチです（同図の写真b）。写真ではティグ溶接用の例を示しましたがマグ溶接用のトーチも市販されています。狭隘部の溶接や作業者の手（腕）の動きに制限を受ける場所での溶接、また簡易自動機へのトーチのセッティグ等、状況に応じて任意にトーチボディの角度を変えることができるので便利です。

　さらに、次のようなユニークなトーチも市販されています。溶接ヒューム吸引の対策がとるのが難しい狭い作業空間での溶接作業において活用できるヒュームコレクタ機能付きの溶接トーチです（同図の写真c）。安全衛生対策の製品として知っておくと良いでしょう。

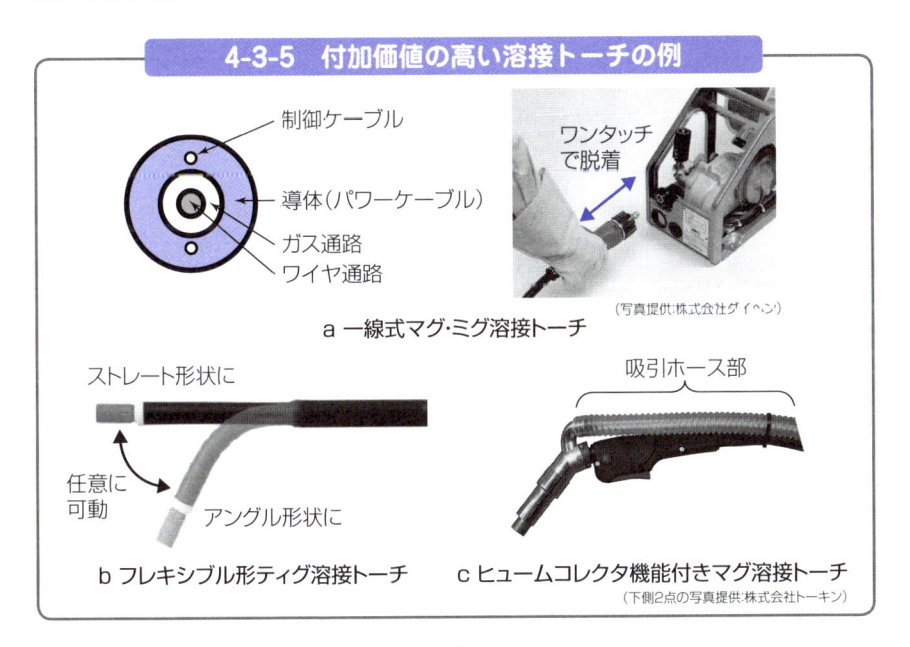

### 4-3-5　付加価値の高い溶接トーチの例

a　一線式マグ・ミグ溶接トーチ

（写真提供：株式会社ダイヘン）

b　フレキシブル形ティグ溶接トーチ　　c　ヒュームコレクタ機能付きマグ溶接トーチ

（下側2点の写真提供：株式会社トーキン）

## 4-3 知っておきたい溶接機器

### 使用率は必ず確認する

　ここで、**溶接機の使用率**について詳しく説明します。なお、使用率が適用されるのは、溶接電源およびトーチになります。

　一般に、溶接作業は、作業と休止を繰り返すような断続作業が普通であり、アークを連続して出し続けることが少ない作業です。もし、溶接機が定格出力電流を連続して出し続けられるように設計するとなれば、溶接機の製造コストが余計にかかってしまいます。そこで、溶接機には、使用率というものを定めており、これを基にして設計・製作されています。

　溶接機の使用率は、次の式に示すように10分間に対してアークを出している時間の比を百分率で表わしたものです。

$$使用率(\%) = \frac{アークを出している時間(分)}{10分} \times 100 \quad \cdots\cdots\cdots (7)$$

　例えば、全体で10分間を要する溶接作業において、アークを出している時間が4分とすれば、使用率は40％ということになります。

　次に溶接電源の仕様についてみてみましょう。仕様は、溶接電源の場合、シールラベルや金属プレートに印字され、電源の外箱に必ず張っています。確認してみて下さい。

### 4-3-6　溶接電源の仕様を確認してみよう

| 名　称 | CO₂／MAG溶接用直流電源 | | |
|---|---|---|---|
| 形　式 | DM－350(S-2) | 定格出力電流 | 350A |
| 定格入力電圧 | 三相 200／220V | 定格周波数 | 50／60Hz |
| 定格入力電流 | 54／49A | 定格負荷電圧 | 36V |
| 定格入力 | 18.5kVA　15.0kW | 最高無負荷電圧 | 58／64V |
| 出力電流範囲 | 30～350A | 出力電圧範囲 | 12～36V |
| 定格使用率 | 60％　温度上昇160℃ | 質　量 | 28kg |
| 製　造　年 | 2008年　製造番号 | 2P30016YP4192018 | |
| MADE IN CHINA | 株式会社 | | A7131A |

マグ溶接電源の仕様の例
（シールラベルで貼り付け）

| 名　称 | TIG溶接用直流電源 | | | |
|---|---|---|---|---|
| 形　式 | VRTP-300 | 三　相 | | 単　相 |
| 定格入力電圧 | 200V | TIG | 手溶接 | |
| 定格周波数 | 50/60Hz | 定格入力 | 10.3kVA | 11.4kVA | 8.6kVA |
| 最高無負荷電圧 | 60V | | 8.4kW | 9.5kW | 6.4kW |
| 定格使用率 | 40％ | 定格入力電流 | 29.7A | 32.9A | 43.0A |
| 温度上昇 | 90(160)℃ | 出力電流 | 300A | 250A | 180A |
| 重　量 | 49kg | 出力電流範囲 | 4～300A | 4～250A | 4～180A |
| 製　造　年 | 昭和　年 | 定格負荷電圧 | 20V | 30V | 27.2V |
| 製造番号 | IP7944Y | 株式会社 | | | A3806 |

ティグ溶接電源の仕様の例
（金属プレートで貼り付け）

電源の仕様をみると、使用率は、「**定格使用率**」と書いてあります。これは、作業時間10分間中、定格出力電流を負荷した時間の比率となります。例えば、定格出力電流350A、定格使用率60％の溶接電源では、350Aのアークを10分間中、6分間まで出力することができるということです。逆に、350Aで溶接作業する場合は、電源の焼損防止のために10分間のうち4分間以上は電源を休止させる必要があるともいえます。

実際の溶接作業においては、使用する溶接機の定格出力電流で溶接することはほとんどないと思います。それでは、作業者が実際に使用する溶接電流（以下、使用溶接電流）において、使用率（以下、**許容使用率**）はどのような値になるでしょうか？

次式で求めることができます。

$$許容使用率（\%）= \left(\frac{定格出力電流（A）}{使用溶接電流（A）}\right)^2 × 定格使用率（\%） \cdots\cdots (8)$$

例えば、定格出力電流350Aの溶接電源で、溶接電流300Aで溶接を行う場合は、式(8)から、

$$許容使用率（\%）= \left(\frac{350}{300}\right)^2 × 60 ≒ 81.7\% \cdots\cdots\cdots\cdots\cdots\cdots (9)$$

となり、溶接電流300Aで溶接を行う時は、10分間中、おおよそ8分間までアークを発生させ、2分間休止するような使い方をすれば良いことが分かります。

図4-3-7に、定格出力電流、定格使用率がそれぞれ (a) 500A－60％、(b) 350A－60％、(c) 200A－40％の3機種の溶接電源の使用率と溶接電流の関係を示します。定格出力電流より小さい電流値で溶接する場合の許容使用率は、使用溶接電流が小さいほど大きな値になります。

## 4-3-7 溶接電流と使用率の関係

グラフ:
- 横軸: 溶接電流(A) 0〜500
- 縦軸: 使用率(%) 20〜100
- (a) 定格500A (60%) 電源 — 387A
- (b) 定格350A (60%) 電源 — 271A
- (c) 定格200A (40%) 電源 — 127A

> 使用率100%のところの溶接電流値を求めておくと、これ以下の電流で溶接する時には、使用率を考慮しなくても済みます。

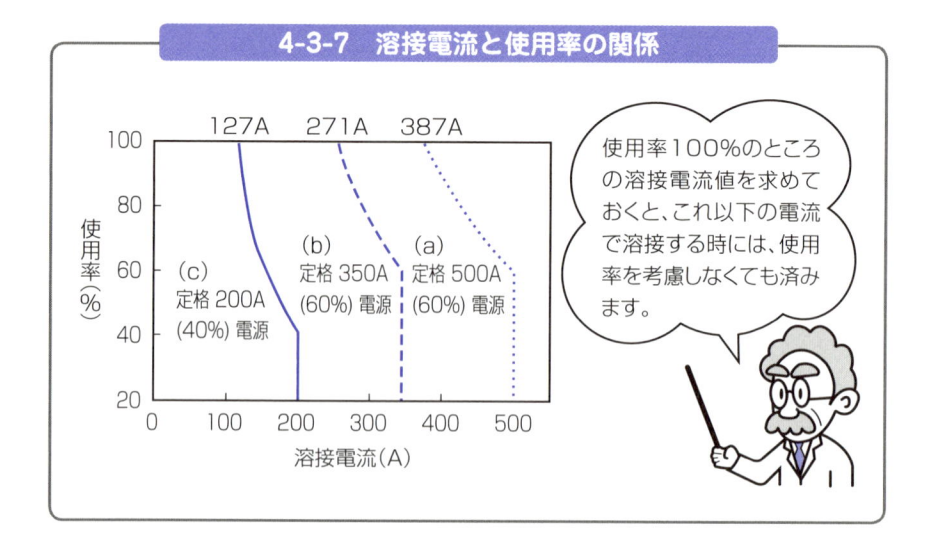

 また、この図4-3-7において、使用率100%のところの使用溶接電流値（以降、連続使用可能な最大溶接電流値）は、溶接施工に関わる人にとって大切です。この電流値以下であれば、使用率を考慮せずに連続使用が可能だからです。例えば、太径管の溶接において、溶接トーチを固定した状態で母材である管を機械的に回転させて施工する時や、大型構造物用のロボット溶接システムを構築する時などには、施工計画の段階で使用する溶接機の連続使用可能な最大溶接電流値を算出しておきましょう。

 例えば、定格出力電流500A、定格使用率60%の溶接電源において、連続使用可能な最大溶接電流$I_{max}$は、式(8)から、

$$100 = \left(\frac{500}{I_{max}}\right)^2 \times 60 \quad \cdots\cdots (10)$$

よって

$$I_{max} = 500 \times \sqrt{\frac{60}{100}} \fallingdotseq 387.3A \quad \cdots\cdots (11)$$

となり、使用溶接電流を387A以下に抑えることで、長時間の連続溶接を行っても溶接電源は焼損しないことになります。

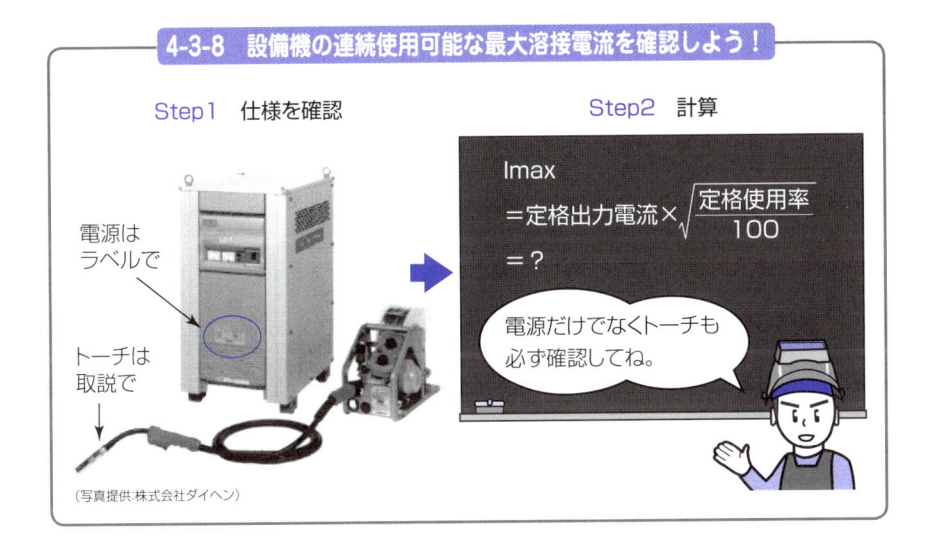

## 4-3-8 設備機の連続使用可能な最大溶接電流を確認しよう！

**Step1　仕様を確認**

電源は
ラベルで

トーチは
取説で

（写真提供：株式会社ダイヘン）

**Step2　計算**

$$I_{max} = 定格出力電流 \times \sqrt{\frac{定格使用率}{100}}$$

$$= ?$$

電源だけでなくトーチも
必ず確認してね。

　以上、溶接電源の使用率について説明してきました。溶接トーチについても同様な考え方で対応しましょう。ただし、溶接トーチの仕様は、溶接電源のようにラベルによる表示がされていないので、取扱説明書等で確認する必要があります。

### 溶接ケーブルの設置状態に注意

　溶接機器に関連して、**溶接ケーブル**（溶接電源の出力端子と母材、ワイヤ送給装置、溶接棒ホルダ間を接続するケーブル）が溶接施工に及ぼす影響について説明します。

　実際の溶接施工では、作業範囲を広く確保するために溶接ケーブルを長く延長して溶接しなければならないケースも多いと思います。ケーブル長を長くした場合、これに起因した様々な溶接不具合現象が発生しやすくなります。

　図4-3-9は、母材側の溶接ケーブルを例に、溶接ケーブルの状態がアークの安定性に与える影響について示したものです。

## 4-3-9 溶接ケーブルの状態とアークの安定性

| 溶接ケーブルの状態 | | a | b | c | d |
|---|---|---|---|---|---|
| | | ストレート | ストレート(平行に往復) | | 25ターン |
| ケーブル長 | | 5m | 30m | | |
| 溶接電流 | | 150A | | | |
| 電圧 | 端子電圧 | 20.5V | 20.5V | 23.0V | 23.0V |
| | アーク電圧 | 20.0V | (不安定) | 20.0V | (不安定) |
| アーク | スタート性 | 良い | 悪い | 良い | 悪い |
| | 音 | 連続音 | 不連続音 | 連続音 | 不連続音 |
| | 光 | 安定 | 不安定 | 安定 | 不安定 |
| ビード外観 | | 良い | 悪い | 良い | 悪い |

　溶接電流の設定は150A一定として、ケーブル長を5mから30mに長くすると(図4-3-9のaからb)、アーク電圧が低下してアークが不安定になります。これは、ケーブルの電気抵抗が増えたためです。このような場合には、アーク電圧が低下した分を作業者が補正すれば対応することができます。cがアーク電圧を補正して実施したものです。端子電圧を高く、すなわちアーク電圧の設定値を高く設定し直すことで、適切なアーク電圧に復元でき、aの場合と同様の溶接結果を得ることができています。

　ただし、dのように、ケーブル長は同じ30mであっても、そのケーブルをコイル状にぐるぐる巻くような状態(例えば、長いケーブルを溶接機に取り付けまま、溶接機の近くで溶接作業を行う時など)にするとアークは不安定になります。これは、ケーブルをコイル状に巻くことで**インダクタンス**＊が大きくなるためです。インダクタンスが必要以上に増加すると、ワイヤが溶融池に突っ込んでちぎれ飛ぶような現象が生じやすくなります。

　この場合、ワイヤの送給速度を遅くすれば、このような不具合現象が収まることが

---

＊**インダクタンス**　電磁誘導の大きさを表わす係数。誘導係数ともいう。本ケースでは、ケーブルをコイルに例えて解釈するとよい。ケーブルの巻き数や大きさにより電磁誘導作用の大小等が決まる。

ありますが、ワイヤ送給速度を遅くするということは溶接電流を下げることになり、現実的な対策とはいえません。よって、余分なケーブルは、ぐるぐる巻きにしないで、できるだけストレートに近い状態で使用することが推奨されます。

COLUMN **長さだけではない！　ケーブルによる電圧降下の話**

　本書では、溶接ケーブルが溶接の安定性に与える影響として、ケーブルの長さの影響について解説しましたが、この他にケーブルの断面積の大きさにも配慮する必要があります。

　図に、ケーブル断面積と電圧降下の関係を示しますが、ケーブルの断面積が大きくなるほど電圧降下が少ないことがわかります。これは、電気抵抗が小さくなるからです。

　よって、理論的には断面積の大きなケーブルを用いるのがアークの安定性の面で有利になります。しかし、断面積が大きすぎるケーブルを使用するのは現実的ではありません。経済的にもそうですし、なによりもケーブルが重くなりますので、ケーブルの引き回し等で、作業者に大きな負担を与えてしまいます。逆に断面積が小さく、細すぎるケーブルを使用すると、ケーブル自身が熱くなることによる別の問題（ケーブルの被覆や端子の焼損、やけどや火災の原因など）が生じます。

　例えば(社)日本電気協会の内線規程（JEAC 8001-2011）1340節-1などを参考にしながら、ケーブルに流す電流値から適切な太さのケーブルを選択することが望まれます。

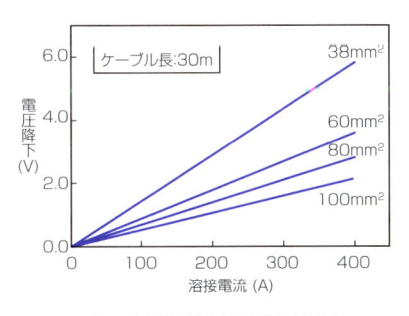

▲ケーブル断面積と電圧降下の関係

# 4-4 溶接に失敗した時は…

溶接の作業中や施工後に、検査によって溶接箇所に不具合が発覚し、補修しなければならないケースがあります。ここでは、代表的な溶接の補修作業について説明します。

## 溶接箇所の補修作業

溶接施工を計画するに当たって、配慮しておかなければならない事項の一つに「補修作業」があります。本来ですと溶接の補修作業は、あってはならない作業と思われるかもしれませんが、溶接作業の特殊性を考慮すると、"想定内作業"として考えておかなければなりません。また、後述する裏はつり作業のように、初層溶接部の不具合部をはつりとる補修作業が溶接工程の中にはじめから組み込まれているケースもあります。

一般的に、溶接の補修作業は、

①溶接作業中や施工後に、各種の検査によって溶接内部に不具合（例えば、ブローホール）が発見された
②溶接ビード部に形状不良（例えば、オーバラップ）が発見された時の余盛整形
③裏はつり

等において、実施されることになります。

## 4-4-1 補修作業の例

**溶接内部欠陥の除去**
気孔（ブローホール）

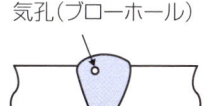

超音波探傷等による検査で溶接内部に不具合（欠陥）が発見された場合

**余盛の除去、整形** 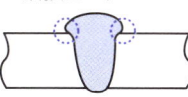
オーバラップした溶接ビード

オーバラップ等、溶接ビード部の形状不良が発見された場合

**裏はつり**
初層溶接部のはつり

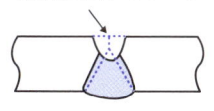

開先溶接において初層溶接部の不具合（欠陥）を裏面からはつり取る作業

　ここで③の**裏はつり**は、厳密には①に含まれますが、「裏はつり」という名称で初層溶接部のはつり作業として認知されていること、また初層溶接部に不具合が必ずあるものとみなして、検査することなく裏はつりを行っている事例もあることなどから、本書では、①とは別に取り扱うことにしました。

　これらの補修作業は、たがねやグラインダー等による機械的はつり法、高温のアークやガス炎を用いた熱的はつり法によって、該当箇所を除去した後、再び溶接加工を施すことになります。

## 4-4-2 機械的はつり法の例

**たがねによるはつり**

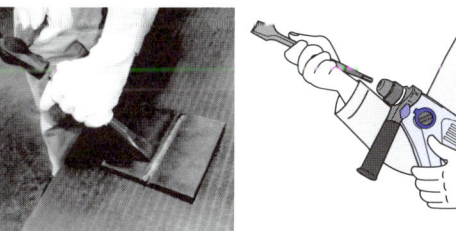

たがねとハンマーによる手加工

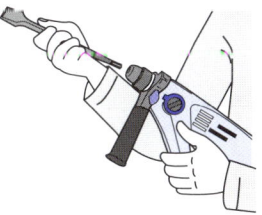

電動工具に専用のたがねを取り付けて切削

**グラインダーによる研削**

ディスクグラインダーによる研削

機械的はつり法の主なメリットは、材料に悪影響を与える程の熱を発生しないことから、変形や母材材質に変化を与えないことが挙げられます。一方、デメリットとしては、溶接内部に存在する不具合部を変形（塑性変形）させ、はつり作業時に見逃す可能性があることや、溶接部の奥深いところに発生した不具合部を取り除く場合には、多くの作業時間を要し、作業者の肉体的疲労が大きくなること等が挙げられます。

図4-4-2の写真に示したディスクグラインダーによる研削作業は、現場でよく見られる方法です。手軽に扱えることから最も一般的に使用されています。

熱的はつり法には、ガス炎を熱源に用いたガスガウジング法とアークを熱源に用いたエアアークガウジング法、プラズマガウジング法があります。ガスガウジング法は、酸素－アセチレン等のガス炎ではつる箇所を加熱して、酸素を局部的に吹き付け、酸化反応熱で溶融した部分を吹き飛ばすことで、はつり取る方法です。

この方法は、一般的に使用されているガス切断器の火口をガウジング用の火口に取り替えることで容易に加工を行うことができます。反面、デメリットとしては、母材に投入される熱量が多いために母材が変形したり、母材材質が変質しやすいことなどが挙げられます。さらにアークによるガウジング法と比べると能率が非常に悪く、最近では、この方法はあまり見かけなくなりました。以降、ガスガウジング法に比べて高能率な作業が行えるアークによるガウジング法について説明します。

## エアアークガウジング法

アークによるガウジング法にはエアアークガウジング法とプラズマガウジング法があります。**エアアークガウジング法**は、古くから鋼材溶接部のはつり作業に使用されている方法で、その原理を図4-4-3に示します。

銅メッキされたカーボン電極を専用のガウジングトーチに挟み、電極と母材との間にアークを発生させて、母材を溶融させると同時に、トーチの口金に設けた穴から圧縮エアを噴出させて溶融金属を吹き飛ばし、溝を掘るように母材表面をはつり取ります。

### 4-4-3 エアアークガウジング法

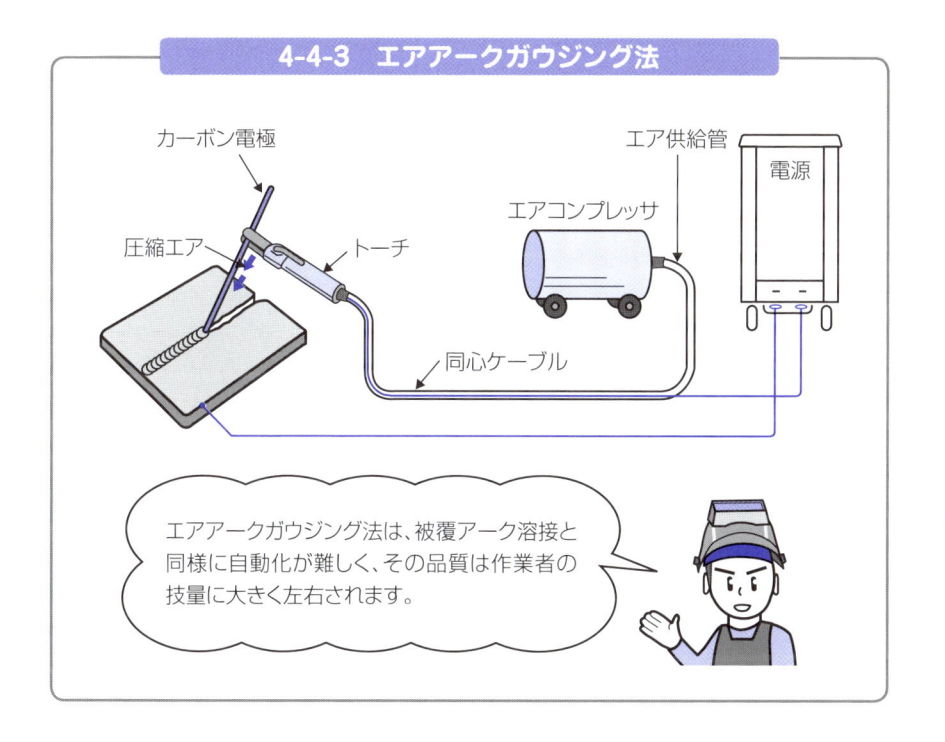

エアアークガウジング法は、被覆アーク溶接と同様に自動化が難しく、その品質は作業者の技量に大きく左右されます。

　エアアークガウジング法は、電源（直流又は交流）、トーチ、エアコンプレッサなどを用意するだけで手軽にはつり作業を行うことができ、さらにその熱源が高温のアークであるため、効率のよい作業を行うことができます。反面、デメリットとしては、原理的に自動化が難しいこと、加工時に発生する粉塵やヒュームの量が多いこと、対象材が炭素鋼（軟鋼）に限定されるなどのほか、はつり取った溝面に炭素粉、銅粉、スラグが付着することがあり、これを完全に除去せずに溶接した場合、割れなどの溶接不具合を発生するおそれもあります。本ガウジング法の適用に当たっては、以上のような長所短所を十分に考慮した上で検討する必要があります。

## プラズマガウジング法

　**プラズマガウジング法**は、金属の切断に利用されているプラズマ切断の応用技術として開発され、1990年代に市場投入されました。前述したエアアークガウジング法の欠点をおおよそカバーすることが可能で、現在は、図4-4-4に示すような2種類のタイプが市販されています。

## 4-4-4　プラズマガウジング法

**ガス軸流形**
- プラズマ作動ガス
- タングステン電極
- ガウジングチップ
- プラズマアーク

**ガス旋回流形**

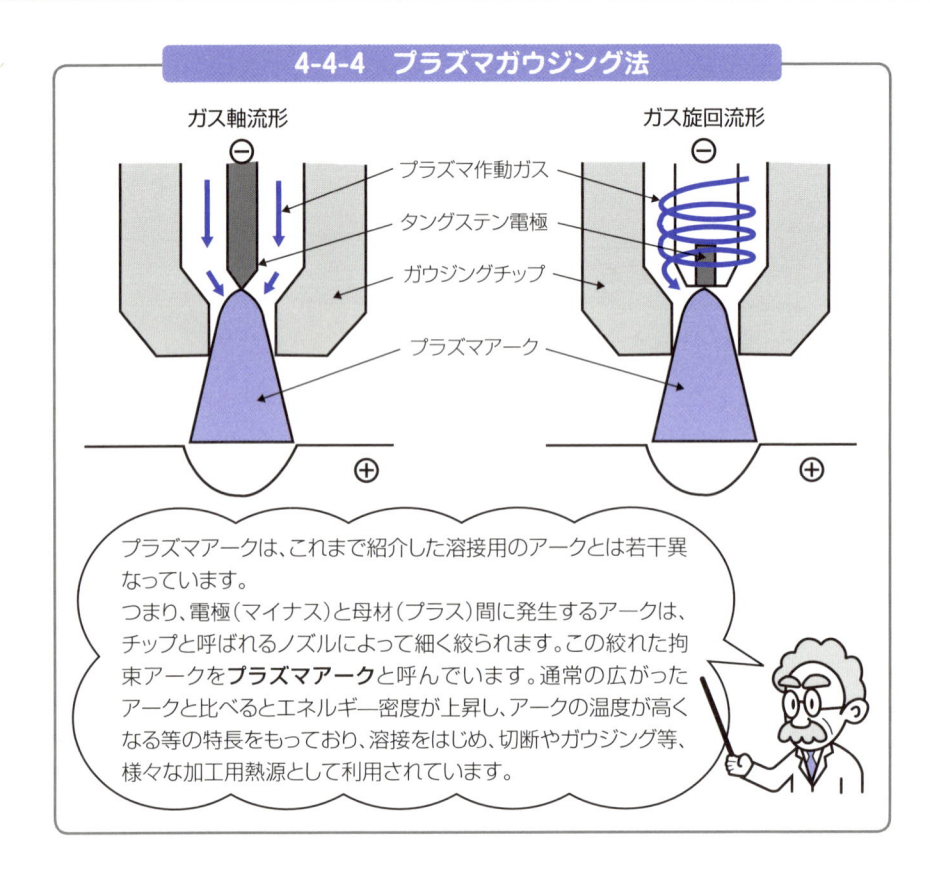

> プラズマアークは、これまで紹介した溶接用のアークとは若干異なっています。
> つまり、電極（マイナス）と母材（プラス）間に発生するアークは、チップと呼ばれるノズルによって細く絞られます。この絞れた拘束アークを**プラズマアーク**と呼んでいます。通常の広がったアークと比べるとエネルギー密度が上昇し、アークの温度が高くなる等の特長をもっており、溶接をはじめ、切断やガウジング等、様々な加工用熱源として利用されています。

　図左の「ガス軸流形」とは、トーチ内部にある電極の軸方向に対して並行にプラズマ作動ガスを供給するタイプで、構造的にはティグ溶接やプラズマ溶接に用いられるトーチの形状と似ています。

　また、「ガス旋回流形」とは、電極（タングステンと銅で構成された複合電極）の軸方向に対して渦巻き状に作動ガスを旋回させて供給するタイプです。

　いずれのタイプも、作動ガスには、アルゴンに30〜35％の水素を混合させたガスが一般的に使用されます。こうしたプラズマガウジングのメリットとしては、次のことが挙げられます。

①容易に自動化が図れる
②ガウジング後の溝面の品質が良いため、溝の表面を2次加工することなく溶接が行える

③被加工材が軟鋼のほか、ステンレス鋼やアルミニウム（合金）、銅などにも適用が可能である
④ガウジング時に発生する粉塵やヒュームの発生量、騒音レベルの低減化が図れる

　反面、デメリットとしては、作動ガス（混合ガス）のコストがかかることや、混合ガスに可燃性の水素が使用されているため、安全管理が必要であることなどが挙げられます。

### 4-4-5　プラズマガウジングによる施工事例

▼プラズマガウジング実施状況

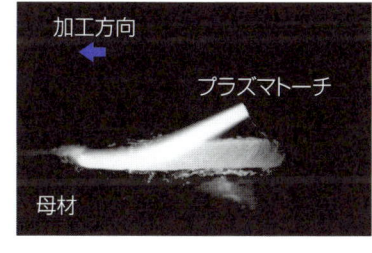

加工方向
プラズマトーチ
母材

▼多層溶接部の裏はつり

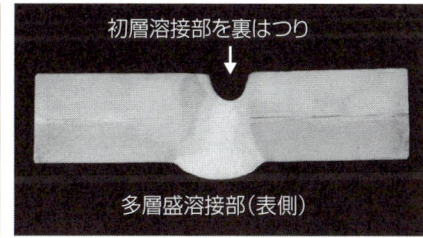

初層溶接部を裏はつり
多層盛溶接部（表側）

▼多層溶接部の最終ビードの除去

裏はつり　　除去加工部　　最終ビード
　　　　　（スカーフィング加工）

> 左下の写真のように幅広く浅く加工することを**スカーフィング**と呼んでいます。この加工はウィービング操作により実現が可能です。

## 4-4 溶接に失敗した時は…

### COLUMN 熱的はつり法によるスカーフィング加工について

P149の図4-4-5で紹介した**スカーフィング**について、著者の研究室で調査を行いました。対象となる加工プロセスは、熱的はつり法で多く使用されているエアアークガウジング法です。

調査の結果、断面が丸形のカーボン電極を使用したエアアークガウジング法では、図に示すように、溶接ビード幅に沿ってストリンガーを繰り返すような加工を行なっているケースが多いことが確認されました。

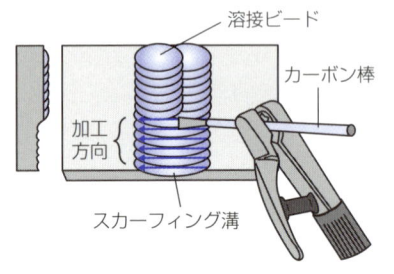

▲エアアークガウジング法によるスカーフィング加工の例（ストリンガー運棒の繰り返し）

作業者にヒアリングを行ったところ、「ウィービングで運棒するよりも、この方がやりやすい」とのことでした。

エアアークガウジングは、アークが収縮・膨張を繰り返すような形態を示し、加工中のアークの安定性が劣る傾向があります。したがって、作業者にとってウィービング運棒の安定操作が難しかったことが伺えます。

ところで、左の図に示したストリンガーを繰り返す手法は、以下の事柄が懸念されます。

1) スカーフィング溝幅および溝両止端部の形状の均一性を保つのに相当の技量を要する
2) 加工中のアークOFFのロスタイムが増え、スカーフィングに要する作業時間が増える
3) アークON、OFFの繰り返しが多くなることから、その後の溶接品質に悪影響を与える溝面への炭素粉付着の割合が高くなる
4) 3) から、溝面の検査と不純物の除去に要する作業時間が増える

プラズマガウジング法によるウィービング操作（写真参照）では、上記1)～4)の問題は、ほぼクリアされることから、この方法はスカーフィング加工を行う際に有効であると考えられます。

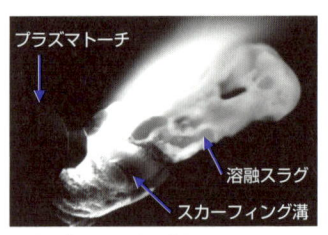

▲プラズマガウジング法によるスカーフィング加工（ウィービング操作を適用）

### COLUMN 作動ガスに圧縮エアを使用すれば…

溶接ユーザから「プラズマガウジングには、アルゴン水素混合ガスが一般的だが、エアは使えないの？」といった質問をよく受けます。結論から先にいうと、条件付きで可能です。ガス旋回流方式のトーチと切断用のハフニウム電極を使用すれば可能です。アルゴン水素混合ガスを用いた場合よりも能力はやや低下しますが、コスト面で有利な加工が行えます。

ただし、適用が軟鋼に限られること、加工後の溝表面に形成された窒化物を除去する必要や、電極の耐久性が悪いこと等があり注意が必要です。なお、仕様外操作は機器が故障した時、メーカから保証を受けられなくなります。トライされる方は、自己責任の範囲内で…。

# Chapter 5

# 溶接作業の勘どころ

このChapterでは、各種のアーク溶接法について溶接の基本操作や溶接施工時の留意事項、溶接条件設定のポイントなどについて説明していきます。

溶接作業の勘どころ（コツ）をしっかり把握するようにしましょう。

## 5-1 被覆アーク溶接作業

被覆アーク溶接棒を使用する本接法は、他のアーク溶接法と比べて技量の依存度が高くなります。以下、作業上のコツや留意事項等をみていきましょう。

### 溶接時の基本姿勢（下向姿勢）

最初に被覆アーク溶接棒のホルダへのはさみ方から説明します。下向姿勢の溶接の場合は、ホルダに対して溶接棒を直角にはさみます。この時、安全のため、溶接棒のつかみ部がホルダからできるだけはみ出ないようにはさむように心がけましょう。

溶接時の基本姿勢は次のようにします。作業台に対して胸が並行となるように腰をかけ、足を半歩程度開いて構えます。ホルダは軽く握り、ひじはほぼ水平に上げて、肩の力を抜いて無理のない安定した姿勢になるようにします。この時、作業台や椅子の高さは自身の体格に合わせて調整するとよいでしょう。

**5-1-1 下向溶接時の構え方と溶接棒の取り付け**

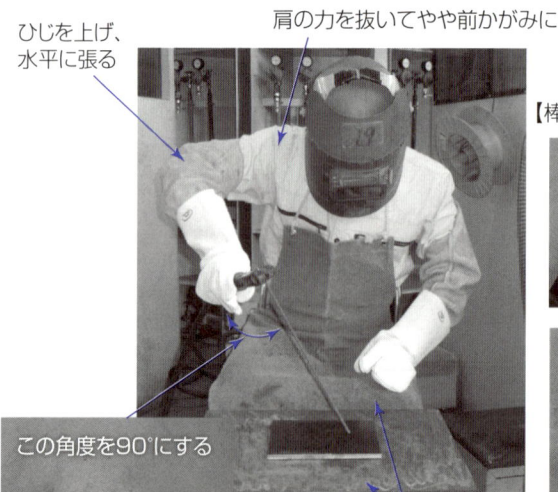

- ひじを上げ、水平に張る
- 肩の力を抜いてやや前かがみに
- この角度を90°にする　○:適
- 【棒の取り付けが不適正な例】×:不適　×:不適
- 作業台や椅子の高さを体格に合わせて適切に調整する

## アークの発生方法

被覆アーク溶接法でアークを発生させるためには、電極である溶接棒の先端部と母材を瞬間的に短絡（接触）させて、直ちに両者を引き離す過程でアークを発生させます。このための方法として、図5-1-2に示す次の2つがあります。

1つは、**タッピング法**といわれる方法です。溶接棒の先端部を母材の溶接開始点付近に軽く接触させて、その反動で数mmの間隔に離してアークを発生させます。この時のコツは、溶接棒先端を「面」ではなく「点」で母材に軽く接触させることです。「面」で接触させると溶接棒と母材がくっつきやすくなり、失敗する確率が高くなります。したがって「点」で接触させるために、あらかじめ、溶接棒を母材に対してほんの僅かだけ傾けた状態から、下降させ、棒先端の心線の角部が母材に軽く接触するようにするとよいでしょう。

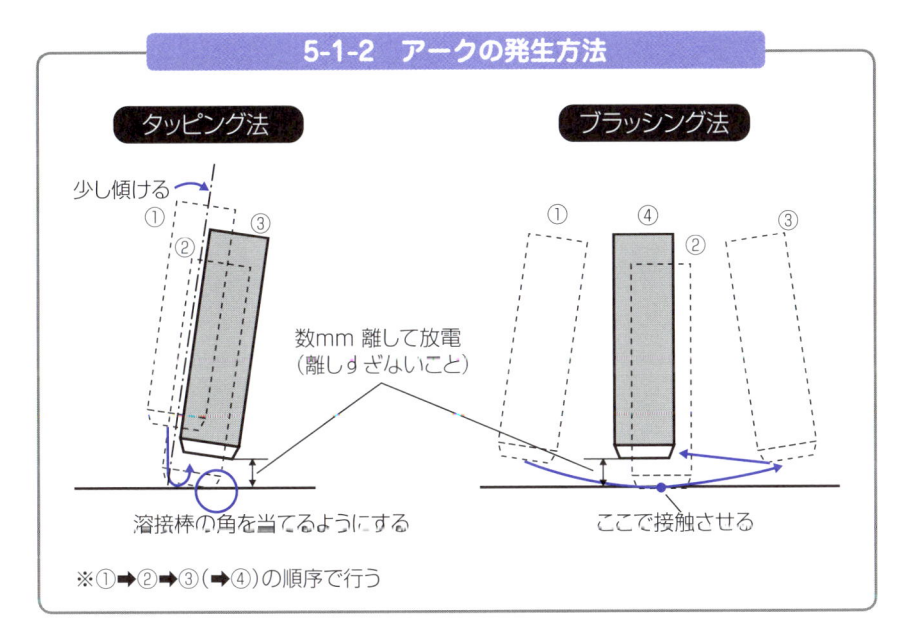

**5-1-2　アークの発生方法**

**タッピング法**
- 少し傾ける
- ①→②→③
- 数mm 離して放電（離しすぎないこと）
- 溶接棒の角を当てるようにする

**ブラッシング法**
- ①　④　②　③
- ここで接触させる

※①➡②➡③（➡④）の順序で行う

もう1つは、**ブラッシング法**といわれる方法です。図のように、母材表面に対して溶接棒先端部を軽くこするように接触させた後、数mmの間隔に離してアークを発生させます。ちょうど、マッチ棒に火をつけるときのイメージで実施すれば成功しやすくなります。このブラッシング法は、タッピング法と比べ初心者でも比較的簡単にアークを発生させることができますが、先端部を大きく動かしすぎると、母材面にスパー

クによるきず（**アークストライク**）が付いたり、目標の溶接開始点を見失うことになりますので注意が必要です。

アークの起動性は、母材の表面状態や溶接開始点の開先形状、溶接機（溶接電源）の仕様、溶接棒の種類および径などによって変わってきます。したがって、タッピング法、ブラッシング法のいずれの方法でも確実にアークの発生ができるように習熟しておく必要があります。

また、一度アークを発生させた溶接棒は、図5-1-3に示すように**保護筒**になります。保護筒は、アーク発生中においてアークの集中性を高める効果があり重要ですが、アークの再起動時には、溶接棒の先端を軽く母材に接触させた程度では、アークを発生させることはできません。これは、絶縁性の高い被覆剤の保護筒があるために、心線が直接母材表面に接触できないからです。

### 5-1-3　一度、アークを発生させたら…

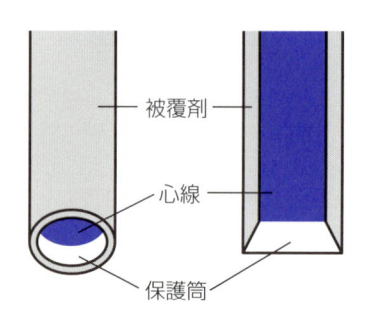

- 被覆剤
- 心線
- 保護筒

アーク発生中の棒先端部は、心線が先に溶け、被覆剤が遅れて溶けることで、保護筒が形成される。

再度アークを起動する前に、あらかじめ、コンクリートブロック等で軽くこするようにして保護筒を壊しておく。

そこで、この保護筒は、あらかじめ壊しておく必要があります。その方法としては、作業スペース内に、コンクリートブロックやレンガを用意しておき、これらの上で溶接棒先端を軽くたたく、あるいはこすったりして保護筒を壊してやるとよいでしょう（この時、必要以上に被覆剤を壊し過ぎないよう注意しましょう）。

時折、この方法を鋼の端材を用いて行っているのを見かけます。これも悪くはありませんが、この場合の鋼の端材は、溶接用作業台と電気的に絶縁されていることが条

件です。

## 溶接電流の設定方法

　ここでは、正しい溶接電流の設定方法について説明します。なお、ここでの説明は、国内で一般的に使用されている垂下特性電源を用いる場合を対象にしています。例えば、溶接電流を150Aに設定することにしましょう。使用する溶接棒は、4.0mm径で、溶接機は可動鉄心形といわれる電流調整ハンドルを回して調整するタイプの交流電源を使用することにします。図5-1-4に、電流設定の要領を図解してみました。

### 5-1-4　溶接電流の設定方法

Step1

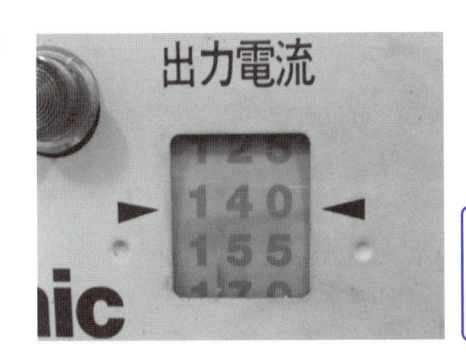

溶接棒をホルダにはさみ、電流調整ハンドルを回して、150A付近の目盛に合わせる。

Step2　溶接機の電源スイッチをONにする

Step3

用意した鋼板(捨て板)に溶接棒を垂直に接触させて、短絡電流を流す。

Step4

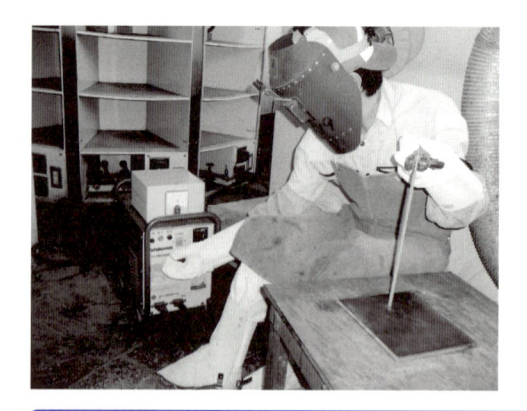

> 電流計を見ながら電流調整ハンドルを回して、すばやく150Aになるよう正確に合わせる。
> ※すばやく行わなければ、"棒焼け"といって抵抗発熱で被覆剤が劣化してしまうので注意すること。

Step5 溶接棒を鋼材からすばやく引き離す（短絡の解除）。
※垂下特性の電源を使用する場合は、以上の短絡電流を測定する方法だけでは正確に溶接電流を調整したことにはならない。そこでStep6に移る。

Step6

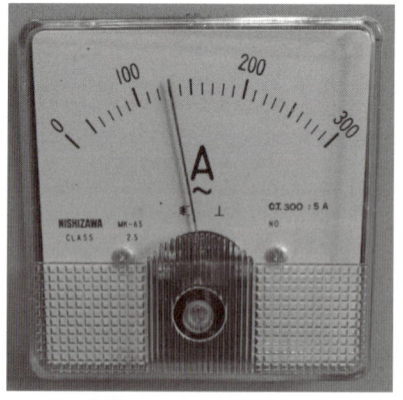

> 実際にアークを起動させ、4mmのアーク長さで安定なアークを放電させたところで電流計の値（Ia）を読み取る。
> ※Iaは150Aより小さくなる。

※ここの作業は、一人で行うには難しいため、サポーター（計測係）が必要。または、事前に実施しておいてもよい。

Step7 溶接棒を鋼材からすばやく引き離しアークを切った後、150AとIaの差（$\Delta I$）を算出する。

Step8 150Aに$\Delta I$だけ上乗せした値を、Step3,4の要領で設定すれば作業完了。

「一人で溶接電流を合わせるのは、こんなに面倒なの？」

と思われるかもしれませんが、垂下特性の溶接電源を使用している以上仕方がないのです。また、面倒に見えるのは約2ページに亘って紙面で表現しているからであって、作業してみると意外に簡単です。ただし、次に説明するしくみをよく理解しておく必要があります。

　Chapter3でも触れましたが、垂下特性の電源で被覆アーク溶接やティグ溶接等の手アーク溶接を行うとアーク長さによって溶接電流値が若干変化します。上記の作業要領は、この特性を考慮したもので、はじめに溶接棒を母材に短絡させ、150Aにした(Step3,4)のが図5-1-5の$S_2$になります。

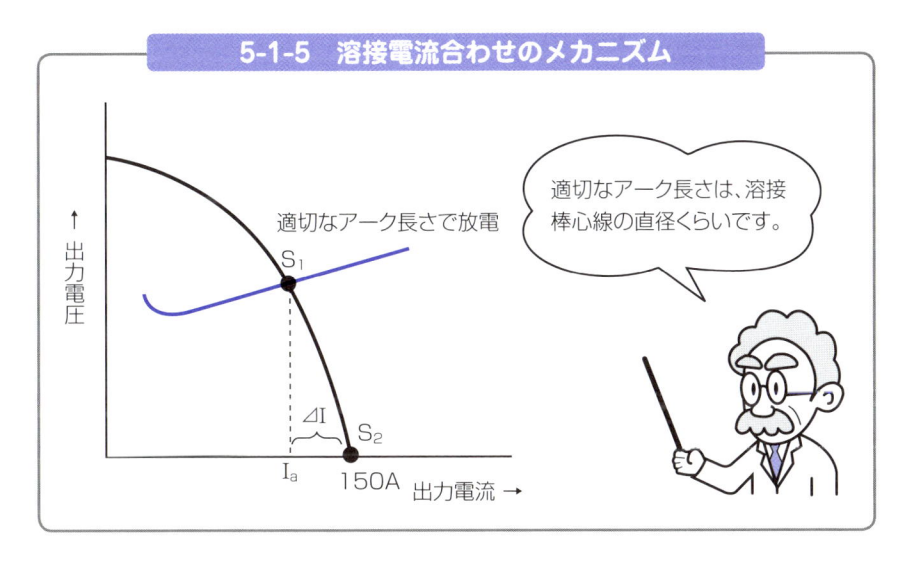

### 5-1-5　溶接電流合わせのメカニズム

縦軸：出力電圧　横軸：出力電流

適切なアーク長さで放電　$S_1$

$\Delta I$　$S_2$

$I_a$　150A

適切なアーク長さは、溶接棒心線の直径くらいです。

　一方、適切なアーク長さで実際に溶接している時の溶接電流を測定した(Step6)のが$S_1$です。したがって、$S_1$すなわち、適切なアーク長さで溶接している時の電流($I_a$)は、150Aより小さな値となります。なお、150Aと$I_a$の差($\Delta I$)は、溶接電源によって異なりますが、国産の電源(定格出力300A以下、可動鉄心タイプ)で$\Delta I ≒ 5〜30$A程度のものが多いようです。

## COLUMN 定電流特性電源の存在も忘れずに…

　本書では、垂下特性電源を使用した被覆アーク溶接作業における溶接電流の正確な合わせ方について説明しました。

　慣れてしまえば苦痛ではないのですが、初心者にとっては、しくみを理解するのに少し時間がかかると思います。しかし、問題なのは、面倒なことではなく、垂下特性電源を用いた手溶接では、アーク長が変わると溶接電流も変わり、これが溶接品質の不安定要因になることがあるということです。

　そこで、定電流特性電源の使用をお勧めします。アーク長が変わっても溶接電流が変わらないのですから大変重宝します。

　ただし、電源の価格が高価になります。このような時は、Chapter3のCOLUMN『お勧め！…ティグ溶接電源を活用しよう！』にも書きましたが、ティグ溶接電源を活用して下さい。年代ものの古いものは別にして、近年市販されているティグ溶接電源には、ほとんどの機種に、定電流特性の被覆アーク溶接モードが備わっています。あなたの工場、事業所に設備されているティグ溶接電源の活用を検討してみて下さい。

## COLUMN 被覆アーク溶接棒の溶接電流範囲

　アーク溶接で使用する各種電極は、その種類や大きさ等によって、適正な溶接電流範囲が存在します。被覆アーク溶接の場合、被覆剤の種類や心線の直径、溶接姿勢などによって溶接材料メーカから推奨される適正な溶接電流条件範囲が示されています。

　適正電流の下限値より小さな電流で溶接を行おうとすると、アークの起動がうまくいかなかったり、アークが不安定になったりします。逆に上限値より大きな電流で使用すると、「**棒焼け**」といって、棒自身の抵抗発熱により被覆剤に熱的なダメージを与え、被覆剤の機能を失わせてしまう可能性があります。

　従って、溶接材料メーカが推奨する適正溶接電流範囲内で作業するようにしましょう。参考までに、軟鋼用被覆アーク溶接棒の溶接電流範囲の目安を下表に示しておきます。

▼被覆アーク溶接棒の溶接電流範囲(目安)　　　　　　　　　　　　　　　　　　　　　(単位:A)

| 被覆剤の系統 | 溶接姿勢 | 心線の直径 | | | |
|---|---|---|---|---|---|
| | | 2.6mm | 3.2mm | 4.0mm | 5.0mm |
| イルミナイト系<br>(E4319) | F | 50〜90 | 80〜130 | 120〜180 | 170〜250 |
| | V,H,O | 40〜70 | 60〜110 | 100〜150 | 130〜200 |
| ライムチタニヤ系<br>(E4303) | F | 60〜100 | 100〜140 | 140〜190 | 190〜250 |
| | V,H,O | 50〜90 | 90〜130 | 120〜170 | 140〜210 |
| 高酸化チタン系<br>(E4313) | F | 55〜95 | 80〜130 | 125〜175 | 170〜230 |
| | V,H,O | 50〜90 | 70〜120 | 100〜160 | 120〜200 |
| 低水素系<br>(E4316) | F | 60〜90 | 90〜130 | 130〜180 | 180〜240 |
| | V,H,O | 50〜80 | 80〜125 | 110〜170 | 150〜200 |

※1　上記の溶接電流範囲は、溶接棒の銘柄によって多少異なる
※2　溶接姿勢の記号は次のとおり　F:下向、V:立向、H:横向または水平すみ肉、O:上向

## ストリンガビード溶接

母材の表面に溶接ビードを形成させることを**ビードオンプレート溶接**と呼びます。2つの母材を溶接する前段階のトレーニングとして、このビードオンプレート溶接で練習を繰り返し行い、基本的な技量を身につけておくことが大切です。

はじめに、直線状の**ストリンガ**ビード溶接について説明します。準備する材料は、板厚9mmの軟鋼板（SS400相当）と棒径4.0mmのイルミナイト系被覆アーク溶接棒（E4319相当）です。あらかじめ溶接電流を150A（材料の大きさによっては、170Aまでの任意の値）に設定しておきましょう。

図5-1-6に、要領を図解します。ここでは、幅が10mm程度のビードを形成させることを目標にします。

### 5-1-6 ストリンガビード溶接のポイント

**Step1** 始点より10〜25mmのところでアークを発生させ、溶接線からはずれないようにして棒をやや立てぎみにしながら、すばやく始点に戻し、アーク長を3〜4mmに保持して溶接を開始。

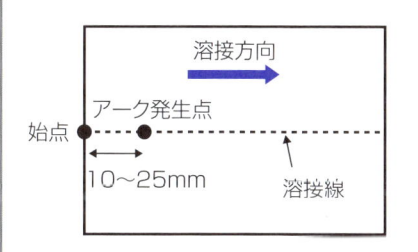

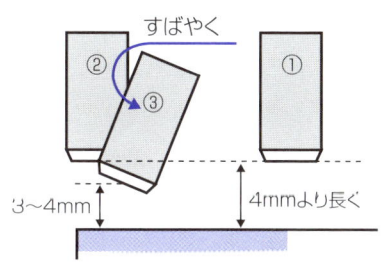

**Step2** 目標である10mm幅の溶融池が形成したら、進行方向に20〜30°傾けて直線に移動する。この時、アーク長は3〜4mmに保つよう注意しながら、溶融池の幅が10mm程度に維持できるように一定の速度で溶接を進める。

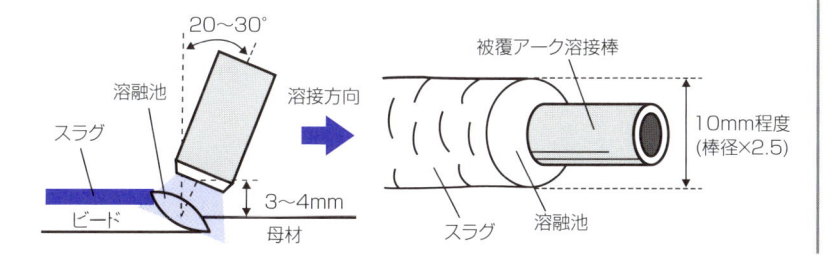

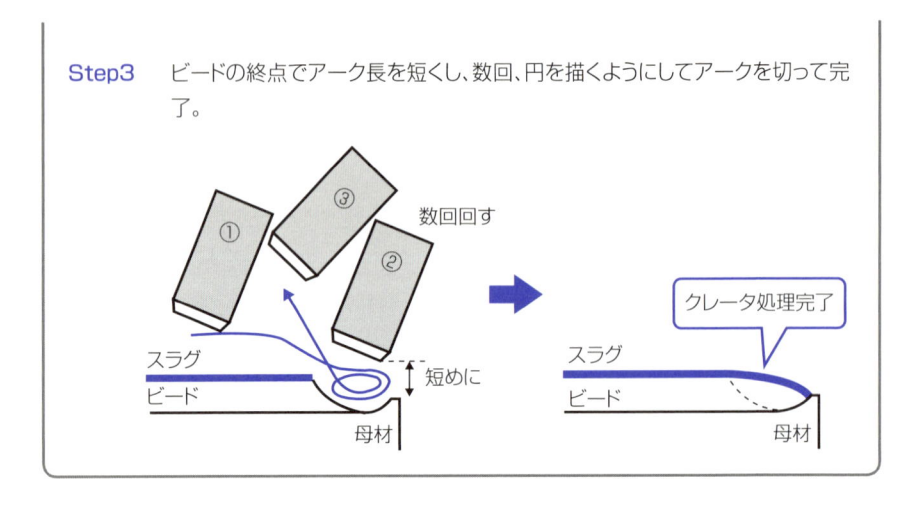

**Step3** ビードの終点でアーク長を短くし、数回、円を描くようにしてアークを切って完了。

　Step1の溶接棒をアーク発生点から始点に戻って溶接を開始する方法を**後戻りスタート運棒法**といいます。これは、始点に戻る間に棒先端の**保護筒**を形成させて、安定なアーク状態にするためと、始点付近の母材に予熱を与えて溶融（溶込み）を良くするために行うものです。この方法により、溶接開始部に生じやすい溶込み不良や融合不良等の溶接不具合を防止することができます。

　Step2の要領で溶接棒を傾けて溶接を進めていく方法を、**後進溶接**と呼んでいます（なお、逆方向への溶接は、**前進溶接**と呼んでいます）。被覆アーク溶接では、溶接スラグが多く発生することから前進溶接で行うと、スラグが先行し、スラグ巻き込みなどの溶接不具合が発生しやすくなります。また、5-2節でも触れますが、前進溶接では母材の溶込みが浅くなります。よって、被覆アーク溶接では、ほとんどの場合、このような進め方をします。適切なアーク長さは、溶接棒の径（心線の直径）が目安になります。適切な長さの時、アーク発生の音が"バチバチ（パチパチ）"とキレの良い音がしますが、適正値より長いアークの時は、"ボウボウ"と聞こえます。溶接作業時は、音にも気をかけながら操作してみてください。

　Step3の溶接棒を回しながらアークを切る理由は、次のとおりです。溶接線の終点で急にアークを切ると、アークを切った箇所にくぼみが残ります。このくぼみを**クレータ**と呼びますが、このクレータ部は、溶接ビードの肉厚が不足する等の問題があります。このために、溶接棒を回して十分な溶着金属をクレータ部に供給させるのです。このクレータ処理方法には、他にも溶接棒は回さずにアークを切ったり、再発生を何回か繰り返してクレータ部に溶着金属を供給する**アーク断続法**があります。

## ウィービングビード溶接

　ストリンガビードでは、ビード幅が最大で溶接棒径（心線の直径）の2.5倍程度が目安になりますが、これよりも広いビード幅の溶接を行う場合には、**ウィービング**と呼ばれる操作を行います。ウィービングとは、溶接進行方向に対し、ほぼ直角方向に左右交互に溶接棒先端を振幅移動させながら溶接する方法のことをいいます。以下、図5-1-7でウィービング操作のポイントを図解します。

　はじめに、目標とするビード幅を決めましょう。ただし、ビード幅の最大値は、棒（心線）径の4倍程度が目安です。

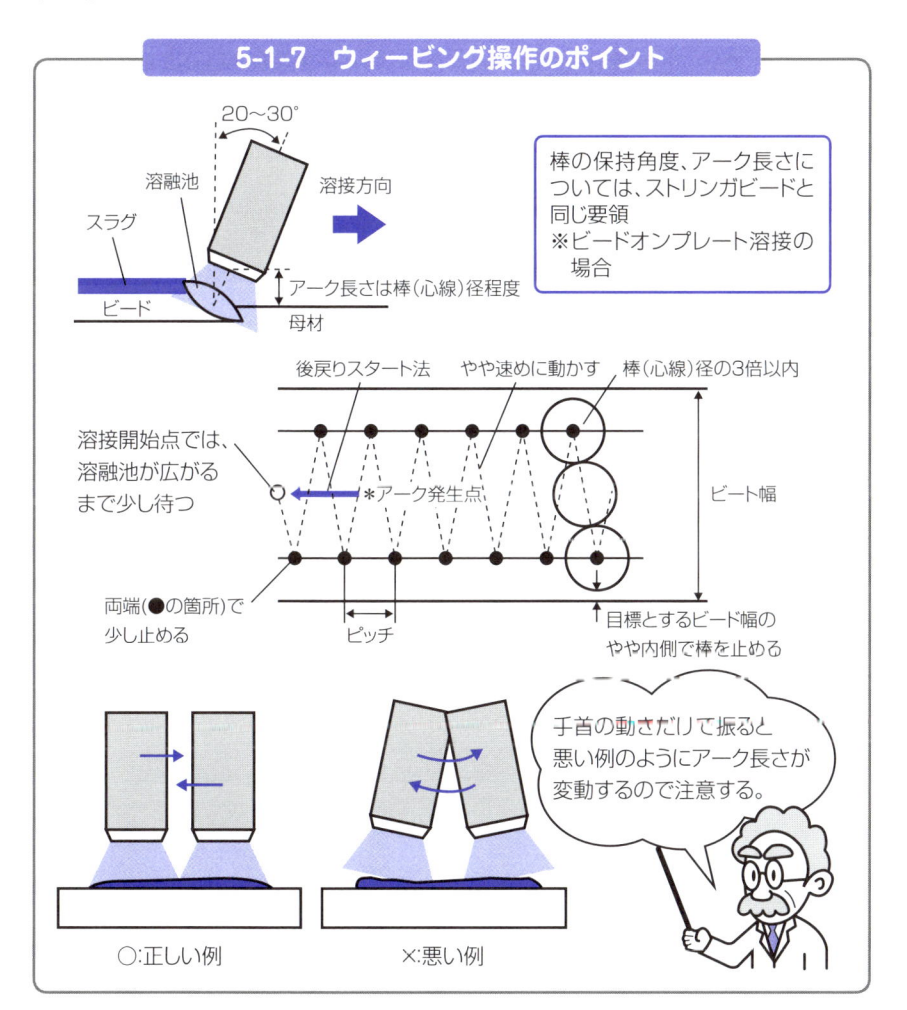

### 5-1-7　ウィービング操作のポイント

- 20～30°
- 溶融池
- スラグ
- ビード
- 溶接方向
- アーク長さは棒(心線)径程度
- 母材

棒の保持角度、アーク長さについては、ストリンガビードと同じ要領
※ビードオンプレート溶接の場合

- 後戻りスタート法
- やや速めに動かす
- 棒(心線)径の3倍以内
- 溶接開始点では、溶融池が広がるまで少し待つ
- ＊アーク発生点
- ビード幅
- 両端(●の箇所)で少し止める
- ピッチ
- 目標とするビード幅のやや内側で棒を止める

○:正しい例　　×:悪い例

手首の動きだけで振ると悪い例のようにアーク長さが変動するので注意する。

溶接開始は、後戻りスタート運棒法を適用します。この際、溶接開始点では、ストリンガーの時よりも、溶融池が広がるまで少し待ちます。そして図5-1-7のようにジグザグ運棒をします。このときの振り幅は、棒（心線）径の3倍以内とし、両端部の位置は、目標とするビード幅のやや内側とします。そして、この位置で少し止めるようにし、ビード中心付近の移動はやや速めにします。

　ここで、さらに注意していただきたいのが、ピッチです。ピッチは、被覆剤を含めた棒径の大きさが目安となります。ピッチが大きすぎると、溶融池の前方に溶接棒がはみ出しやすく、スパッタが多くなり、ビードの波目が不規則な外観になります。逆にピッチが小さすぎると、スラグを溶融池に巻込み易くなるとともに、余盛量が増え、オーバラップのビードを形成しやすくなります。したがって、実技練習を繰り返して、適切なピッチを感覚的に把握しておく必要があります。

　図の最後に示した「×：悪い例」は、手首の動きだけで操作した場合に生じてしまう事例です。ビード両端部と中央部のアーク長が変化してしまい、アンダカットが発生しやすくなるなど安定な溶接ができなくなります。したがって、アーク長さが変化しないように腕全体の動きでウィービングを操作するようにしましょう。

## 水平すみ肉溶接

　母材には、これまでと同じ板厚9mmの軟鋼板（SS400相当）を2枚準備しましょう。溶接棒は、棒径4.0mmのイルミナイト系溶接棒（E4319相当）またはライムチタニヤ系溶接棒（E4303相当）を準備して下さい。

　あらかじめ、母材の接合部（ルート部）に隙間ができないように両部材の端面を平らに加工しておきましょう。溶接電流は150A（溶接棒の種類や板材の大きさによっては170Aまでの任意の値）に設定します。**タック溶接**の位置は、ここでは溶接のトレーニングであることから、本溶接の妨げにならないように溶接部の両端に行いましょう。溶接棒のホルダへの取付けは、図5-1-8のように90°より大きな角度にします。

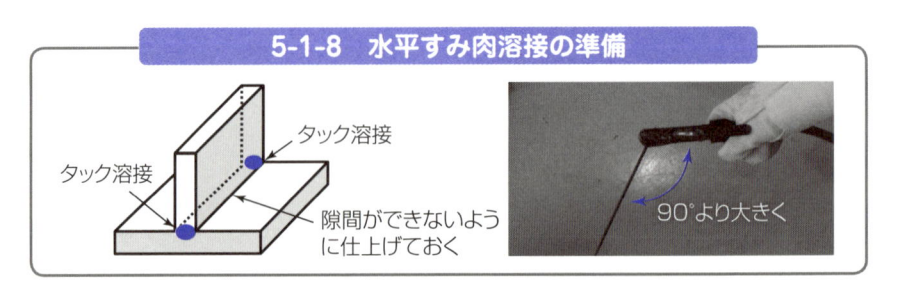

**5-1-8　水平すみ肉溶接の準備**

## 被覆アーク溶接作業 5-1

以下、水平すみ肉溶接における操作のポイントを図解します（図5-1-9参照）。

本課題における目標は、**等脚長**7mm程度とします。この時のビード幅は、図2-5-6（P52）をみていただけると分かるように、幾何学的にみて$7 \times \sqrt{2} \fallingdotseq 9.9$となり、ビード幅が約10mmの溶接を行えばよいことになります。

最初に、溶接棒と母材との位置関係、特に溶接棒の保持角度に注意しましょう。溶接棒と垂直板、水平板とのなす角度は45°です。棒の角度が偏ると、母材の溶込みやビードが偏る等の不具合が生じますので注意しましょう。そして、進行方向に対する傾斜角度（$\theta$）は、約70°程度です。これらを意識して溶接を開始します。溶接開始は、後戻りスタート運棒法を適用します。アーク発生点は、始点から約20mmです。溶接を開始してアークが安定したら、棒先端を両母材に軽く押し当てるようにしながら溶接を進めれば、アーク長を一定に保持することができます。

溶接中に溶融スラグが溶接棒直下に来たり、棒より先行する時は、アークが長すぎたり、溶接速度が遅すぎることが原因として考えられます。そこで、これらを修正するとともに$\theta$が小さくなるように傾け、アーク力でスラグを押し戻すようにしてオペレートすると良いでしょう。

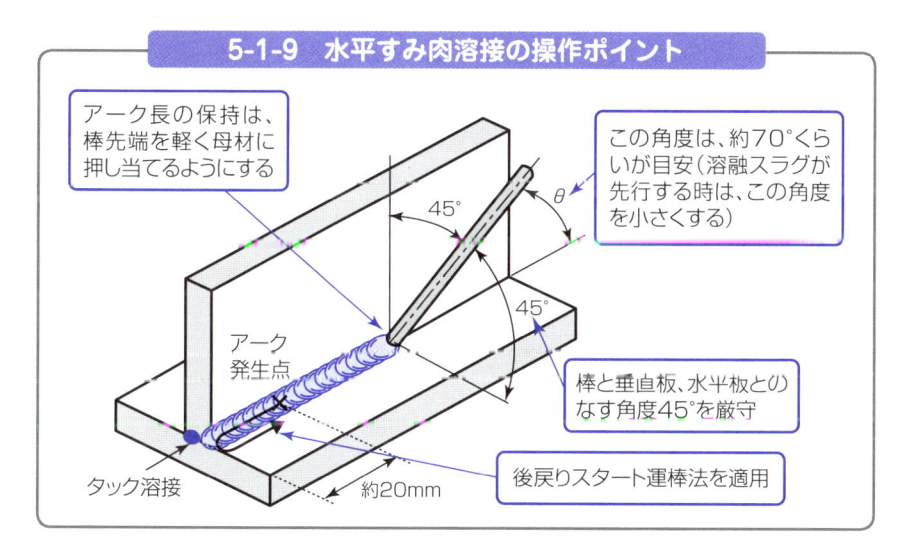

### 5-1-9 水平すみ肉溶接の操作ポイント

- アーク長の保持は、棒先端を軽く母材に押し当てるようにする
- この角度は、約70°くらいが目安（溶融スラグが先行する時は、この角度を小さくする）
- 棒と垂直板、水平板とのなす角度45°を厳守
- 後戻りスタート運棒法を適用
- アーク発生点
- タック溶接
- 約20mm

溶接終了後、スラグを除去してビードの外観をチェックします。水平すみ肉溶接では、垂直板側にアンダカットが、水平板側にオーバラップが発生しやすく、このような場合には、再度、棒の保持角度やアーク長、溶接速度が適切であったかを確認する

とともに、溶接電流を微調整（アンダカット発生 ➡ 電流を下げる、オーバラップの発生 ➡ 電流を上げる）する等の対策が必要となります。

## 突合せ溶接（N-2F相当）

　下向姿勢の突合せ溶接の代表例として、板厚9mmの突合せ溶接（中板裏当金無し）の要領を説明します。なお、本課題は、JIS溶接技能者評価試験の基本級種目の一つです（表題にある"**N－2F**"とはJIS溶接技能者評価試験の種別記号）。母材には、SS400相当の軟鋼板、板厚9mm×幅125mm×長さ150mmを2枚用意しましょう。溶接棒は、棒径3.2mmの低水素系（E4316相当で裏波専用棒といわれる銘柄のもの）および棒径4.0mmのイルミナイト系（E4319相当）を準備して下さい。

　図5-1-10に示すように、あらかじめ母材の長さ150mm側1箇所をベベル角度30°に機械加工しておきます。その後、母材の黒皮を表面、裏面ともにディスクグラインダーやサンドペーパーなどで除去（表面、裏面ともにルート部から10mm程度）します。次に、ルート面を平やすりで1mm程度とります。

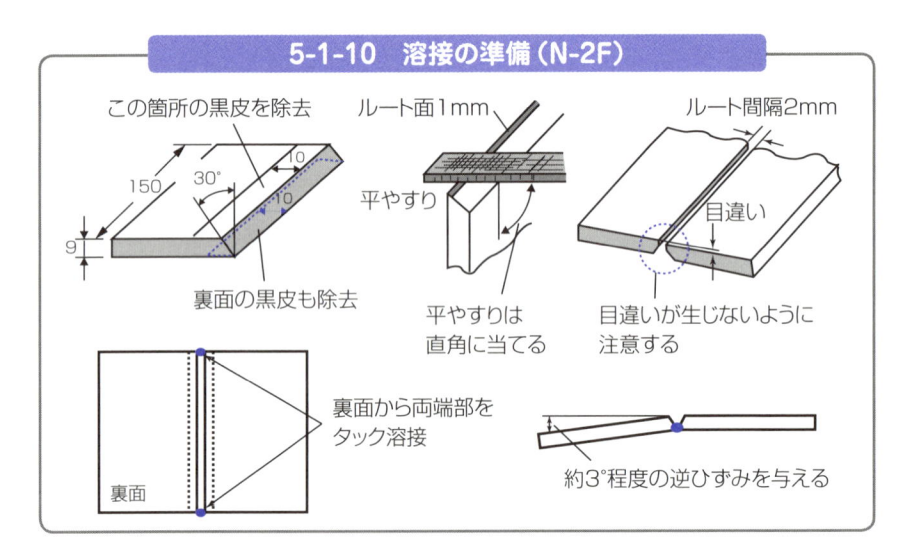

**5-1-10　溶接の準備（N-2F）**

　次に、両母材を裏側にして突合せ部に段差（**目違い**）がないように注意しながら、ルート間隔を約2mmに設定します。そして母材開先の両端部にタック溶接を行います。また、溶接後に生じるひずみを考慮して約3°程度の逆ひずみを与えておきます。以下、図5-1-11で溶接の要領を図解します。

## 5-1-11　N-2Fの要領

### Step1【初層溶接】

　棒径3.2mmの低水素系溶接棒を使用。溶接電流は、85〜90Aに調整しておく。始端のタック溶接部上でアークを発生させたら、すばやくアーク長を短くしながら、一度開先内で小さなウィービングをするようにし、両側開先面を橋渡しするような溶接池を形成させてからストリンガー運棒に移る。ストリンガー運棒は、溶接棒の保持角度を図のように保ち、溶接棒先端部を開先部に接触させるようにアーク長を短くして行う。

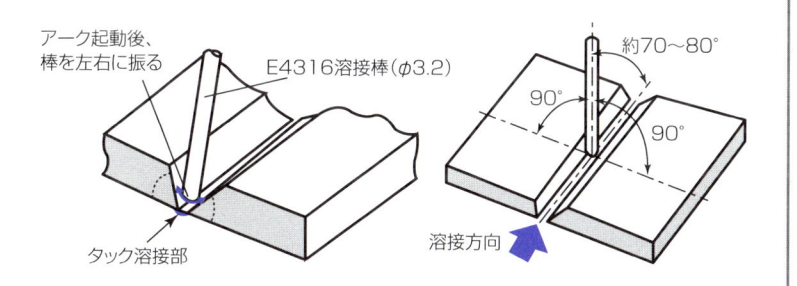

　このとき、裏波を得るため、溶融池前方のルート部に、適度な大きさの小孔(**キーホール**)を形成させるように溶接速度をコントロールする。キーホール形成時は、アークが母材裏面に抜ける時に、独特のこもった音(「コポ、コポ」といった音)がする。この音を感じながら運棒すると良い。キーホールが大きくなり、溶落ちしそうになった時は、図のように棒を素早く進行方向に深く傾け、アークを溶接ビード側に逃がすように操作することで、入熱を制御してキーホールの大きさを調整すればよい。

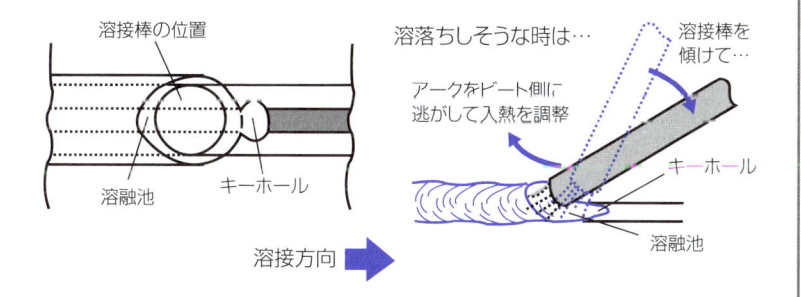

　なお、裏波のビード幅は3mm、高さは1mm程度を目安にすること。

### Step2【2層目の溶接】

　以降は、棒径4.0mmのイルミナイト系溶接棒を使用。溶接電流は180Aに調整しておく。また、初層ビードに形成されたスラグを除去し、十分に清掃しておく。溶接棒の保持角度は、初層と同程度とし、ストレート運棒で溶接を行う。この時の留意事項として、初層溶接部の止端部を十分に溶かすように速度を調整することである。余盛が少なく平滑なビードになることが望ましい。

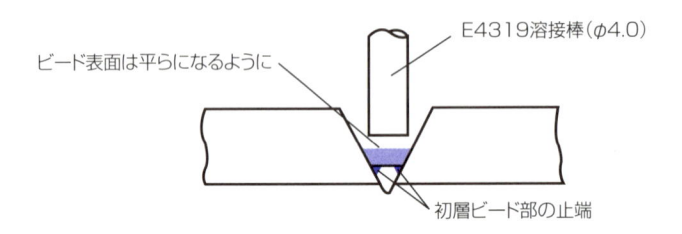

### Step3【3層目の溶接】

　前層のスラグを除き、十分に清掃しておく。溶接電流は、2層目の条件180Aから10A下げた、170Aに設定する。運棒法は、ウィービングを適用する。ウィービングでは特に開先内壁面と止端部がよくなじむように、溶融状態をよく観察して進めてゆく。最終層直前のビード表面は、母材表面から0.5〜1mm程度低くなるようにする。このようにすることで、最終層の溶接時に溶接箇所が見えやすく、作業性が良くなると同時に、オーバラップのない良好な余盛のビードが得やすくなる。

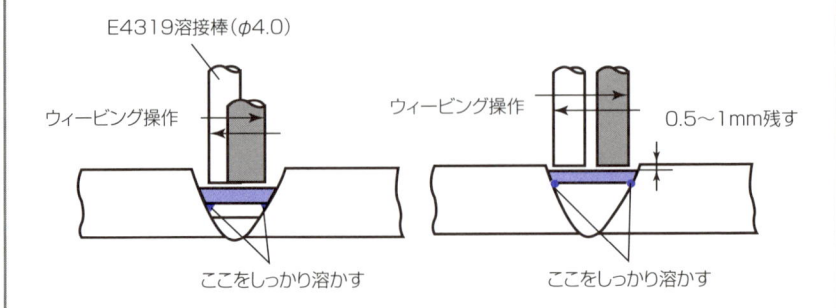

## Step4【最終層の溶接】

　前層のスラグを除き、十分に清掃しておく。溶接電流は、150Aに調整しておく。溶接棒の傾斜角度（進行方向側）は、これまでの70°から80°に変更する。溶接は、ウィービング運棒で施工するが、その振り幅については、図のように開先幅より少し広めに、かつピッチを細かくして行う。

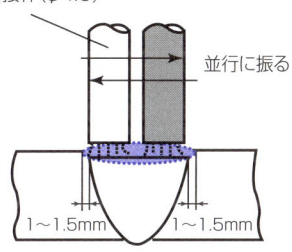

E4319溶接棒（φ4.0）
並行に振る
1～1.5mm　1～1.5mm

悪い操作例
スイングして振らない

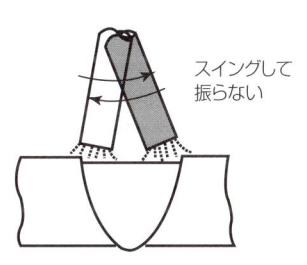

　また、ウィービングにおける"振り"は、絶対にスイングをしてはいけない。棒の保持角度によってはアンダカットなど溶接不具合発生の原因になる。このためにも"振り"は手首で行わず、腕全体の動きで操作すること。

### COLUMN　ユニークな訓練課題

　被覆アーク溶接のユニークな訓練課題を紹介します。本課題は、著者の所属する大学校で昭和の時代に行われていた課題です。まずは、写真をご覧下さい。本課題の成果物（溶接のみで作り上げた鋼の花瓶）です。

　丸く切断された鋼材をベースに、鋼材の端部かららせん状に溶接ビードを積層して製作されています。溶接棒の長さは限られていますので何度も何度も棒を取り替えて溶接しています。技量的には、ビード継ぎ目部の溶接が難しいと思われます。対象物が花瓶ですから水漏れがないようにしっかりと継がなければなりません。

　このような芸術的要素を伴ったユニークな教育訓練を適用している学校を最近見かけなくなりました。理由はよくわかりませんが、成果物が芸術品であると色々と誤解を招くようです。

　個人的には、例え芸術品であろうとも技量が要求されるものは、りっぱな課題ですし、また訓練生が喜んで取り組んでくれるので良いとは思いますが…。

## 5-2 炭酸ガスアーク溶接作業

ここでは、マグ溶接の中でも鋼の溶接に広く用いられているソリッドワイヤを用いた炭酸ガスアーク溶接について、溶接条件設定の考え方や操作上のコツ等を説明します。

### 溶接時の基本姿勢（下向姿勢）

　炭酸ガスアーク溶接（半自動溶接）において安定した作業姿勢をとるためには、次の事柄に注意しなければなりません。最初に、身体に無理な負担がかからないように作業台と椅子の高さを調整します。次に、溶接トーチのケーブルに余裕を持たせて、作業中にトーチの移動操作の妨げにならないように配置します。この時、トーチケーブルは小さな半径で湾曲させないようにする必要があります。理由は、大きく湾曲させると安定したワイヤ送給ができなくなり、アークが不安定になるからです。また、母材側（作業台側）の溶接ケーブルもChapter4の4-3節で説明したように、コイル状の巻きにならないようにケーブルを配置しなければなりません。

#### 5-2-1　下向溶接時の構え方

肩に力が入りすぎないように

母材側溶接ケーブルは、コイル巻きにならないように注意する

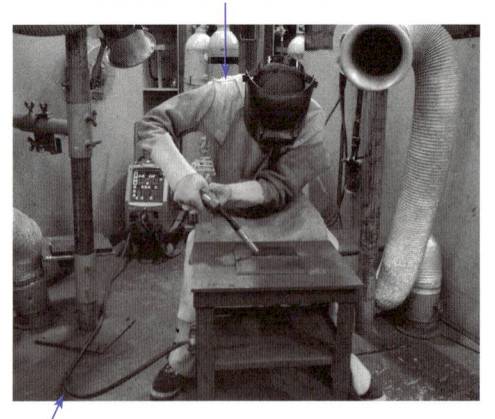

ハンドシールド形溶接面では、このように指で添えてやると、トーチを持つ手が安定する。

炭酸ガスアーク溶接作業 5-2

　溶接用保護面（以降、溶接面）には、頭部に装着するタイプのヘルメット形と手に持つタイプのハンドシールド形がありますが、ヘルメット形溶接面は、両手を使用することができることから、溶接トーチに繊細な動きが求められる時やトーチ操作に慣れていない時などに使用が勧められます。ハンドシールド形溶接面を使用する時は、図5-2-1に示すように溶接面を持った手の指をトーチの持つ手に添えてやることで、安定したトーチ操作を行うことができます。
　次に、溶接電流やアーク電圧などの溶接条件の設定の考え方について説明します。

## 溶接電流の設定の考え方

　溶接電流は、主に溶接ワイヤの溶融速度と母材の溶込みに影響を及ぼす重要な因子です。溶接電流が高くなるとワイヤの溶融速度が速くなり、溶着金属量が増えます。

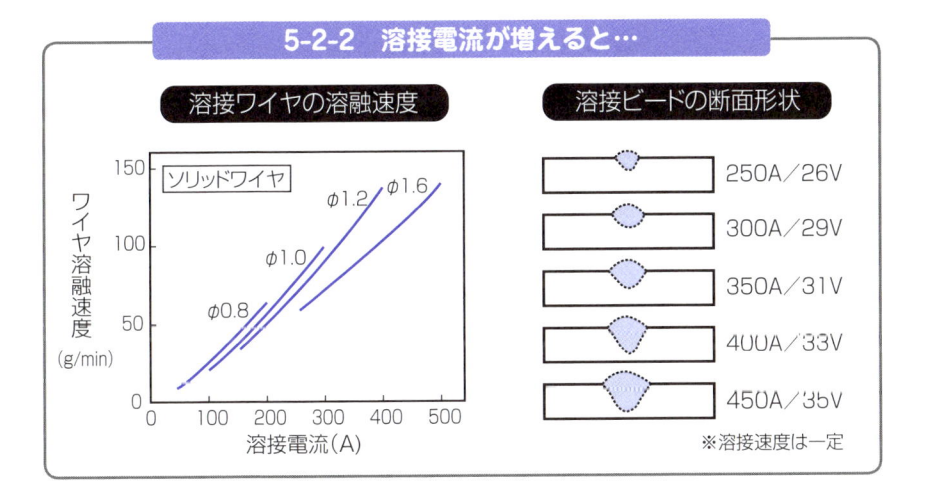

**5-2-2　溶接電流が増えると…**

溶接ワイヤの溶融速度（ソリッドワイヤ φ0.8, φ1.0, φ1.2, φ1.6）

溶接ビードの断面形状
- 250A／26V
- 300A／29V
- 350A／31V
- 400A／33V
- 450A／35V

※溶接速度は一定

　溶接電流とワイヤ溶融速度の関係をワイヤ径別に調べた結果を図5-2-2に示しますが、同一電流でみると、ワイヤ径が細いほどワイヤの溶融量は多くなることがわかります。1パスあたりの溶着金属量を増やして溶接を行う高能率溶接施工法を計画する場合は、この性質を利用して、細径のワイヤでかつ使用可能な最大溶接電流で検討するとよいでしょう*。

＊…**とよいでしょう**　同一電流、同一径でみると溶着金属量を多くするには、ソリッドワイヤよりメタル系フラックス入りワイヤを使用した方が有利である。詳細は、Chapter3を参照されたい。

また、溶接電流が高くなると母材に投与される熱エネルギーも増大することから溶込みが深くなります。図には、溶接電流を変化させた時の溶接ビードの形状と、溶込みの変化について、同一溶接速度で調べた例を示していますが、溶接電流の増加に伴い、溶着金属量が増加するとともに、溶込み深さ、ビード幅および余盛高さが増大する傾向を示すことが分かります。

## アーク電圧の設定の考え方

アーク電圧は、アークの安定性や溶接ビードの形状、母材の溶込みに影響を及ぼす因子です。Chapter1の1-4節で説明したように、アーク電圧を高く設定するとアーク長は長くなり、低く設定するとアーク長は短くなります。

アーク電圧は、適正値より高くても低くてもアークは不安定となります。アーク電圧が低くアーク長が短い場合には、ワイヤが母材の溶融池に突っ込む現象が生じ、アーク電圧が高くアーク長が長い場合には、ワイヤ先端からの溶滴移行が不規則になり、アークの安定性が損なわれやすくなります。

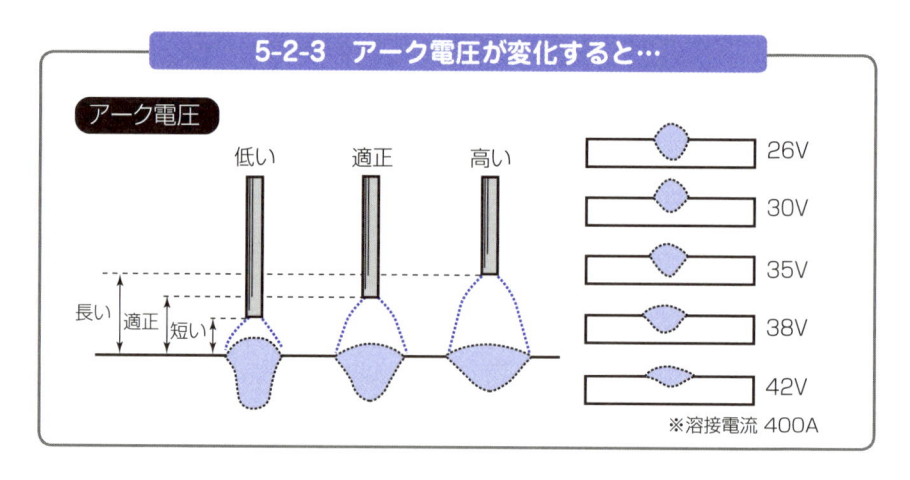

**5-2-3 アーク電圧が変化すると…**

アーク電圧：低い／適正／高い
長い／適正／短い

26V
30V
35V
38V
42V

※溶接電流 400A

また、ビード形状や母材の溶込みに関しては、アーク電圧が高いと、幅が広がった扁平な形状のビードで溶込みは浅くなり、アーク電圧が低いと、幅の狭い盛り上がった凸形ビードが得られ、溶込みは深くなる傾向を示します。

ソリッドワイヤを用いた炭酸ガスアーク溶接において、適正アーク電圧の目安$E(V)$は、次式を参考にして下さい。溶接電流を$I(A)$とすると、

短絡移行が生じる小電流域で溶接する場合は、

$$E = 0.04 \times I + 14 \pm 2 \cdots\cdots\cdots\cdots\cdots\cdots\cdots\cdots\cdots\cdots\cdots\cdots\cdots\cdots\cdots\cdots (12)$$

また、グロビュール移行が生じる大電流域で溶接する場合は、
$$E = 0.04 \times I + 19 \pm 2 \cdots\cdots\cdots\cdots\cdots\cdots\cdots\cdots\cdots\cdots\cdots\cdots\cdots\cdots\cdots\cdots (13)$$

例えば、ワイヤ径が1.2mmのソリッドワイヤを使用する場合では、ワイヤ銘柄にもよりますが、おおよそ240〜250Aを境に、この電流より低い場合は、式(12)を、高い場合は式(13)を適用するとよいでしょう。

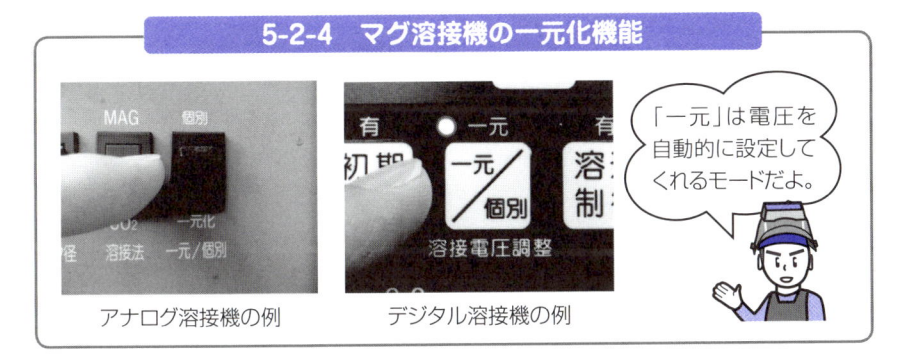

### 5-2-4 マグ溶接機の一元化機能

アナログ溶接機の例　デジタル溶接機の例

「一元」は電圧を自動的に設定してくれるモードだよ。

また、炭酸ガスアーク溶接（マグ溶接）用電源には、図5-2-4に示すような溶接電流・電圧の**一元化機能**がほとんどの機種に付いています。この機能は、溶接電流を設定するだけでアーク電圧は自動的に設定されるものです。ちょっとした溶接を行う時などには、重宝します。

ただし、この機能に頼りすぎてはいけません。本格的な溶接では不具合が生じる場合があります。例えば、狭い開先内でウィービング操作を行う場合、部分的にトーチの高さを適切に変動させなければ、一元化機能が悪い方向に働いて開先内の溶接電流とアーク電圧が部分的に変動し、アークが不安定になることがあります。また、アークタイムが長い溶接の時など、溶接の途中で溶融池の広がりが大きくなった場合、溶接電流とアーク電圧が途中で変化するなどの不具合が発生することがあります。さらに、不具合ではありませんが、溶接ロボットなどの自動溶接装置における溶接条件の設定は、溶接電流とアーク電圧を個別に設定するケースがほとんどです。したがって、一元化機能の使用は限定的にし、できるだけアーク電圧を個別に設定できるように慣れておきしょう。

## その他の溶接条件設定の考え方

　炭酸ガスアーク溶接（マグ溶接）の溶接条件は、先に述べた溶接電流やアーク電圧のほかに溶接速度やワイヤ突出し長さなどがあります。溶接速度は、溶接ビードの形状や母材の溶込み形状に影響を及ぼす因子です。溶接電流とアーク電圧は一定として、溶接速度が速くなると、ビードの幅や溶込み深さが減少し、凸形ビードになる傾向を示します。さらに高速になるとスパッタ量も増加して、ビード止端部にアンダカットが発生しやすくなります。

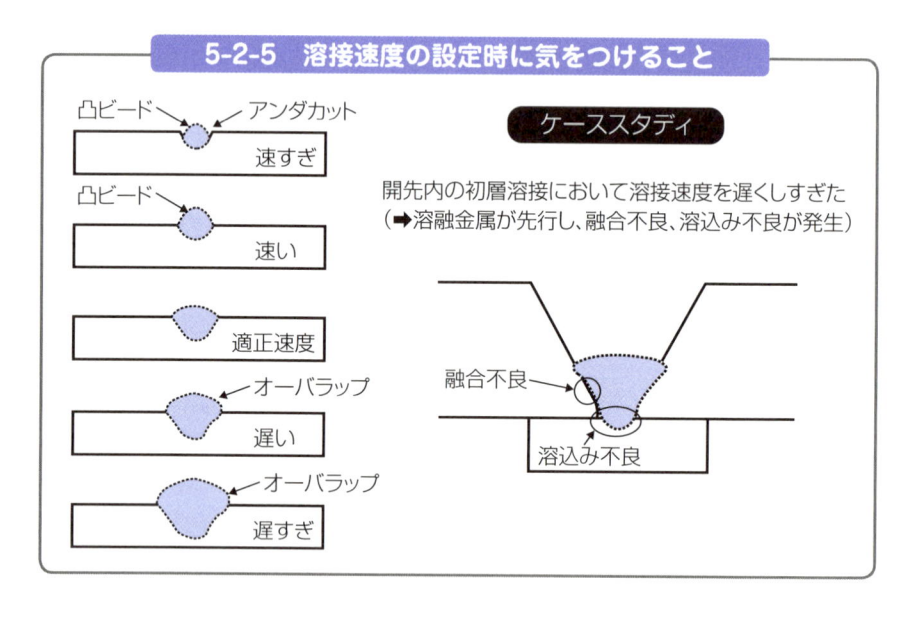

### 5-2-5　溶接速度の設定時に気をつけること

凸ビード　アンダカット
速すぎ

凸ビード
速い

適正速度

オーバラップ
遅い

オーバラップ
遅すぎ

ケーススタディ

開先内の初層溶接において溶接速度を遅くしすぎた
（→溶融金属が先行し、融合不良、溶込み不良が発生）

融合不良
溶込み不良

　逆に、溶接速度が遅くなると、溶込みはやや増加し、ビード幅は広がるとともに余盛が高くなります。さらに遅すぎた場合には、オーバラップが発生しやすくなり、ビード止端部が母材になじみにくくなります。ここで特に問題となるのは、深い開先内の溶接です。溶接オペレータの「溶込みを確保したい」という心理から溶接速度を極端に遅くすると、溶融池がワイヤよりも先行するので、激しいスパッタが発生するとともに、ビードが崩れやすく、溶込み不良や融合不良が発生しやすくなります。したがって、過大な溶融池を形成させるようなことは避けて、溶接速度を上げて細めのビードで、溶接パス数を多くするような施工を心掛けるようにすると良い結果が得られます。

　溶接ワイヤの突出し長さは、ワイヤの溶融量、溶接の安定性、母材の溶込みに影響を及ぼす因子です。同一電流で比較した場合、ワイヤ突出し長さが長いほどワイヤの

溶融量が増える性質があります。マグ溶接機では、一般的にワイヤの送給速度が一定のため、溶接中にワイヤの突出し長さが長くなると、送給されてくるワイヤを溶かすのに必要な溶接電流が少なくてすむため、溶接電流が減少します。逆に、溶接中にワイヤ突出し長さが短くなった場合には、溶接電流が増大します。

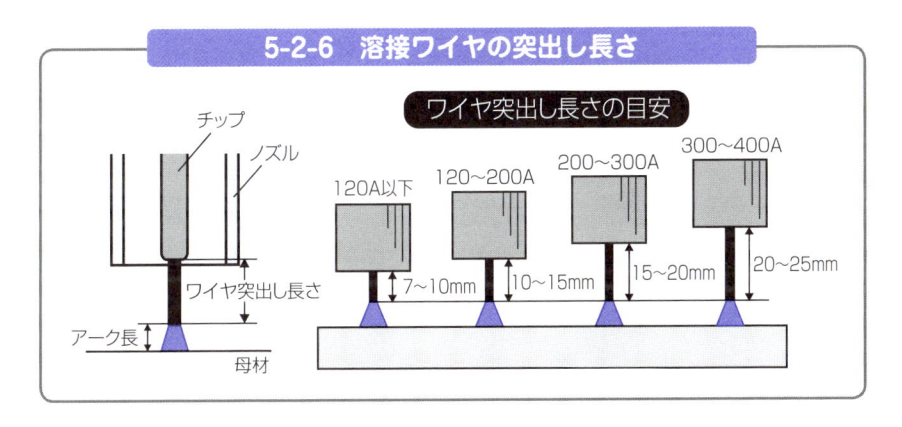

### 5-2-6　溶接ワイヤの突出し長さ

ワイヤ突出し長さの目安

| 電流 | 突出し長さ |
|---|---|
| 120A以下 | 7～10mm |
| 120～200A | 10～15mm |
| 200～300A | 15～20mm |
| 300～400A | 20～25mm |

このように、ワイヤの突出し長さはアークの安定性や母材の溶込みの安定性に大きく影響することから、溶接中は、適切なワイヤの突出し長さを一定に保つ必要があります。図5-2-6に、使用する溶接電流に応じた標準的なワイヤ突出し長さ（目安値）を示しておきます。

---

**COLUMN　マグ溶接用ワイヤの溶接電流範囲**

下の表は、マグ溶接（炭酸ガスアーク溶接）用ワイヤの適正電流範囲です。厳密には使用する溶接機の性能やワイヤの種類、銘柄などによって変わってきますが、おおよその目安として活用して下さい。

▼マグ溶接（炭酸ガスアーク溶接）用ワイヤの適正溶接電流範囲

| ワイヤの種類 | ワイヤの直径(mm) | 溶接電流範囲(A) |
|---|---|---|
| ソリッドワイヤ | 0.8 | 50～120 |
| | 0.9 | 60～150 |
| | 1.0 | 70～180 |
| | 1.2 | 80～350 |
| フラックス入りワイヤ | 1.2 | 80～300 |
| | 1.6 | 280～500 |
| | 2.0 | 350～500 |

※溶接電流範囲は、溶接機の性能、ワイヤの銘柄によって多少異なる

## 前進溶接と後進溶接（その1）

　被覆アーク溶接では、下向姿勢で溶接を行う場合、一部の特殊なケースを除いては後進溶接が適用されますが、炭酸ガスアーク溶接の場合は、溶接トーチの移動方法すなわち溶接を進める方向からみて、**前進溶接**と**後進溶接**の両者が可能となります。

　前進溶接、後進溶接それぞれの溶接現象に関する特徴について、図5-2-7に示します。

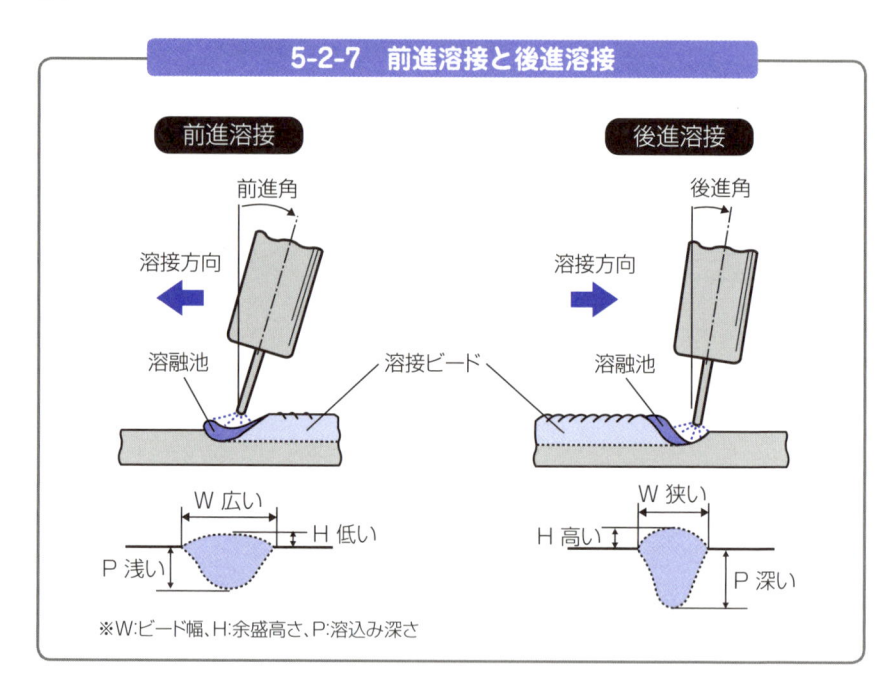

**5-2-7　前進溶接と後進溶接**

前進溶接／後進溶接
前進角／後進角
溶接方向
溶融池／溶接ビード／溶融池
W 広い／W 狭い
H 低い／H 高い
P 浅い／P 深い

※W:ビード幅、H:余盛高さ、P:溶込み深さ

　前進溶接では、溶接の進行方向になる溶接線（ルート部）の観察はしやすくなりますが、形成されていく溶接ビードの形状は、トーチの陰になることから観察しにくくなります。また、アークの吹き付け力（アーク力）が溶融池前方に向かって作用するため、溶融金属が前方に押し広げられ、結果として余盛が低く、幅の広がった溶接ビードとなり、母材の溶込みは、浅くなる傾向を示します。

　一方、後進溶接では、溶融池前方の溶接線が溶接トーチの陰になるため、溶接現象が観察しにくくなります。また、アーク力が溶融池後方に向かって作用することから、溶融金属は溶融池後方に押し上げられ、その結果、余盛が高く幅の狭いビードを形成し、溶込みは深くなる傾向を示します。

次に、母材の溶込み深さについて、**トーチ傾斜角度**を変化させて測定した例をみてみましょう。図5-2-8に著者の研究室で行った実験結果を示します。

溶接機には、デジタルインバータ制御マグ溶接機を使用し、溶接電流が一定になるようにトーチ傾斜角度を変化させてビードオンプレート溶接を行いました。なお、溶接電流は210Aと150Aの2条件で、母材には210Aの条件の時に板厚9mmの軟鋼板（SS400材）を、150Aの条件の時に板厚6mmの軟鋼板（SPHC材）を使用しました。また、溶接ワイヤには1.2mm径のYGW12相当品を使用しました。

### 5-2-8 トーチ傾斜角度と母材溶込み深さ

溶接法：$CO_2$溶接法
ワイヤ：YGW12（φ1.2）

前進溶接では、トーチ傾斜角度に対する溶込み深さの変化率が大きくなる傾向があります。

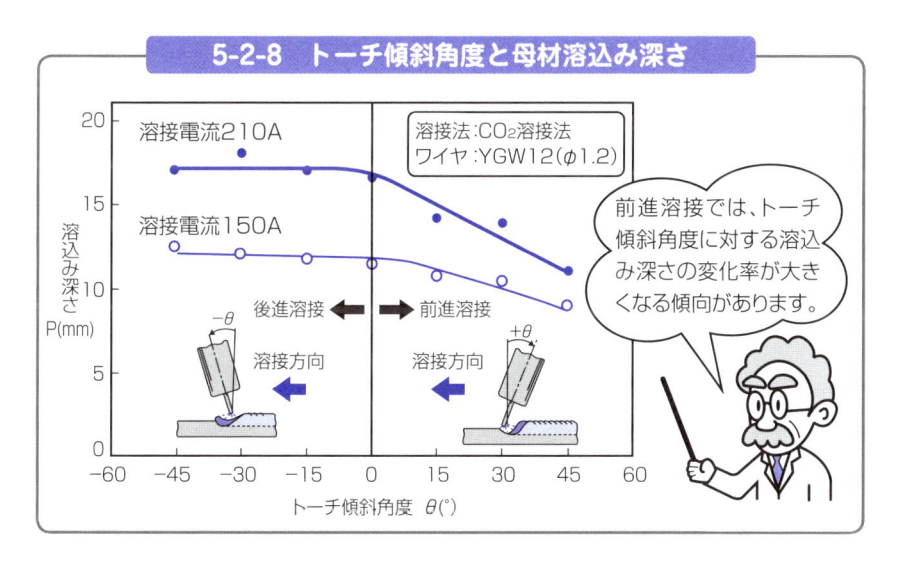

図5-2-8をみると、後進溶接では前進溶接と比べて溶込み深さが深くなりますが、トーチ傾斜角度の変化による溶込み深さは、それほど変化しないことが分かります。逆に、前進溶接では、トーチ傾斜角度の変化に対する溶込み深さの変化が大さくなり、トーチを大きく傾けるほど溶込みが浅くなる傾向が認められます。溶接電流が高いほどその傾向は大きくなるようです。

本実験では、トーチを傾けてもワイヤの突出し長さは変わらないように設定して実施しましたが、実際の溶接操作では、前進溶接時にトーチ傾斜角度が母材側に傾くとワイヤの突出し長さが長くなり、溶接電流の出力値が下がる可能性があるため、溶込み深さはさらに浅くなることが予想されます。したがって、特に前進溶接を行う場合には、トーチ傾斜角度は一定にして、大きく変化させないように注意しながら操作しなければなりません。

## 前進溶接と後進溶接（その2）

　前述したような前進溶接と後進溶接の特徴を把握した上で、次に厚板の多層盛溶接を例に、前進溶接と後進溶接の使い分けについて考えてみます。

　裏当金を用いたレ形開先の溶接の例を図5-2-9に示しました。図のⅠの初層溶接においては、確実な溶込みの確保や安定性の観点から後進溶接が推奨されます。また、後進溶接は前進溶接より同じ溶込み深さを得るのに溶接電流を低く抑えることができます。Chapter6で詳しく触れますが、溶接入熱に制限を受ける鋼材を溶接する際には、このことが有利に働きます。

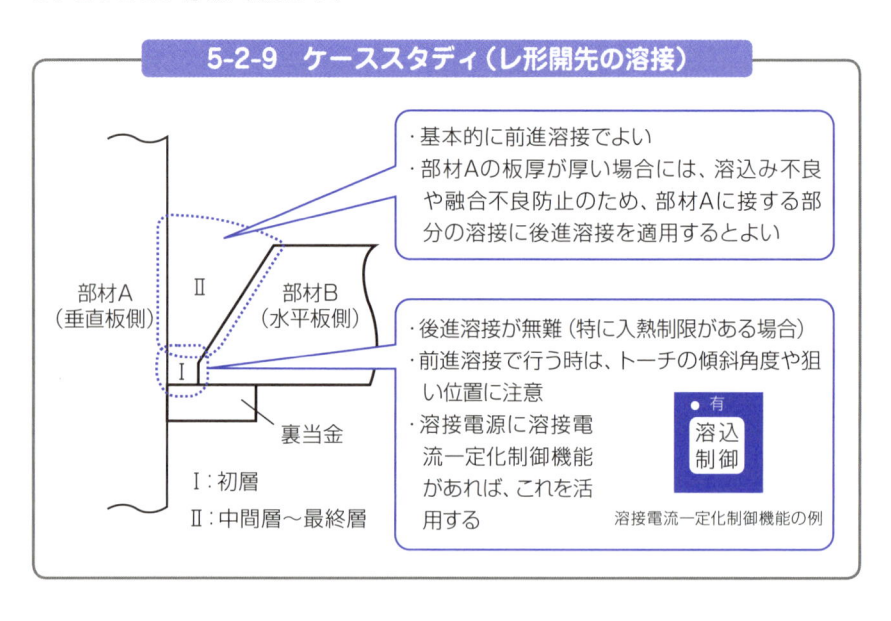

### 5-2-9　ケーススタディ（レ形開先の溶接）

部材A（垂直板側）
部材B（水平板側）
Ⅰ：初層
Ⅱ：中間層～最終層
裏当金

Ⅱ：
・基本的に前進溶接でよい
・部材Aの板厚が厚い場合には、溶込み不良や融合不良防止のため、部材Aに接する部分の溶接に後進溶接を適用するとよい

Ⅰ：
・後進溶接が無難（特に入熱制限がある場合）
・前進溶接で行う時は、トーチの傾斜角度や狙い位置に注意
・溶接電源に溶接電流一定化制御機能があれば、これを活用する

溶込制御　●有

溶接電流一定化制御機能の例

　溶融池の前方が確認しやすいといった観点から、前進溶接で実施したい場合は、トーチ傾斜角度やトーチの狙い位置に気をつける必要があります。特に初層溶接は、開先内の奥深いところを溶接することになるため、ワイヤ突出し長さが長めになり、溶接電流が設定値より低下することやトーチ傾斜角度が変化することでワイヤの突出し長さも変化して、溶接電流が変動することが懸念されます。最近のマグ溶接機には、ワイヤ突出し長さが変化しても溶接電流が変化しないような機能（**溶接電流一定化制御機能**）が付加されているものがあります。こうした機能の活用も有効です。また、溶接速度については、溶融金属が先行しないように操作しなければなりません。前進溶接において、溶融金属が先行すると融合不良の危険性が高くなります。

図のⅡの領域における中間層から最終層の溶接は、作業性を考慮して前進溶接を適用してもよいでしょう。ただし、特に部材A（垂直板）側の板厚が厚い場合には、部材A側が十分に溶融せずに溶込み不良や融合不良などを発生する可能性があります。このような場合は、部材A側に接する溶接は後進溶接でストリンガーまたはスモールウィービングで実施し、同じ層を複数パスで溶接する方法を採用してもよいでしょう。

　このように炭酸ガスアーク溶接による前進溶接および後進溶接は、母材の材質や板厚、継手形状等を十分考慮して、その特長を活かした使い分けが望まれます。

　以降の溶接の作業要領では、前進溶接を例に説明します。

## ストリンガビード溶接

　最初に、溶接の作業要領の基本としてビードオンプレートでのストリンガビード溶接について説明します。

　準備する材料は、板厚6mmの軟鋼板（SS400相当）と直径1.2mmのソリッドワイヤ（YGW12相当）です。あらかじめ溶接電流を180A（材料の大きさによっては200Aまでの任意の値）に設定しておきましょう。

　アーク電圧の設定については、一元化機能を使ってもよいですし、個別に設定するのであれば21V程度にしましょう。また、炭酸ガスの流量は、18〜20 ℓ/minに、ワイヤ突出し長さは10mmになるようにペンチなどで切断しておきます。

　以下に、要領を図解します（図5-2-10参照）。ここでは、幅が10mm程度のビードを形成させることを目標にします。

## 5-2-10 ストリンガビード溶接のポイント

**Step1** 始点より15～20mmの内側の溶接線上でトーチスイッチをONにして、アークを発生させ、すばやく始点に戻ります。トーチ高さ（ワイヤ突出し長さ）については図のとおり。

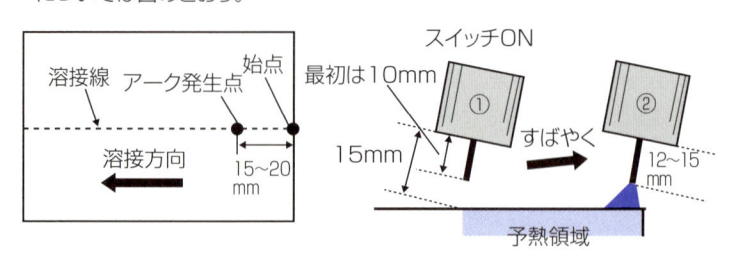

溶接線　アーク発生点　始点
溶接方向　15～20mm
スイッチON　最初は10mm　① ②　すばやく　12～15mm　15mm　予熱領域

**Step2** 目標とする大きさの溶融池を形成させたら、進行方向に15°～20°（左右は90°）傾けて、直線状に移動する（前進溶接）。この時、アークの狙い位置として形成した溶融池の前半分にワイヤ先端が位置するように、かつ溶接速度を約30～40cm/min（溶接長さ200mmで30～40秒）を目安に溶接を進める。

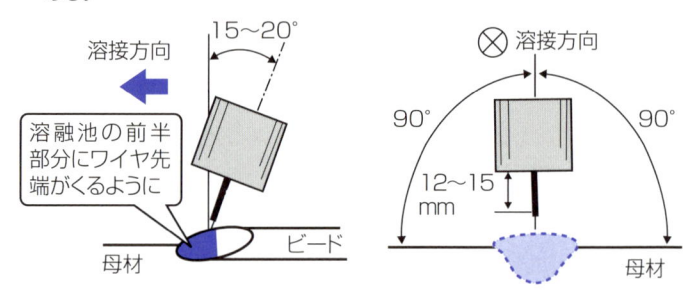

溶接方向　15～20°
溶融池の前半部分にワイヤ先端がくるように
母材　ビード
⊗溶接方向　90°　90°　12～15mm　母材

**Step3** 溶接の終点でクレータ処理を行う。処理の仕方は、図左のように、アークを断続して行う方法と、図右のように、溶接電源のクレータ電流機能を活用して溶接電流より低い電流に切り替えて小さく円を描くようにしてクレータ処理を行う方法がある（後者の詳細は、本文を参照のこと）。

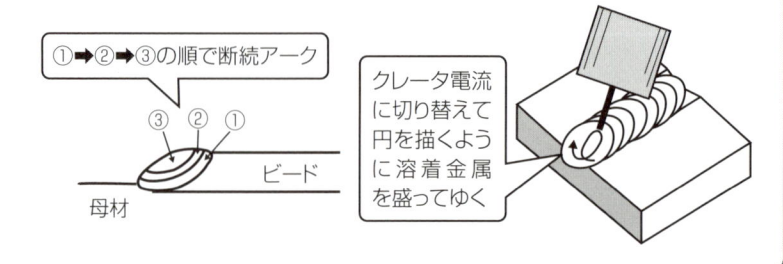

①→②→③の順で断続アーク
③ ② ①
母材　ビード
クレータ電流に切り替えて円を描くように溶着金属を盛ってゆく

## 炭酸ガスアーク溶接作業 5-2

　Step1の溶接開始方法は、被覆アーク溶接の要領で説明した後戻りスタート法です。初めにワイヤ突出し長さをやや短めに工具で切断しておくと、初心者にありがちなアークの不安定起動（パンパンスタート）にならずに安定起動させることができます。

　Step2でのポイントは、ワイヤの狙い位置を図のように溶融池前半部分を狙うようにすることです。溶接速度が遅すぎると溶融池が先行し、前項で説明したように溶込み不良や融合不良が発生する原因になります。また、スパッタの発生も多くなります。

　Step3では、2通りのクレータ処理法を紹介しています。アークを断続して行う方法は、被覆アーク溶接でも行われている方法です。溶接電源の**クレータ処理機能**を使用した方法は、図5-2-11に示すように、トーチスイッチと連動していて、アーク起動後にトーチスイッチを離す（OFF）と自己保持が働き、スイッチを離したまでも設定した溶接電流で溶接を行うことができます。

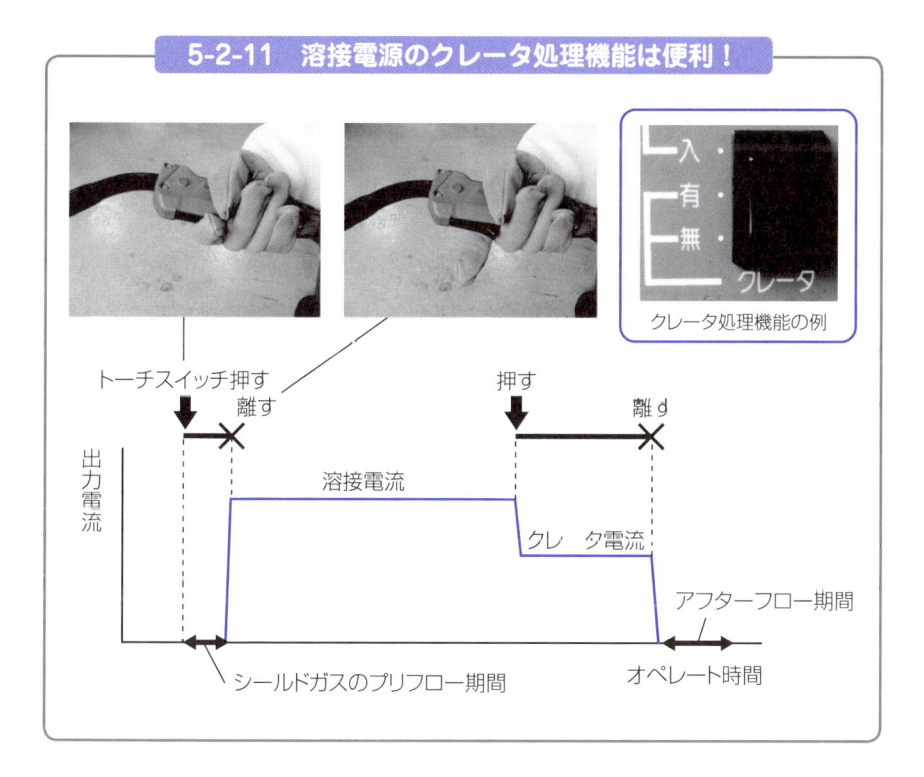

### 5-2-11　溶接電源のクレータ処理機能は便利！

クレータ処理機能の例

そして、溶接終了時に、再びトーチスイッチを押す（ON）とあらかじめ設定しておいたクレータ電流に切り替わり、この電流で小さく円を描くようにクレータ部を溶着金属で埋めていきます。なお、クレータ処理時はトーチスイッチを押したままで行います（クレータ電流に切り替わった時に、トーチスイッチを離すとアークが切れてしまいます）。なお、クレータ電流値は、溶接終了箇所の加熱状態やクレータの大きさを考慮して、溶接電流の80％程度までの任意の値に設定します。

このような溶接電源のクレータ処理機能を使用するメリットとして次の2つが挙げられます。

① 一般的な断続アークによるクレータ処理法では、アークのON、OFFを繰り返すため、周囲の空気を巻き込みやすくなり、クレータ溶融部にブローホールなどの不具合の発生が懸念される。一方、クレータ処理機能を利用した場合は、途中でアークを切らない連続アークで処理できることから、このような心配がない。
② トーチスイッチの自己保持が働くため、トーチを持つ手の負担が少なく、特にアークタイムが長い時や繊細なトーチ操作が必要となる時には、作業者の負担が軽減される。

## ウィービングビード溶接

ウィービング操作には、溶接する目的に応じて様々なパターン（ウィービングの軌跡パターン）があり、図5-1-7で紹介した被覆アーク溶接棒によるジグザグ操作は、ビード幅を広げる場合の基本形となります。これを炭酸ガスアーク溶接で実施する場合、基本的には被覆アークの時に説明した要領と同じですが、被覆アーク溶接と同じ溶接電流で比較すると、炭酸ガスアーク溶接の方がアークのエネルギー密度が高く、母材とワイヤの溶融が速いため、ビード両端部で止める時間は被覆アーク溶接の場合よりも少し短くした方が良好な結果が得られます。

次に、基本形とは少し形状は異なりますが、三日月形といわれるウィーング操作について目的別に紹介します。このタイプのウィービング操作は、実際の溶接施工においてよく使用されている操作方法です。

## 5-2-12 三日月形ウィービング操作

**スモールウィービング**

溶接方向 ←

2～4mm

2～4mm

溶融池を見ながら小刻みに均一な速度で操作する

**標準ウィービング**

ピッチ：3～5mm

溶接方向 ←

速めに動かす

振り幅

ビード幅

少し止める

ノズル内径の1.5倍以内に

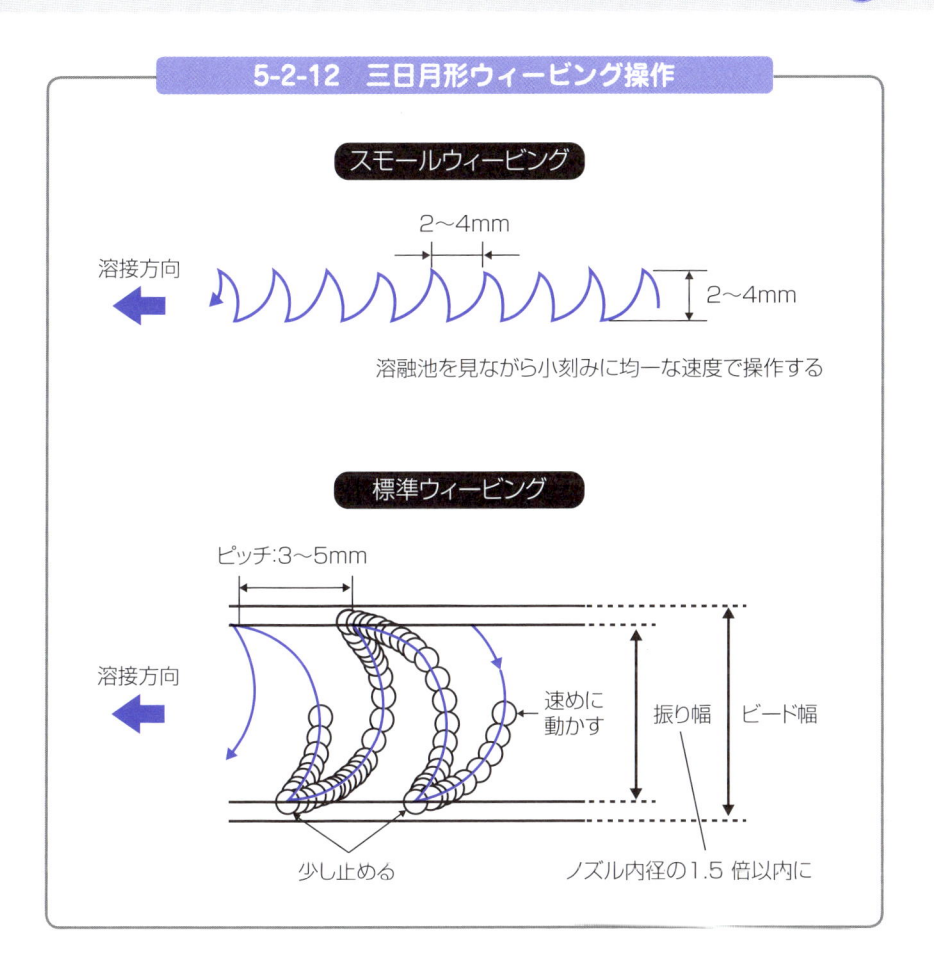

　図5-2-12に示すにあるスモールウィービング（幅が狭くピッチの細かいウィービング）は、例えば裏当て金無しの突合せ溶接において裏波溶接を行う時によく用いられる方法です。このような裏波溶接では、キーホール状またはこれに近い半月形の溶融池を形成させながら溶接を行いますが、このような溶融池に対して三日月形にウィービング操作することで、溶落ちがしにくく、安定した裏波を形成させることができます。

　また、同図に示す幅の広いビードを得ることを目的とする標準ウィービングでは、ピッチを3～5mm程度、振り幅を溶接トーチのノズル内径の1.5倍以内で、ビードの両端で少し止め（止める時間は、被覆アーク溶接時より短く）、中央部は速めに動かすようにします。

## 水平すみ肉溶接

水平すみ肉溶接におけるトーチ操作は、トーチ角度のほかにアークの狙い位置（ワイヤ先端の狙い位置）が重要になります。基本的に、これらは目的とする脚長の大きさによってその設定は微妙に異なります。以下、脚長が5mm以下の場合と5mm以上の場合に分けて説明します。

図5-2-13に示すように、脚長5mm以下の場合では、アークの狙いを両母材の交点に定め、トーチ角度は垂直板とのなす角度40～50°に設定します。また進行方向に対するトーチ傾斜角度は、板厚によって異なりますが水平板に対して60～70°位が目安となります。この角度は、板厚が薄くなるほど角度を小さくする方がやりやすくなります。ただし、この角度を小さく設定する場合は、ワイヤ突出し長さが長くなって溶接電流が低下することや溶融金属が先行しやすくなってルート部の溶込みが不十分となる可能性がありますので注意が必要です。

**5-2-13　水平すみ肉溶接の要領**

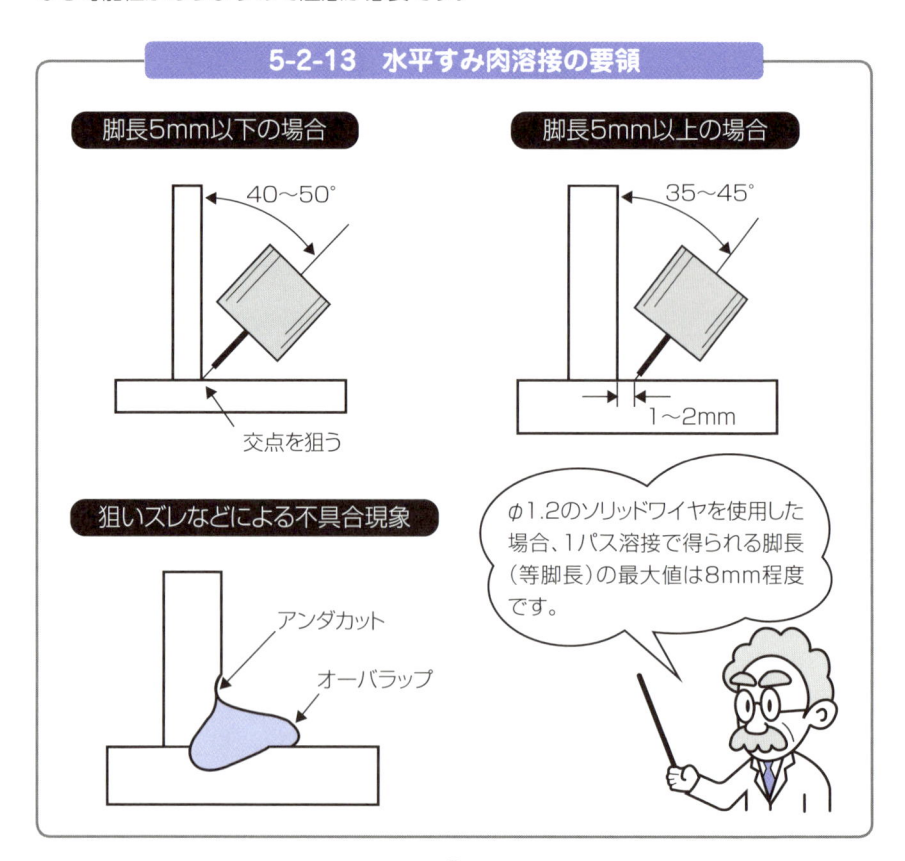

脚長5mm以下の場合　40～50°　交点を狙う

脚長5mm以上の場合　35～45°　1～2mm

狙いズレなどによる不具合現象　アンダカット　オーバラップ

φ1.2のソリッドワイヤを使用した場合、1パス溶接で得られる脚長（等脚長）の最大値は8mm程度です。

一方、脚長5mm以上の場合では、アークの狙いを両母材の交点から水平板側に1～2mmずらして行います。トーチ角度は垂直板とのなす角度35～45°に、進行方向に対するトーチ傾斜角度は、水平板に対して70°程度が目安となります。脚長が大きな溶接は、必然的に大電流による溶接となります。このような、大電流による水平隅肉溶接では、垂直板側にアンダカット、水平板側にオーバラップが発生しやすいので、特にこれらに注意して条件設定を行うことが大切です。

## 突合せ溶接（SN-2F相当）

下向姿勢の突合せ溶接の代表例として、板厚9mmの突合せ溶接（中板裏当金無し）の要領を説明します。なお、本課題は、JIS溶接技能者評価試験の基本級種目の一つです（表題にある"**SN－2F**"とはJIS溶接技能者評価試験の種別記号）。

母材には、SS400相当の軟鋼板、板厚9mm×幅125mm×長さ200mmを2枚用意しましょう。ワイヤは、1.2mm径のソリッドワイヤYGW12相当品を準備して下さい。また、炭酸ガスの流量はあらかじめ18～20 $\ell$/minに設定しておきましょう。

はじめに、溶接の前工程から説明します。図5-2-14に示すように、あらかじめ母材の長さ200mm側1箇所にベベル角度30～35°の開先加工をしておきます。その後、母材の黒皮を表面、裏面ともに除去（表面、裏面ともにルート部から10mm程度）してからルート面を平やすりで0.5mm程度とります。

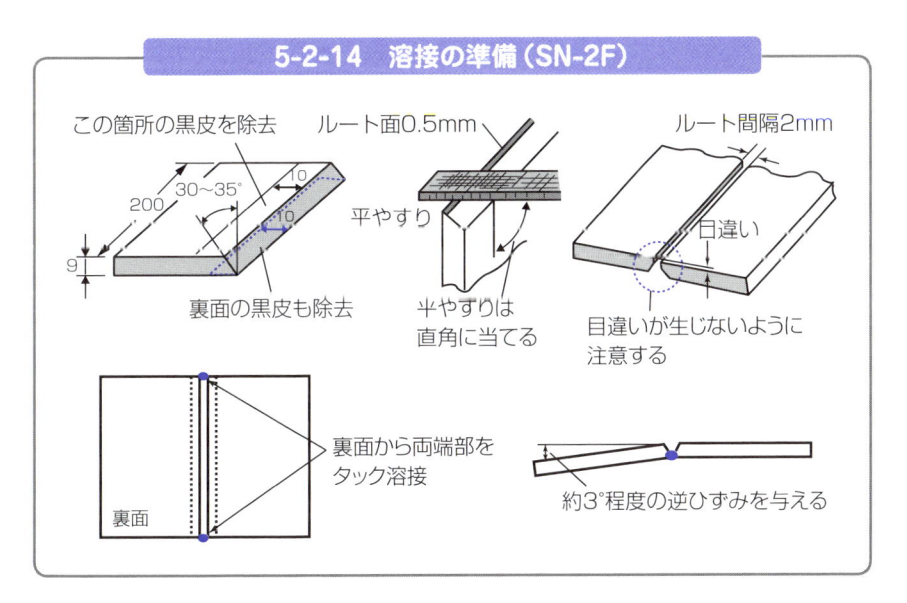

### 5-2-14　溶接の準備（SN-2F）

次に、両母材を裏側にして突合せ部に段差（**目違い**）がないように注意しながら、ルート間隔を2mmに設定します。そして母材開先の両端部にタック溶接を行います。また、溶接後に生じるひずみを考慮して約3°程度の逆ひずみを与えておきます。

本課題は、多層溶接を行うことになりますが、各層ごとにすべて前進溶接または後進溶接で施工する場合や、前進溶接と後進溶接を組み合わせて（各層ごとに前進溶接と後進溶接を使い分けて）施工する場合など様々な施工方法があります。ここでは、3層3パスの積層で、各層すべてを前進溶接で実施する方法について説明します。以下、図5-2-15で溶接の要領を図解します。

### 5-2-15　SN-2Fの要領

#### Step1【初層溶接】

あらかじめ、溶接電流110～120A、アーク電圧19V程度に調整しておく。始端のタック溶接部上でアークを発生させたら、すばやく開先内で小さなウィービングを行い、両側開先面を橋渡しするような溶融池を形成させつつ、ルート部にキーホールを生じさせる。そして、溶接ワイヤ先端を溶融池前方の半円形に欠けた溶融部に沿って前進溶接で三日月形スモールウィービング操作を行う。

この際、ワイヤ先端が溶融池より先行すると、溶落ちやワイヤの突き抜けに伴うアークの不安定現象が生じるので注意する。なお、溶接時のトーチの角度は、両母材に対して90°、傾斜角度で溶接線に対して約70°程度である。

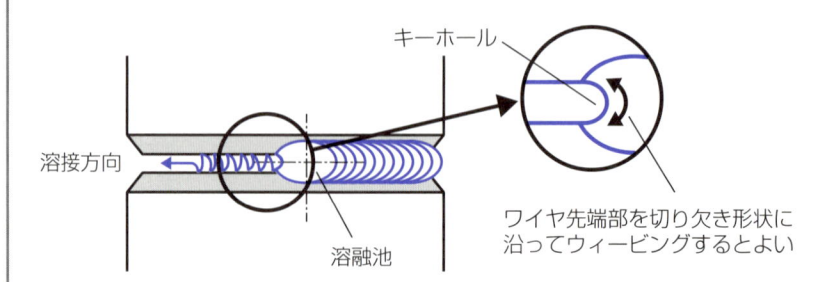

#### Step2【2層目の溶接】

前層のスラグを除き、十分に清掃しておく。溶接電流は220～230A、アーク電圧は24～25V程度にセットする。トーチの保持角度は、初層と同程度としウィービング操作で溶接を行う。この時の留意事項としては、初層溶接部の両止端を十分に溶かすように、またビードは母材の表面より1mm程度低めに、さらにビードの表面は平らに仕上げることである。

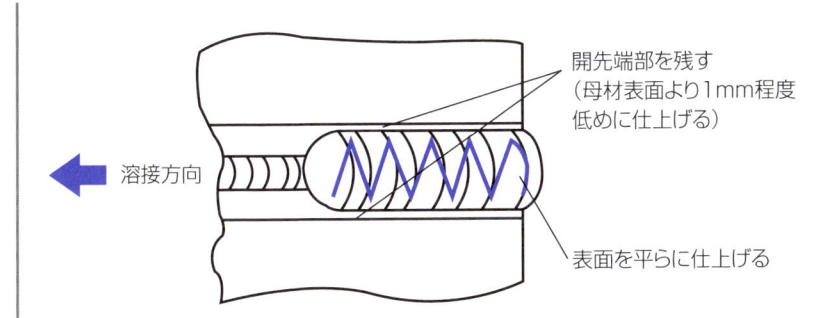

図中ラベル：
- 溶接方向
- 開先端部を残す（母材表面より1mm程度低めに仕上げる）
- 表面を平らに仕上げる

### Step3【最終層の溶接】

　2層目の溶接で付着したスパッタやスラグを除去しておく。溶接電流は210～220A、アーク電圧は23～24V程度にセットする。2層目と同様のウィービング操作で溶接を行うが、ウィービングの振り幅を「開先幅+2mm」、すなわち開先端部より1mm程度外側までワイヤの先端が位置するようにトーチを移動させる。

　この際に、両端部の止めを意識し、開先端部を確実に溶かすこと。余盛過多に伴うオーバラップやアンダカットの発生がないように、ウィービング操作の3要素（両端部の止め、ピッチおよび振り幅中央部での溶接速度）を最適化すること。また、仕上がり時のビードの余盛高さは、約2mmを目安にすること。

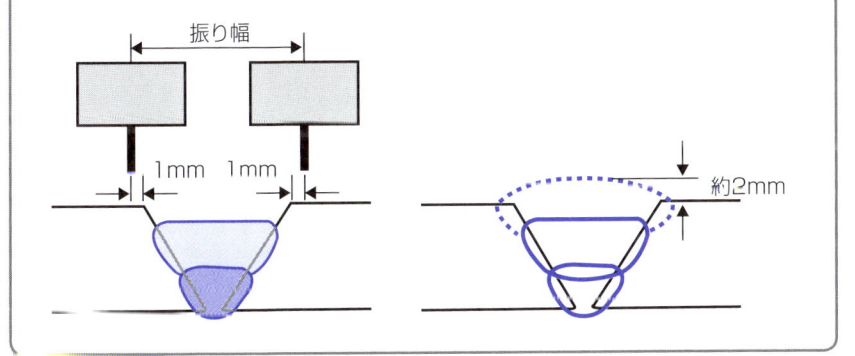

図中ラベル：振り幅、1mm、1mm、約2mm

## 5-3　ティグ溶接作業

ここでは、ティグ溶接作業についての留意事項やステンレス鋼とアルミニウム（合金）の溶接作業のコツ等を説明します。

### ⚙ 溶接時の基本姿勢（下向姿勢）

これまで紹介した被覆アーク溶接とマグ溶接は、アークを放電するための電極が溶加材と兼ねているため、片手で操作を行うことができます。しかし、ティグ溶接の場合は図5-3-1に示すように、アーク放電用のタングステン電極と溶加棒がそれぞれ独立しているため、両手での操作が必要になります。

**5-3-1　下向溶接時の構え方**

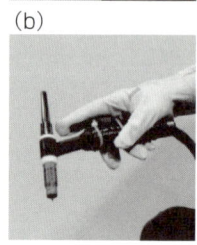

(a)

(b)

左右それぞれの手の持ち方をみていきましょう。まず最初に溶接トーチの持ち方です。同図内の写真（a）（b）にその例を示します。下向姿勢においては、脇を締めて腕の動きを安定に保てる（a）のタイプの持ち方を推奨しますが、被覆アーク溶接の操作に慣れている方や、後で説明する開先内の特殊なウィービング操作（ローリング法）を行う時などは（b）のタイプの持ち方が操作しやすいケースもあります。

次に溶加棒の持ち方です。この場合も、母材溶融部に溶加棒を送給する時の指の使い方によってその持ち方が異なってきます。一般的には、図5-3-2に示すような2通りの持ち方が採用されているようです。(a)は、溶加棒を人差し指のつけ根付近と中指と薬指で挟んだ2点で支え、親指を動かして棒の送り操作を行います。きめ細かい送給ができる点にメリットがあり、例えば溶融池の小さな薄板の溶接などに適しています。

### 5-3-2 溶加棒の持ち方、送給方法

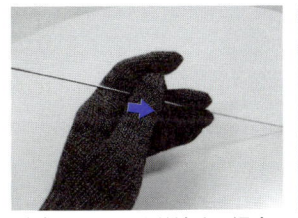

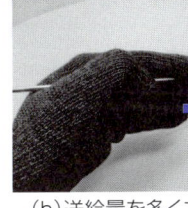

(a)きめ細かく送給する場合　(b)送給量を多くする場合

※写真の手袋は外見上、軍手に見えますが、耐炎繊維等を使用した溶接用手袋です。

(a),(b)両方できるようにトレーニングしておこう。

(b)は、人差し指と中指の間に溶加棒を挟んで(a)と同様に親指を使って送り操作をしますが、棒を挟んでいる人差し指と中指の曲げ伸ばし操作を合わせて行うことで、比較的多くの量の溶加棒の送給がしやすいというメリットがあります。この方法は、例えば中厚板のアルミニウムの溶接のように多めの溶加棒の送給が必要となるケースなどに適しています。以上のことを踏まえて(a)、(b)のいずれにおいても確実な操作ができるようにトレーニングしておき、状況に応じて使い分けができるようにしておきましょう。

## タングステン電極の設定

ティグ溶接作業においてタングステン電極の材質や径、先端の形状は、溶接の作業性や品質に少なからず影響を与えます。したがって、その設定ミスが思わぬ不具合に発展するおそれがあります。そこで、溶接の目的に応じた電極の設定に関する基本事項について説明します。

まず、電極の材質についてはChapter4の4-2節で詳しく触れました。もう一度該当のページ(P125〜)において、各種のタングステン電極が直流ティグ溶接に適してい

るか交流ティグ溶接に適しているか、といった視点で参照して下さい。

　次に電極径についてです。これは、使用する極性や溶接電流、電極の種類によってやや異なります。図5-3-3に、その目安を示します。各電極の適正溶接電流範囲は広くなっていますが、使用溶接電流に対して電極径が小さすぎると電極先端が溶融しやすくなり、アークの集中性が乏しくなると同時に電極の消耗も早くなります。特に、交流ティグ溶接での使用においては、その傾向が顕著になります。逆に、使用溶接電流に対して電極径が大きすぎると、アークの起動性が悪くなったり、アークが不安定になったりすることがあります。このようなことから、表を一応の参考にしながら溶接作業に最適な電極径を選定しましょう。

### 5-3-3　電極径と適正溶接電流範囲の目安

▼ティグ溶接用タングステン電極の溶接電流範囲（目安）　　　　　　　　（単位:A）

| 電極の直径 (mm) | 直流（電極マイナス） | 交流 | |
|---|---|---|---|
| | 酸化物入りタングステン | 純タングステン | 酸化物入りタングステン |
| 1.6 | 30～150 | 20～100 | 30～130 |
| 2.0 | 80～180 | 40～130 | 50～180 |
| 2.4 | 140～240 | 50～160 | 60～220 |
| 3.2 | 220～330 | 100～210 | 110～290 |
| 4.0 | 300～480 | 150～270 | 170～360 |

※酸化物入りタングステンとは、酸化トリウム入り、酸化セリウム入りおよび酸化ランタン入りタングステン

　最後に、電極の先端形状についてです。直流ティグ溶接と交流ティグ溶接の場合に分けて説明します。直流ティグ溶接における電極先端形状は、電極径3.2mmを例として、溶接電流が約250A以上の電流で使用する場合とそれ以下の電流で使用する場合で先端形状を使い分けます。250A以上の大電流条件では、電極の耐久性などの観点から先端角度（$\theta$）を60°以上の鈍角に加工し、かつ電極先端部を少し平らに研磨します。この加工は、交流ティグ溶接時と同じであり、詳細については後述しています。一方、250A以下では、基本的に円錐状に研磨加工します。この時の$\theta$は、約15～60°の範囲内に加工して使用されることが多いようです。この角度範囲において、同じ溶接電流値で比べてみると電極の先端形状が鋭角になるほどアークは広がり、鈍角になるほどアークが集中する傾向があり、この傾向は溶接電流が高くなるにしたがって顕著にな

ります。

　図5-3-4に、ステンレス鋼SUS304材の自動ティグ溶接において、電極先端角度の違いが溶込み深さに及ぼす影響について調べたデータを示します。図中に示した溶接条件において、電極の先端角度（$\theta$）が大きくなるほどアークの集中性が高まり、溶込み深さが増加していることがわかります。このことから、例えば、水平すみ肉溶接などでルート部の溶込みを十分に確保したい場合には$\theta$を鈍角に設定し、薄板のへり継手の溶接のように溶込みを浅くしつつ溶融金属を進行方向に流しながら溶接したい場合には鋭角に設定する、といったように目的に応じて最適な$\theta$を選択することが上手な設定方法と言えます。

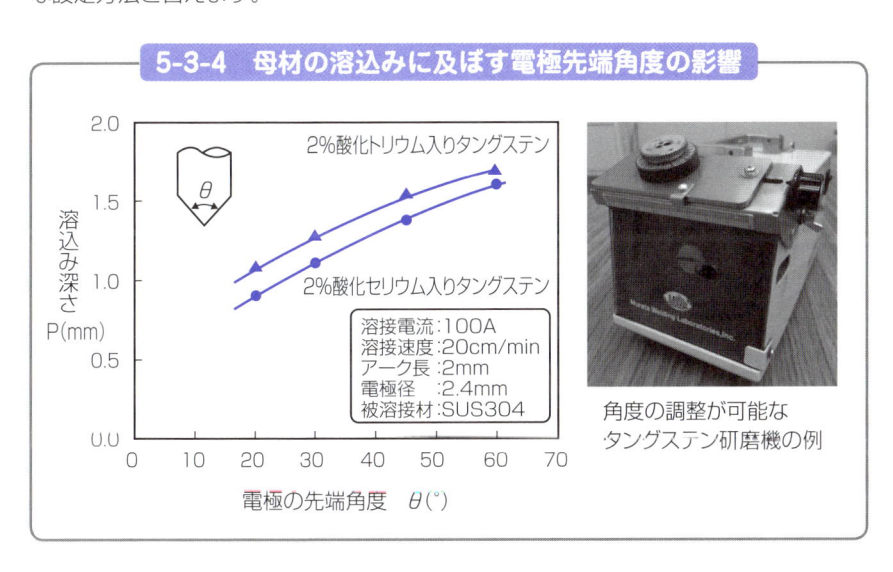

### 5-3-4　母材の溶込みに及ぼす電極先端角度の影響

角度の調整が可能な
タングステン研磨機の例

　また、図に示した実験結果では、電極の材質が違うとアークの集中性が変わり、溶込み深さのデータ値が若干異なっている点にも注目して下さい。これまでにも電極の種類を替えた途端に溶込みが悪くなったという不具合事例がありました。意外と知られていない事柄ですが、このような電極材質による影響には注意が必要となるケースがあります。

　次に、交流ティグ溶接の場合です。交流ティグでは、電極がプラスの時に電極が過熱されて消耗が激しくなります。このことから、例えば鋭角に細く研磨すると、電極の消耗が早くなると同時に、電極先端部が溶融池内に溶落しやすく、タングステン巻込みの原因になります。よって、交流ティグ溶接の場合は、図5-3-5に示すように電

極先端をいったん鈍角に研磨した後、先端部分を直径1～1.5mm程度平らに研磨します。または、電極をいったん鈍角に研磨した後、捨て板上でやや高めの溶接電流でアークを出し、事前に電極先端を半球状に溶融させておくのが望ましいといえます。

### 5-3-5　交流ティグ溶接時は、このようにする

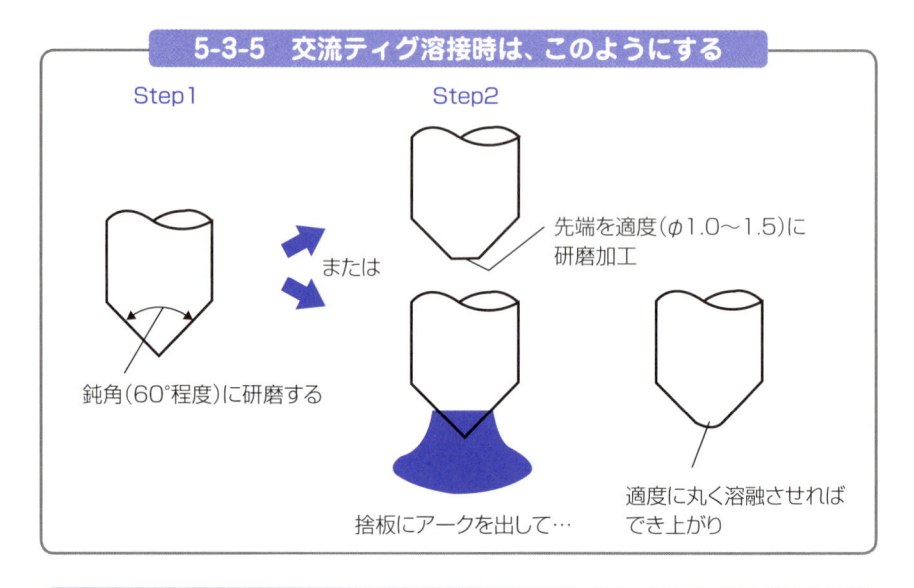

Step1
鈍角（60°程度）に研磨する

または

Step2
先端を適度（φ1.0～1.5）に研磨加工

捨板にアークを出して…

適度に丸く溶融させればでき上がり

---

**COLUMN　純タングステン電極に溶融突起物が…**

　アルミニウム製の梯子を製作している会社から次のような相談を受けました。
　「アルミのティグ溶接で純タングステンを使用しています。電極先端に溶融突起物が生じてアークが安定せず困っています。」
　相談を受けた時に撮影した不具合タングステンを写真に示します。溶接電流は許容電流をオーバーしないで使用しているとのことで、当初は原因が分かりませんでした。現地を訪問して溶接作業者の作業状況をチェックしていたところ、その原因が分かりました。
　タングステン（以降W）の先端を研磨せずに、ペンチで先端部を折って使用していました。聞くと、交流ティグでは、電極先端が溶融するのが分かっているため、折ったままの状態で使っても大丈夫だと思っていた、とのこ

とでした。W電極は、Wの粉末を高圧でプレスし、焼結製作されています。したがって、工具で折ると、その破面には小さな凹凸状のW粉末の焼結部が露出しますので、研磨せずにこのままアークを放電すれば、極点の形成位置が不規則になり突起物が生成されやすくなります。このことは、純W限らず他の種類のWにもいえることです。

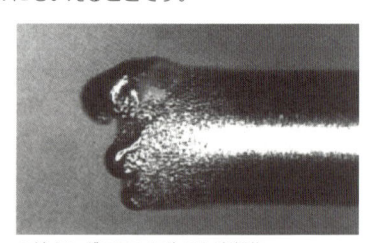

▲純タングステンに生じた突起物

## 溶接機の設定（クレータ処理機能）

ティグ溶接は、他のアーク溶接と比べて溶接速度が遅いため、溶接に時間がかかります。このため、トーチスイッチの自己保持機能を伴ったクレータ処理機能の使用が一般的になっています（溶接長の短いタック溶接などでは、この限りではない）。

図5-3-6に、ティグ溶接機のクレータ処理機能を使用したときの動作シーケンスを示します。前述したマグ溶接機の場合に比べて、さらに細かく出力電流パターンの調整ができるようになっています。

**5-3-6　クレータ処理機能を積極的に使おう！**

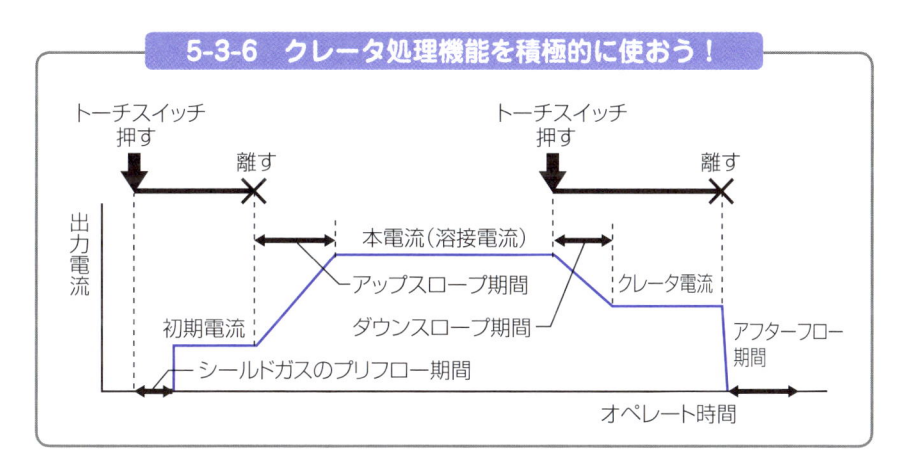

（図：トーチスイッチ押す／離す、出力電流、初期電流、シールドガスのプリフロー期間、アップスロープ期間、本電流（溶接電流）、ダウンスロープ期間、クレータ電流、アフターフロー期間、オペレート時間）

図中に示す初期電流とは、溶接開始時の電流を本電流（溶接電流）とは別の条件に設定できるものです。例えば、薄板材の溶接を行うケースを考えてみましょう。板の端部において、いきなり本電流でアークを発生させると母材が溶落ちする可能性が考えられます。この場合、本電流よりも小さな電流でアークを発生させれば溶落ちの心配が少なくなります。ティグ溶接は、その特長から薄板材の溶接に適用されることが多く、溶接開始部の不具合を解消するために、このような機能（初期電流）が設けられています。

また、アップスロープ期間は、初期電流から本電流に移行させるための時間であり、ダウンスロープ期間は、本電流からクレータ電流に移行させるための時間です。これらの機能は、一例として溶接ビードを継ぐ時に使用されます。図5-3-7に示すように、最初の溶接においてダウンスロープ期間を十分にとって移動しながら溶接を終了させると、本電流が徐々に低下し、溶接ビードは徐々に先細りする形状になります。この細くなった部分が、溶接の継ぎ目となります。さらに、その部分にビードを継ぐ

際には、アップスロープ期間を十分にとって溶接を開始し、先ほどの細くなったビード上に新たにビードを継いでいきます。このようにすることで、継ぎ目部のビード形状がなめらかになり、健全なビード継ぎを容易に行うことができます。

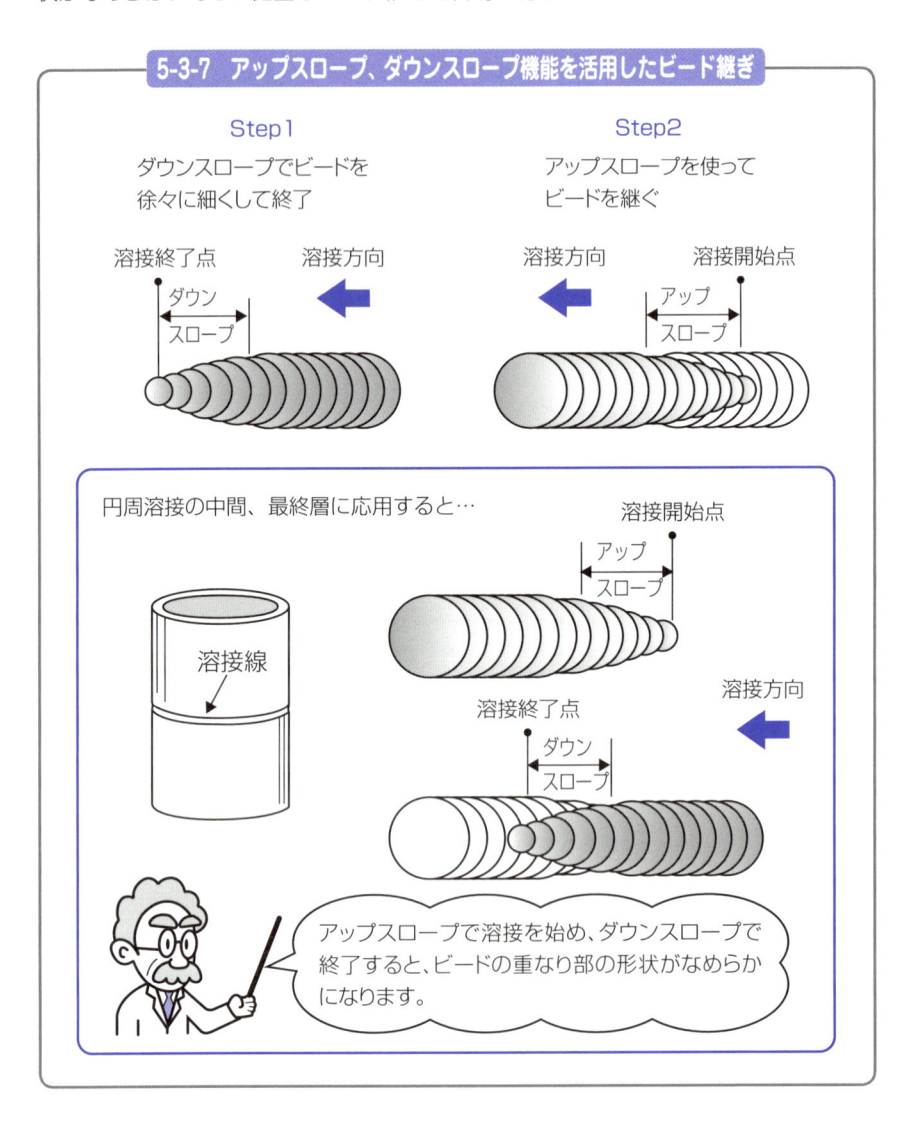

## 5-3-7 アップスロープ、ダウンスロープ機能を活用したビード継ぎ

**Step1**
ダウンスロープでビードを
徐々に細くして終了

溶接終了点　溶接方向
ダウンスロープ

**Step2**
アップスロープを使って
ビードを継ぐ

溶接方向　溶接開始点
アップスロープ

円周溶接の中間、最終層に応用すると…

溶接線

溶接開始点
アップスロープ

溶接終了点　溶接方向
ダウンスロープ

アップスロープで溶接を始め、ダウンスロープで終了すると、ビードの重なり部の形状がなめらかになります。

また、このようなテクニックはパイプ（管）の円周溶接の中間層および最終層の溶接にも応用が可能です。アップスロープで溶接を始めて、ダウンスロープで終了する

ことで溶接ビードの終端部をなめらかに仕上げることができるとともに、クレータ部の不具合発生を抑制する効果も期待できます。

## アークの発生方法

Chapter3で説明したように、ティグ溶接の手動操作において採用されているアークの発生方法には、**高周波高電圧方式**と**電極タッチ方式**があります。ここでは、一般的に採用されている高周波高電圧方式におけるアーク発生の要領について説明します。なお、電極タッチ方式による操作要領はChapter3内の図3-3-3で図解していますのでそちらを参考にして下さい。

図5-3-8に示すように、はじめは、ノズル先端の角を母材に接触させておきます。この時、電極先端部と母材表面との距離は、数mm程度あけておきます。この距離を長くとりすぎるとアークの発生が失敗しやすくなりますので注意して下さい。次に溶接面を下げてトーチスイッチを押します。アーク発生と同時にトーチを起こし、母材の継手形状や溶接姿勢に応じた所定のトーチ角度、アーク長さに構えます。

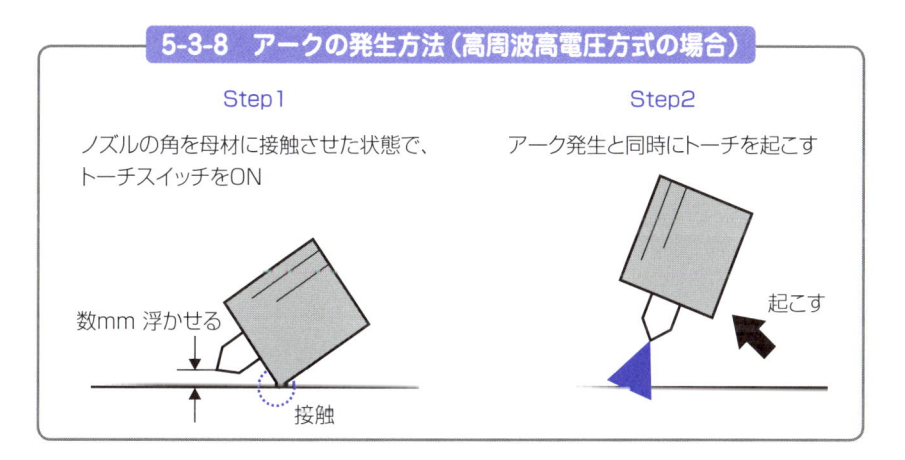

### 5-3-8 アークの発生方法（高周波高電圧方式の場合）

**Step1**
ノズルの角を母材に接触させた状態で、トーチスイッチをON

数mm 浮かせる
接触

**Step2**
アーク発生と同時にトーチを起こす

起こす

ここで、注意したいのは、トーチスイッチを押してトーチを起こす際に、電極先端が母材面に触れないようにすることです。電極が母材に触れた状態でスイッチが入ると、大きな短絡電流が流れて電極の先端が変形、もしくは先端が吹っ飛んで欠けてしまうからです。これを防止するために、あらかじめノズルの角を母材に接触させて、電極－母材間距離を安定させた状態でアークを発生させることで、溶接開始時の電極と母材の接触を防ぐことができます。

## ストリンガビード溶接

　最初に、溶接の作業要領の基本としてビードオンプレートでのストリンガビード溶接について説明します。

　準備する材料は、板厚3mmのステンレス鋼（SUS304）材と直径1.6mmのティグ溶接用溶加棒（YS308）です。また、タングステン電極には直径2.0〜2.4mmの酸化物入り（例えば、2%酸化ランタン入り）タングステン電極を準備しましょう。作業に際して、あらかじめ電極先端を30〜45°程度に研磨し、母材表面をアセトン等の溶剤で脱脂しておきましょう。

　次に、機器類の設定です。アルゴンのガス流量は5〜10 ℓ/minに、電極の突き出し長さは5〜6mmにしましょう。極性は、直流（電極マイナス）に、クレータ処理機能を入れて、溶接電流を80Aに、クレータ電流を40〜60Aに設定しましょう（初期電流、アップスロープおよびダウンスロープは、OFFでよい）。アフターフロー時間は、3〜5秒に合わせておきます。以下、図5-3-9で溶接の要領を図解します。

### 5-3-9　ストリンガビード溶接ポイント

Step1　前項で説明した要領でアークを発生させ、図に示す始点の位置にすばやく戻し、アーク長さを約3mmに、トーチ傾斜角度を10〜20°に保持する。

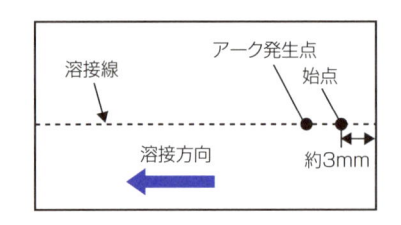

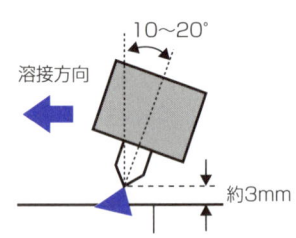

溶接線／アーク発生点／始点／溶接方向／約3mm／10〜20°／溶接方向／約3mm

Step2　上記の状態のまま静止して少し待つか、または電極先端を小さく旋回運動させて、溶融池の大きさが直径で約6〜7mmの大きさになったら、溶加棒を図に示す角度で溶融池の先端に添加する。

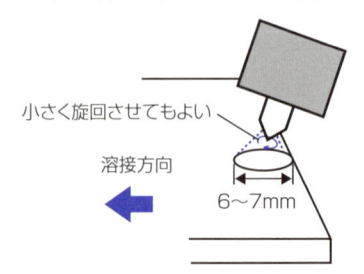

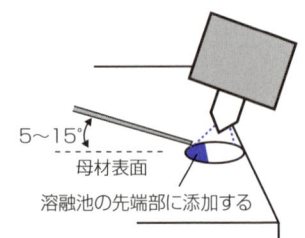

小さく旋回させてもよい／溶接方向／6〜7mm／5〜15°／母材表面／溶融池の先端部に添加する

| Step3 | 溶融池が適度に盛り上がったら、溶加棒を溶融池から引き離す。この時、ワイヤ先端部が酸化をしないように、シールドガスの雰囲気より外に出さない。その後、目標のビード幅となるように注意しながらトーチを数mm程度前進させるか、または短時間静止して溶融池の盛り上がり(余盛)をアーク熱で母材になじませた後、前進させる。 |

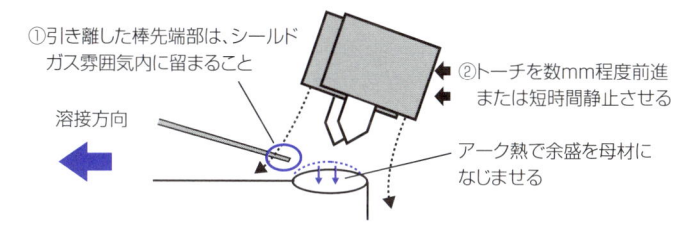

①引き離した棒先端部は、シールドガス雰囲気内に留まること
②トーチを数mm程度前進または短時間静止させる
溶接方向
アーク熱で余盛を母材になじませる

| Step4 | 溶融池に再び溶加棒を添加する。以下、これらの動作を繰り返す。 |
| Step5 | 溶接の終端部でやや多めにワイヤを添加する。その後、ワイヤを引き離すと同時にクレータ電流に切り替え、この電流でクレータ部を溶接ビードと同じ高さになるように、アーク熱でなじませる。 |
| Step6 | アークを切り、溶接終端部が酸化しないように、アフターフロー時間が終了するまでトーチをクレータ上部に保持しておく。 |

　最後のアフターフロー時は、トーチをあわてて動かさずにクレータ上部でしばらく待機することを心掛けましょう。これを厳守しないとクレータ部が空気に触れて酸化してしまいます。同様にアルミニウムやチタン等の溶接においても、酸化による悪影響で溶接不良になります。『アフターフロー待ち』をする習慣をつけておきましょう。

## ウィービングビード溶接

　開先のある溶接や大きな脚長のすみ肉溶接などでは、広い幅のビードを形成させることが必要になります。この場合、他の溶接法と同様にウィービング操作による溶接を行うことになります。

　ウィービング操作を行うことによって、アーク熱がビード周辺に分散し、ビード止端部と母材のなじみが良くなり、融合不良などの不具合を防止することができます。また、裏波溶接において、ウィービング操作を行うことで幅が広く、厚みの薄いビードを形成させることができ、これによって溶融金属を速く凝固させて、溶落ちを防止する効果もあります。

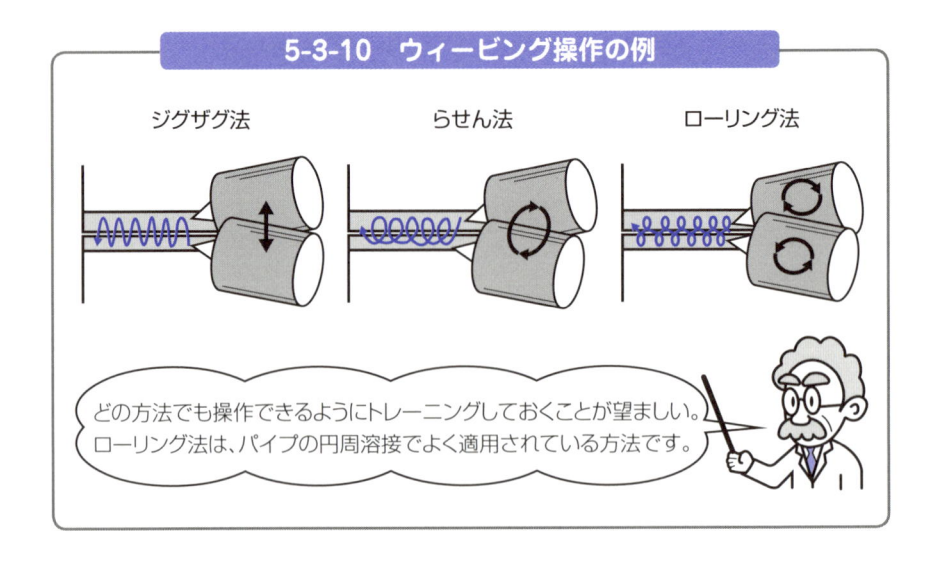

### 5-3-10　ウィービング操作の例

**ジグザグ法**　　**らせん法**　　**ローリング法**

どの方法でも操作できるようにトレーニングしておくことが望ましい。
ローリング法は、パイプの円周溶接でよく適用されている方法です。

　ティグ溶接で用いられているウィービング操作の例を図5-3-10に示します。ジグザグ法は、他の溶接法と同様に基本的な方法であり、これから派生した三日月形（前項の炭酸ガスアーク溶接のウィービング操作と同様のもの）もあります。また、らせん法は、一般的な使用頻度は少ないですが、例えば初層1パス目の裏波の形成が不完全な場合に、2パス目でこの方法を行うことで、裏波が安定形成されることがあり、いわば裏技的な技法としても使用できます。さらに、**ローリング法**は、管（パイプ）の溶接でよく使用されています。特に初層の溶接において、両母材のルート部を均等に溶かすとともに溶落ちすることなく安定した裏波を形成させることができます。様々なケースに応じてこれらのどの方法でも操作できるようにトレーニングしておきましょう。

## メルトランによるステンレス鋼角継手のすみ肉溶接

　同じ鋼種で板厚の薄いステンレス鋼どうしのティグ溶接では、溶加棒を使用しない**メルトラン**による溶接がよく行われています。ここでは筐体、いわゆる箱物の溶接には欠かすことができない薄板角継手のすみ肉溶接のポイントについて説明します。

ティグ溶接作業 5-3

## 5-3-11　角継手のすみ肉溶接のポイント

**実技練習の際は、このようにタック溶接すればよい**

タック溶接

冷めないうちに
90°に曲げる

溶接長さに応じて
タック溶接を追加

**溶接中は、溶融池の状態をこのように見極める**

○:良い状態

適度に溶融池が先行して、
ルート部が溶融している。

×:悪い状態

溶融池が上下に分離してハート型
となり、ルート部が溶融していない。

溶接サンプル
・母材:SUS304 材、板厚2mm
・溶接電流:35A
・初期、クレータ電流:25A

5　溶接作業の勘どころ

　最初に、角継手の仮り組みです。角継手は、タック溶接を行うのが面倒です。専用の治具を製作するなどして準備しなければ、溶接線を正確に合わせるのに手間がかかるからです。そこで、実技練習の際に簡単に仮り組みが出来る方法を説明します。
　図5-3-11に示すように、まず、母材をI形突合せの状態で両端2箇所にメルトランでタック溶接を行います。次に、タック溶接部の温度が下がらないうちに直角に曲げます。そして、溶接長さに応じて継手の途中に何点か追加のタック溶接を行って、仮り組みを完成させます。

次に本溶接です。初期電流機能を活用して低い電流でアークを発生させ、母材端部が溶落ちしないように注意しながら溶接を開始します。溶接中は、溶融池の形状をよく観察しながらトーチ操作を行う必要があります。

図の「良い状態」に示すように、溶融池がルート部に少し先行するような形状に保つように溶接速度をコントロールすることが大切です。もし、溶接速度が速すぎるなどでこのような形状が崩れると、図の「悪い状態」に示すようなハート型の溶融池になります。この形状では、溶融池が分離して、連続した溶接ビードが形成されなくなってしまいます。溶接中にこのような状態になったら、直ちにトーチの移動を少しの間止めるか、または少しステップバックしましょう。このようにすることで、溶融金属全体が溶接進行方向のルート部に流れて、溶融池が「良い状態」に復元されます。

## ステンレス鋼の突合せ溶接（TN-F相当）

ステンレス鋼の突合せ溶接の例として、板厚3mmの突合せ溶接の要領を説明します。なお、本課題は、JIS溶接技能者評価試験の基本級種目の一つでもあります（表題にある"**TN－F**"とはJIS溶接技能者評価試験の種別記号）。

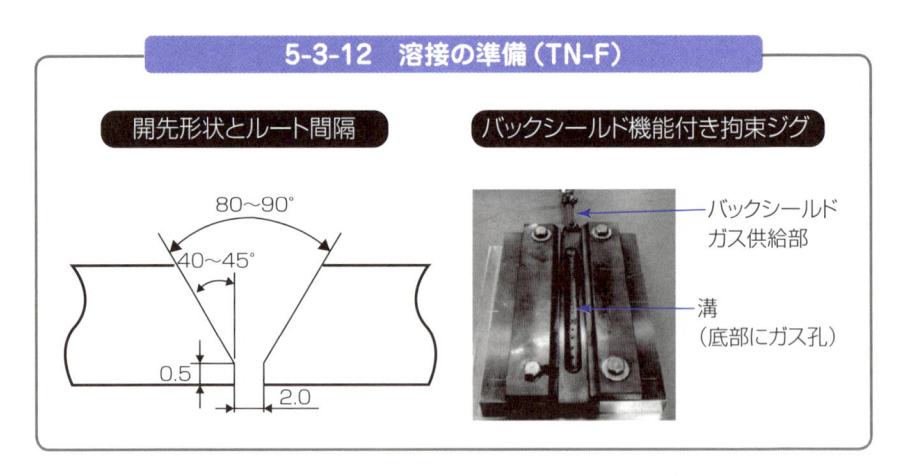

**5-3-12　溶接の準備（TN-F）**

開先形状とルート間隔　　　バックシールド機能付き拘束ジグ

80〜90°
40〜45°
0.5
2.0

バックシールドガス供給部
溝（底部にガス孔）

母材には、ステンレス鋼SUS304（板厚3mm×幅125mm×長さ150mm）を2枚用意しましょう。また溶加棒には、直径1.6mmのYS308を、電極には、直径2.0〜2.4mmの酸化物入り（例えば、2%酸化ランタン入り）タングステンを準備して下さい。また、母材は、図5-3-12に示すベベル角度に機械加工した後、開先表面をアセトン等の溶剤で脱脂しておきましょう。

次に機器類の設定です。アルゴンのガス流量を8～10ℓ/minに、バックシールドガスのガス流量を5ℓ/minにしましょう。極性は、直流（電極マイナス）に、クレータ処理機能を入れて（初期電流、アップスロープおよびダウンスロープは、OFFでよい）、アフターフロー時間は、4～5秒に合わせておきます。

　タック溶接は、ルート間隔が2mmになるようにして両端部に行います。この時のタック溶接の長さは約10mmです。以下、図5-3-13で溶接の要領について図解します。ここでは、2層2パス仕上げの場合について説明しています。

## 5-3-13　TN-Fの要領

### Step1【初層溶接】

　溶接電流を75～85Aにセットし、バックシールドガスを流す。始端より15mm程度内側の開先内でアークを発生させ、トーチを進行方向に20～30°傾けて、タック溶接位置まで戻り、アーク長を溶融池に接触しない程度に可能な限り近づけてアークを集中させる。両方の母材ルート部が均等に溶けたら、溶加棒を添加し、ストリンガビード溶接を開始する。裏波を形成させるために、溶加棒は、溶融池の先端部に押し込む気持ちで添加するとよい。

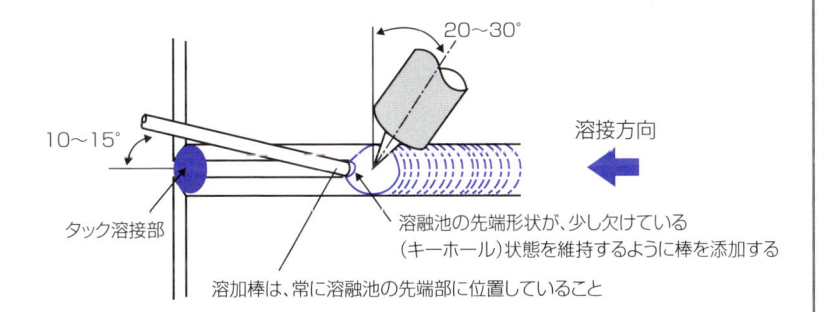

### Step2【最終層の溶接】

　初層溶接のビード表面をワイヤブラシで磨いておく。溶接電流を85～95Aにセットし、バックシールドガスを流す。初層溶接と同様にアークを発生させ、トーチの姿勢を保った後、次の要領でジグザグのウィービング操作で溶接を進める。

　その要領は、溶接線の中心から片側母材の開先角部方向へトーチを振り、溶融池の先端に溶加棒を添加するとともに、開先角部を十分に溶かす。次に反対側母材の開先角部方向へトーチを振り、溶融池の先端に溶加棒を添加するとともに、開先角部を確実に溶かす。この操作をピッチ3～5mmで規則正しく行う。

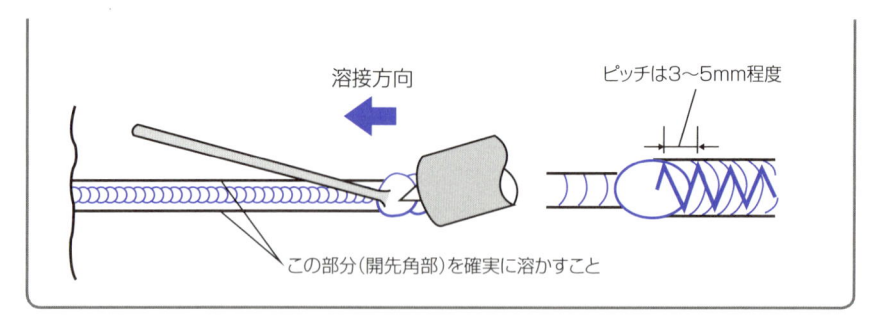

溶接方向
ピッチは3〜5mm程度
この部分（開先角部）を確実に溶かすこと

## アルミニウムの突合せ溶接（TN-1F相当）

　アルミニウムのティグ溶接では、トーチの操作はステンレス鋼の場合とほぼ同様ですが、アーク発生直後の溶融池形成に時間がかかること、溶融池が広がりやすいこと、ビード幅が揃っていない非定常な溶接ビードになりやすい（Chapter6の6-3節参照）ことなどアルミニウム材料独特の特徴があり、ステンレス鋼を溶接する場合とは異なる要領で溶接を行うことになります。

　以下、アルミニウムの溶接要領の例として、板厚3mmの突合せ溶接の要領を説明します。なお、本課題は、JIS溶接技能者評価試験の基本級種目の一つでもあります（表題にある"**TN－1F**"とはJISアルミニウム溶接技能者評価試験の種別記号）。

　母材には、アルミニウム合金A5083P-O（板厚3mm×幅125mm×長さ50mm）を2枚用意しましょう。また溶加棒には、直径が3.2mmのA5183-BYを、電極には、直径2.4mmの純タングステンまたは、2%酸化セリウム入りタングステンを準備して下さい。なお、母材については、開先部をI型とし、図5-3-14に示すように、×印で示し

### 5-3-14　溶接の準備（TN-1F）

開先形状とブラッシングの位置

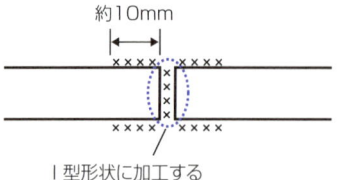

×印箇所をブラッシング＆脱脂
約10mm

I型形状に加工する
（シャーリング加工では、片ダレに注意）

拘束ジグ

た部分の母材表面の酸化皮膜をステンレス鋼製ワイヤブラシで研磨するとともに、アセトン等の溶剤で脱脂処理しておきます。さらに別途、同図の写真に示すような溶接熱による変形を防止するための拘束ジグを用意しておきましょう。なお、本課題では、ステンレス鋼の時のようなバックシールドは必要としません。

次に機器類の設定です。アルゴンのガス流量を10～12ℓ/minに、極性は交流にセットしましょう。また、クレータ処理機能を入れて（初期電流、アップスロープおよびダウンスロープは、OFFでよい）、アフターフロー時間を、4～5秒に合わせておきます。

タック溶接は、両母材の開先面を密着させ、ルート間隔無しで両端部に行います。この時のタック溶接の長さは約10mmです。以下、図5-3-15で溶接の要領を図解します。本課題では、1パス仕上げの裏波溶接を行います。

### 5-3-15 TN-1Fの要領

Step1　溶接電流を105～120Aにセットする。始端より15mm程度内側でアークを発生させ、トーチを進行方向に20～30°傾けて、タック溶接位置まで戻り、アーク長は溶融池に接触しない程度に近づけて、アークを集中させる。

Step2　電極先端を小さく旋回させて、両母材を均一に溶かす。溶融池の直径が約8mmを超えると溶融金属が沈み始めるので、この時までトーチは静止させておき、前方に動かさず、待機しておく。溶融池をよく観察し、溶融金属が沈み込むのを確認したら、溶加棒を添加する。

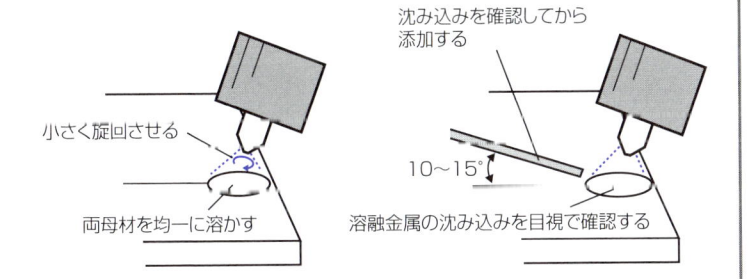

- 小さく旋回させる
- 両母材を均一に溶かす
- 沈み込みを確認してから添加する
- 10～15°
- 溶融金属の沈み込みを目視で確認する

**Step3** 添加された溶加棒を溶融池から離すと同時にトーチを僅かに前進させ、棒の添加で盛り上がった溶融金属(余盛)がアーク熱により母材に馴染むのを確認してから再び棒を添加する。その瞬間は、トーチを静止しておく。これらの動作を繰り返し行うが、溶接終端部に近づくにつれて溶融池が大きくなり、ビード幅が広がりやすくなるので、溶接速度を徐々に上げていくと同時に棒添加のタイミングを速めてゆく。

**Step4** 溶接終了時は、クレータ電流に切り替え、ワイヤを多めに添加して、クレータを埋める。アークを切った後は、アフターフローが終わるまでトーチをそのままの位置で静止しておく。

---

### COLUMN 拘束ジグの初期温度にも気を配ろう！

　特にアルミニウム(合金)の裏波溶接においては、溶接電流などの溶接条件が拘束ジグ自身の温度に左右されます。

　以下は、著者が経験した一例です。アルミニウム溶接技能者評価試験のティグ溶接課題TN-1Fにおける溶接電流条件は、真夏の午後一番に行なった条件(ジグの温度は、推定37～39℃)と真冬の朝一番に行なった条件(ジグの温度は、推定4～6℃)とでは、約7～10A差があり、後者の方が溶接電流を高くとらなければなりませんでした。なお、使用した溶接機とジグ、また、目標とする溶接ビードの仕上がり具合(表ビードの幅と光沢、裏波の形成具合)は夏冬とも同じです。

　こういったことを知っておかないと、例えば、ジグの初期温度が冷たい冬の時期にアルミニウム(合金)の裏波溶接を行なった際、裏波の出具合が良くなかった、あるいは、裏波を出すのに溶接速度が遅くなってしまい入熱過多の金属光沢のないビード(冶金的、機械的性質が劣化したビード)になってしまった、という問題が発生します。このことは、ティグ溶接に限らずミグ溶接の裏波溶接でもあります。

　アルミニウム(合金)は、熱伝導が良い材料であるため、拘束ジグ自体の温度が溶接母材に直ちに伝わり、その影響で溶接条件が変わることがあります。したがって、溶接する際は、拘束ジグの温度(初期温度)にも気を配り、管理項目とすることが大切です。そのためにも、使用したジグやジグの温度(初期温度)を記録しておくと良いでしょう。

　なお、溶接作業の過程で温度上昇したジグを冷却した際は、ジグに付着している水滴を完全に除去し、その後の溶接に(水分による)悪影響を与えないように注意しましょう。

# Chapter 6

# 各種金属の溶接施工のワンポイント

溶接品質を確保するためには、材料(溶接母材)に関する知識が必要になります。

ここでは、溶接オペレータとして最低限知っていただきたい事柄について解説するとともに、材料の視点から溶接施工上留意すべき点について説明していきます。

# 6-1 鉄（鋼）の溶接

鉄（鋼）には多くの種類があり、全ての材料が簡単に溶接できるわけではありません。まずは、その見極め方から説明していきます。

## 鉄（鋼）の種類

　純粋な鉄（純鉄）は、比較的軟らかく強度が低いことから、そのままでは構造材として使用することができません。このため、鉄（Fe）の中に少量の炭素（C）やケイ素（Si）、マンガン（Mn）等を添加させて強度を高め、いわゆる"鉄合金"として使用されています。このような鉄合金のことを「**鋼**（はがね）」と呼び、FeにCを0.02〜2.06%含んでいます。なお、C含有量が2.06%以上になると**鋳鉄**と呼んでいます。

　それでは、鋼を分類してみます。まず、鋼をJISによって分類すると、**普通鋼**と**特殊鋼**に分けられます。普通鋼とはJIS用語であり、一般的には"**炭素鋼**"という名で知られています。この炭素鋼をC含有量の違いで分類してみます。C含有量が0.3%までを**低炭素鋼**（通称"**軟鋼**"）、0.3〜0.6%までを**中炭素鋼**、0.6%以上を**高炭素鋼**（通称"**硬鋼**"）と呼んでいます。アーク溶接の材料として一般的に使用されている鋼の大部分は、これらの中の低炭素鋼と一部の中炭素鋼です。これらは、溶接性が良いのです。

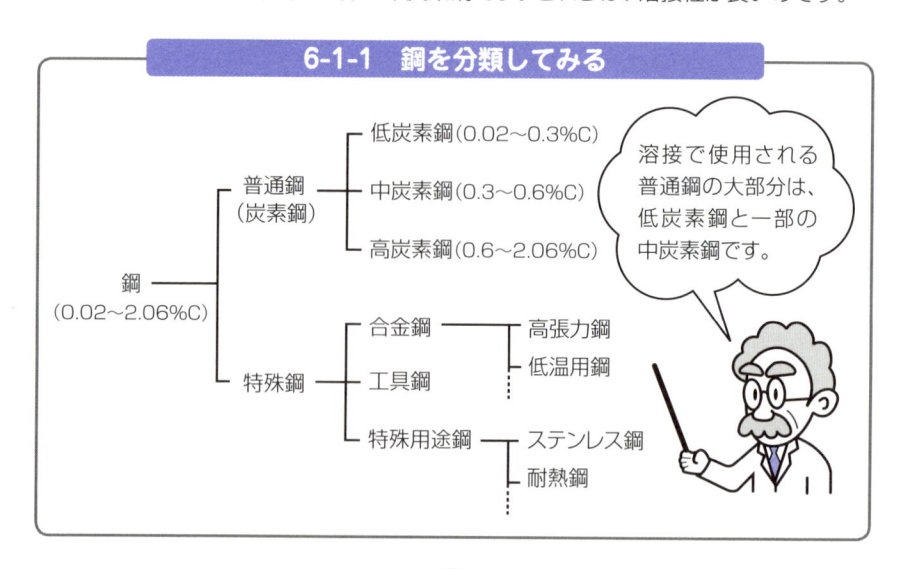

### 6-1-1　鋼を分類してみる

```
                    ┌─ 低炭素鋼(0.02～0.3%C)
          ┌ 普通鋼 ─┼─ 中炭素鋼(0.3～0.6%C)
          │ (炭素鋼) └─ 高炭素鋼(0.6～2.06%C)
  鋼 ─────┤
(0.02～2.06%C)      ┌─ 合金鋼 ──┬─ 高張力鋼
          │         │           └─ 低温用鋼
          └ 特殊鋼 ─┼─ 工具鋼
                    │
                    └─ 特殊用途鋼 ┬─ ステンレス鋼
                                  └─ 耐熱鋼
```

溶接で使用される普通鋼の大部分は、低炭素鋼と一部の中炭素鋼です。

一方、特殊鋼は、JISによって**工具鋼**、**合金鋼**、**特殊用途鋼**に分類されます。

**工具鋼**は、その名のとおり工具用の鋼であり、工具に必要な硬さを与えるために意図的にC含有量を多くしているのが特徴です。C含有量でみると高炭素鋼の仲間ともいえます。また、後述しますが、この種の鋼は溶接には不向きです。

**合金鋼**は、炭素鋼にC以外の合金元素（クロムやニッケル等）を積極的に加えて、炭素鋼の短所を補いつつ、機械的性質の改善等、炭素鋼では得られない特別な性質を与えたものです。この中には、溶接で広く用いられる高張力鋼（ハイテン鋼）や低温用鋼等が含まれます。

**特殊用途鋼**は、合金鋼と同様に炭素鋼では得られない特別な性質を与えたもので、その名の示すとおり特殊な用途に使われる鋼です。代表的なものとしては、耐熱鋼やステンレス鋼があります。ステンレス鋼については、6-2節で詳しく説明します。

## 鋼の五元素とその性質

次に、知っていただきたいのは炭素鋼に含まれている主要な五元素の性質です。五元素は、上記のC、Si、Mnに加え、リン（P）とイオウ（S）になります。これらを「**鋼の五元素**」と呼んでいます（図6-1-2参照）。

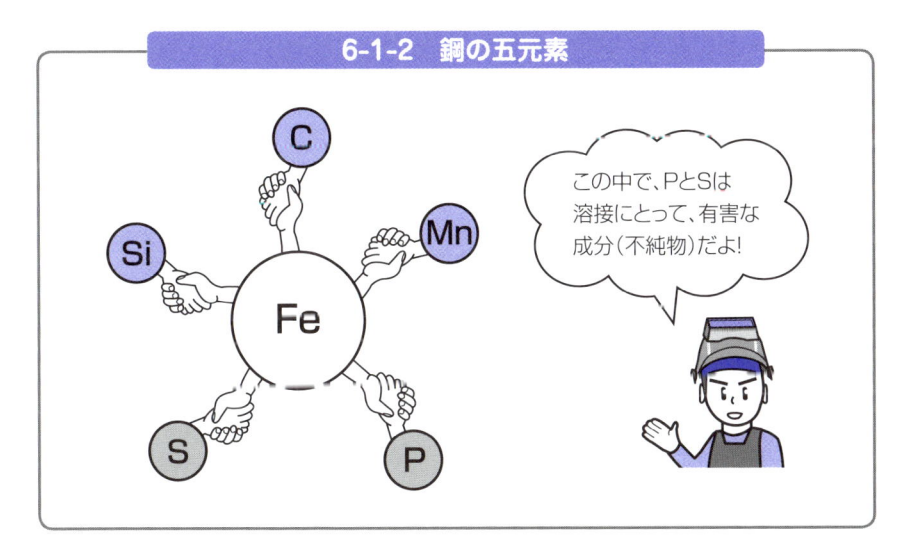

6-1-2 鋼の五元素

この中で、PとSは溶接にとって、有害な成分（不純物）だよ!

炭素（C）は、鋼材の強度を増すのに有効ですが、焼きが入りやすく、硬くもろくなります。一般に、C含有量が0.23%以下の材料において良好な溶接が可能です。

ケイ素（Si）も、鋼材の強度を増すのに有効です。ただし、その含有量が限度を超えると材料自身がもろくなります。また、鋼の耐熱性を向上させるとともに脱酸作用があります。なお、Si含有量が0.6%以下であれば、溶接性を害しないといわれています。

マンガン（Mn）も、鋼材の強度を増すのに有効です。さらに、じん性（ねばさ）も同時に向上します。溶接性の視点からは最高1.5%程度までMnを添加することができます。さらに溶接性に有害なイオウ（S）との親和性がよく、意図的にMnSを生成させてSを取り除くことができます。Siと同様、脱酸作用もあります。

リン（P）とSは、材料をもろくさせるなど、溶接性を悪くする不純物です。両者とも含有量0.04%以下が望ましいといわれています。

## 溶接ができる、難しいを判断するバロメータ

以上の知識を基に、溶接ができる、難しいを判断するバロメータをご紹介します。図6-1-3に示すこのバロメータCeqのことを、「**炭素当量**」と呼んでいます。

### 6-1-3　鋼の溶接性を推定するバロメータ「炭素当量」

$$Ceq = C + \frac{1}{6}Mn + \frac{1}{24}Si + \frac{1}{40}Ni + \frac{1}{5}Cr + \frac{1}{4}Mo + \frac{1}{14}V$$

ここで、C ：炭素
　　　　Mn：マンガン
　　　　Si ：ケイ素
　　　　Ni ：ニッケル　　の含有量（重量%）
　　　　Cr ：クロム
　　　　Mo：モリブデン
　　　　V  ：バナジウム

このCeqを「炭素当量」と呼んでいます。

炭素鋼では、ほとんどの場合この部分だけの計算になる

なお、この Ceq は鋼の中でも炭素鋼と**低合金鋼**（Ni、Cr、Mo、V の合金元素の含有量が合計 5％位までの鋼）しか適用できないので注意して下さい。このような式を用いて Ceq を算出することで、溶接熱による母材の焼入硬化性に影響を与える C、Mn、Si 等の含有量すべてを配慮して、溶接部が硬化する度合いを推定することができます。これを溶接の難易度の指標として利用します。

図 6-1-4 に示すように、Ceq の値が増えるとともに約 0.6％までは、ほぼ直線的に熱影響部の最高硬さ（以降、Hmax）が増大することがわかります。一般的に、硬さが増すと強度が大きくなる、といった良い面はあります。しかし、伸びが小さくなり、じん性も低下することから、Ceq の値が高い材料の溶接には注意が必要となります。

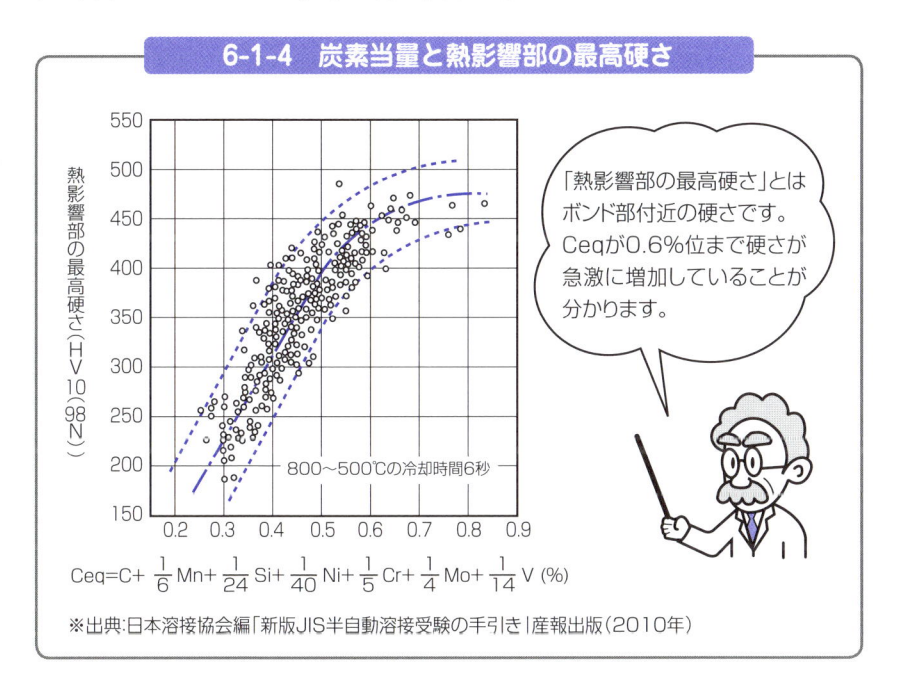

### 6-1-4 炭素当量と熱影響部の最高硬さ

「熱影響部の最高硬さ」とはボンド部付近の硬さです。Ceq が 0.6％位まで硬さが急激に増加していることが分かります。

$$Ceq = C + \frac{1}{6}Mn + \frac{1}{24}Si + \frac{1}{40}Ni + \frac{1}{5}Cr + \frac{1}{4}Mo + \frac{1}{14}V \ (\%)$$

※出典：日本溶接協会編「新版 JIS 半自動溶接受験の手引き」産報出版（2010 年）

また、この図において、Ceq の値が同じでも Hmax にバラツキがあることがわかります。これは、同じ Ceq でも C 含有量が異なることが主な原因です。すなわち、C 含有量が多い材料の硬さは大きく、C 含有量が少ない材料の硬さは小さくなります。

さらに、この図では溶接後の冷却条件（800〜500℃、6 秒）は一定としていますが、この冷却時間も Hmax に影響します。一般に、冷却時間が短いほど硬さが増えます。ただし、Ceq が多く、焼きが入りやすい鋼の場合です。したがって、Ceq がそこそこ

あって、母材の板厚が厚い時、または小入熱で溶接する時（溶接電流を小さくしたり、溶接速度を速くすると小入熱溶接となる）は、冷却時間が短くなって著しく硬化することが想定されます。そこで、溶接前にガスバーナー等で母材の溶接線近くを加熱（これを「**予熱**」という）して溶接部の冷却を遅くしたり、溶接直後に溶接部を再び加熱（これを「**後熱**」という）して硬化部を焼き戻して軟らかくするとともに、溶接割れの原因となる溶接部の残留水素を放出させる等の対策が必要になります。

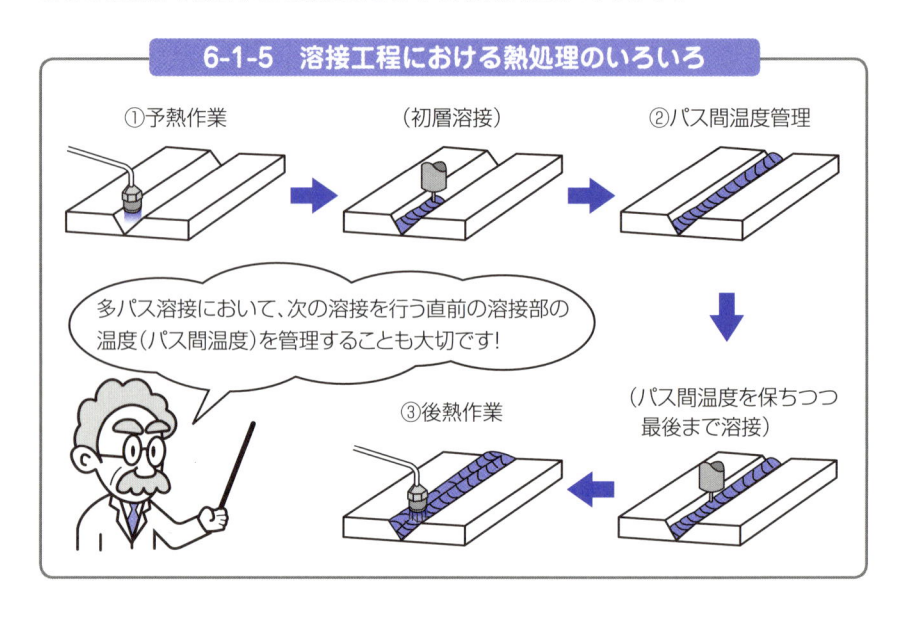

## 6-1-5　溶接工程における熱処理のいろいろ

①予熱作業　→　（初層溶接）　→　②パス間温度管理

多パス溶接において、次の溶接を行う直前の溶接部の温度（パス間温度）を管理することも大切です！

③後熱作業　←　（パス間温度を保ちつつ最後まで溶接）

一般的に、母材の炭素当量Ceqが約0.8％までの鋼が溶接可能といわれています。この値以上では、溶接が困難となります。つまり高炭素鋼に分類されるほとんどの鋼は溶接が困難といえます。次に、Ceqが0.8％までの鋼の溶接性について説明します。

Ceqが0.3％以下の鋼は、溶接性が良好です。普通に溶接することができます。ただし、C含有量が0.23％を超える場合や母材の板厚が25mmを越える場合は、Hmaxの管理が必要になります。割れ防止のためにそのHmaxを所定の数値以下となるように規制される例があります。

Ceqが0.3〜0.8％の鋼は、Hmaxの確認が必要となります。この範囲の中でCeqが0.3％寄りの鋼であっても、溶接入熱が少なければ350HV（HVはビッカーズ硬さの記号）程度の硬さに達してしまいます。板厚が厚くなった時の多層溶接では、予熱や後熱に加え、溶接パス間の温度（これを「**パス間温度**」という）にも配慮して施工を行う

必要があります。参考までに、Ceqと予熱温度の目安を図6-1-6に示します。

### 6-1-6　予熱温度と予熱範囲の目安

予熱温度の目安

| 炭素当量Ceq(%) | 予熱温度(℃) |
|---|---|
| 0.3〜0.5 | 100〜150 |
| 0.5〜0.6 | 150〜200 |
| 0.6〜0.7 | 200〜250 |
| 0.7〜0.8 | 250〜300 |

予熱する範囲

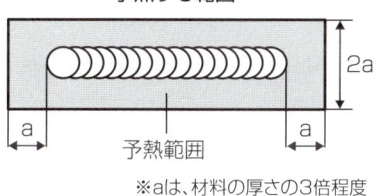

※aは、材料の厚さの3倍程度

また、溶接入熱の管理は、以下の考え方に従って実施して下さい。

$$Q_1 = \eta \times \frac{60 \times I \times E}{v} \quad \cdots\cdots (14)$$

ここで、$Q_1$は**実効溶接入熱**（J/cm）、Iは溶接電流（A）、Eはアーク電圧（V）、そして$v$は溶接速度（cm/分）です。「60」は60秒の意味で、溶接速度を毎分何cmかで換算したときに出てきた数字です。$\eta$は、**アークの熱効率**（%）と呼ばれるもので、溶接法等によって決まってくるものです。

したがって、入熱を管理する際は、式（14）において$\eta$を省略した

$$Q_2 = \frac{60 \times I \times E}{v} \quad \cdots\cdots (15)$$

で算出される値を、溶接法ごとに管理すればよいことになります。ここで$Q_2$は、$Q_1$の実効溶接入熱に対して「**溶接入熱**」と呼んでいます。単位は$Q_1$と同じです。

例えば、溶接電流120A、アーク電圧20V、溶接速度60cm/分の条件でマグ溶接を行った時の溶接入熱は、$Q_2 = 60 \times 120 \times 20 / 60 = 2400$J/cmとなります。この条件は、「マグ溶接において見かけ上、溶接長さ1センチメートル当たり2400ジュールの溶接熱が投入される」溶接条件です。あくまでも"マグ溶接において"です。

仮にティグ溶接において$Q_2 = 2400$J/cmの条件を取り扱うものとすると、マグ溶接における$Q_2$とティグ溶接における$Q_2$は、同じ値（2400J/cm）ですが、式（14）の$\eta$が異なることから真の溶接入熱、つまり実効溶接入熱$Q_1$が違ってきます。以上のことか

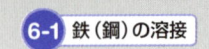

ら、溶接入熱の管理は、必ず溶接法別に行うことにしましょう。

## 代表的な構造用炭素鋼と溶接特性（SS材）

次に、溶接との関わりが深い、構造用の炭素鋼をいくつか取り上げてみます。

一般構造用として広く用いられているのが**SS**材です。正式には「一般構造用圧延鋼材」と呼ばれており、最初のSは"Steel（鋼）"、次のSは"General Structure（一般構造）"を表わしています。JIS鋼材の中でも非常に多く生産され、かつ様々な分野に適用されている鋼材です。SS材の規格、JIS G 3101:2010によりますとSS330、SS400、SS490およびSS540の4種類があります。SSの次に続く3ケタの数字は、JISで保証している引張強さの下限値です。引張強さの単位はN/mm$^2$となっていますが、これはMPaと等しいものです。400であれば「1平方ミリあたり400ニュートン」または「400メガパスカル」、工学単位系（重力単位系）に換算すれば「1平方ミリあたり41キログラム重」であることを表わしています。

### 6-1-7　SS材の化学成分と引張強さ

| 種類 | 化学成分（質量分率%） | | | | 引張強さ (N/mm$^2$) |
|---|---|---|---|---|---|
| | C | Mn | P | S | |
| SS330 | — | — | 0.050以下 | 0.050以下 | 330〜430 |
| SS400 | — | — | 0.050以下 | 0.050以下 | 400〜510 |
| SS490 | — | — | 0.050以下 | 0.050以下 | 490〜610 |
| SS540 | 0.30以下 | 1.60以下 | 0.040以下 | 0.040以下 | 540以上 |

> 五元素の1つであるSiが見当たりません。Siの規制はないと解釈してください。

SS材は、通常**リムド鋼**といわれる鋼塊から製造されています。リムド鋼は弱脱酸の工程があるため、比較的低いコストで製造できますが、不純物であるPやSが偏析している可能性があります。このことから板厚が50mm以上のSS材は、溶接構造物用として向いていないといわれています。

図6-1-7に、SS材の化学成分と引張強さをJISから抜粋してまとめてみました。溶接技術者の視点から表を眺めると驚かれることでしょう。SS540以外は、C、Mnの成分規制がないのです。これは、JISで保証する最低引張強さ等の諸条件を満たせばC、Mnが何％入っていてもOKと解釈することができます。また、溶接性に悪影響を及ぼ

すとされるPとSの含有量の規定が両者とも0.050％以下となっています。先にも述べましたが溶接性の視点から両者とも0.04％以下が望ましいといわれています。したがって、これらも規定がゆるいといわざるをえません。また、SS540は成分規制があるものの、その値は厳しいものとは言い難いところがあります。

以上のことから、SS材を使用するときは、要求される溶接品質のレベルに応じて、事前に図6-1-8に示すような鋼材検査証明書（通称：ミルシート）によって化学成分をチェックするとととともにCeqを算出し、確認しておく必要があります。

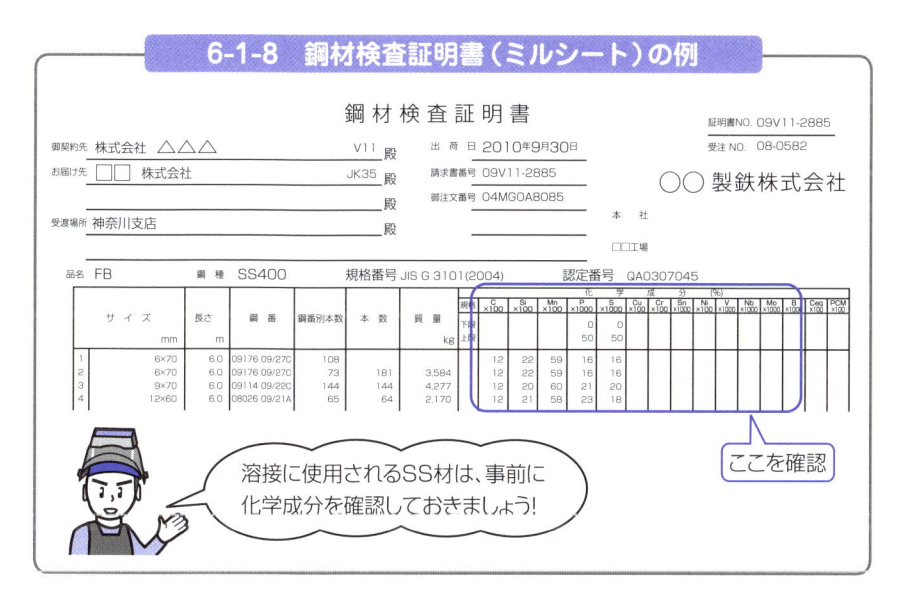

**6-1-8 鋼材検査証明書（ミルシート）の例**

溶接に使用されるSS材は、事前に化学成分を確認しておきましょう！

ここを確認

## 代表的な構造用炭素鋼と溶接特性（SM材）

次に、溶接構造用として知られている**SM**材について説明します。SM材は、正式には「溶接構造用圧延鋼材」と呼ばれています。最初のSは"Steel（鋼）"、次のMは"Marine（船舶）"を表わしています。かつてはリベット構造であった船が第2次世界大戦後を境に急速に溶接構造化していった歴史があり、もともとは溶接船体用の圧延鋼材として制定された材料でした。このような経緯から、船舶建造用途専用の鋼材と誤解を受けやすいのですが、そうではなく「船舶の建造にも適用できるほど溶接性に優れた材料」と解釈していただきたいと思います。

SM材の規格、JIS G 3106:2008によりますとSM400A、400B、400C、SM490A、490B、490C、490YA、490YB、SM520B、520CおよびSM570の種類があります。SM材は、SS

## 6-1 鉄（鋼）の溶接

材と違って強脱酸の工程を経て製造された高品位な**キルド鋼**といわれる鋼塊から造られています。キルド鋼は、金属の成分が均質であり、品質上信頼性の高い鋼塊であることから、SM材は信頼性の高い材料といえます。

### 6-1-9 主なSM材の化学成分と引張強さ

| 種類 | | 化学成分最大（質量分率%） | | | | | | | 引張強さ (N/mm²) |
|---|---|---|---|---|---|---|---|---|---|
| | | C | | | Si | Mn | P | S | |
| | | t≤50mm | t≤100mm | 50<t≤200mm | | | | | |
| SM400 | B | 0.20 | — | 0.22 | 0.35 | 1.50 | 0.035 | 0.035 | 400〜510 |
| | C | — | 0.18 | — | | | | | |
| SM490 | A | 0.20 | — | 0.22 | 0.55 | 1.65 | 0.035 | 0.035 | 490〜610 |
| | B | 0.18 | — | 0.20 | | | | | |
| | C | — | 0.18 | — | | | | | |
| SM520 | B | — | 0.20 | — | 0.55 | 1.65 | 0.035 | 0.035 | 520〜640 |
| | C | | | | | | | | |
| SM570 | | — | 0.18 | — | 0.55 | 1.70 | 0.035 | 0.035 | 570〜720 |

※tは、鋼材の厚さを示す

　主なSM材の化学成分と引張強さをJISから抜粋して図6-1-9に示しました。一部の鋼種を除き、鋼の五元素すべての化学成分の上限値が規定されています。特に溶接に有害な元素であるPとSは上限値0.035%となっており、この点でも溶接性に配慮されていることが分かります。

　ただし、いくら溶接構造用といえども注意していただきたい点があります。それは引張強さの大きな材料の場合です。具体的には490N/mm²（MPa）以上の鋼であり、これらを**高張力鋼**と呼んでいます。高張力鋼はJISによる名称の規格はありません。特殊鋼の中にもあります。高張力鋼は一般に**ハイテン鋼**（または**HT鋼**）という名称で知られています。SS400やSM400クラスの軟鋼よりも炭素当量が多いために、溶接割れ（低温割れ）発生が懸念され、溶接熱影響部の硬さの事前確認が必要になります。

　以下、著者の研究室にて実施した事例です。高張力鋼ともいえるSM490A（Ceq=0.345）に、予熱なしの炭酸ガスアーク溶接を施し、熱影響部の最高硬さを調べてみました。なお、比較のため軟鋼レベルのSM400B（Ceq=0.295）も同時に実施しました。溶接機には最新のデジタルインバータ制御形マグ溶接装置を使用し、溶接電流一定化制御機能を用いて溶接電流を230Aに固定しました。そして溶接速度を変化させることによって溶接入熱を変化させ最高硬さを調べてみました（図6-1-10参照）。

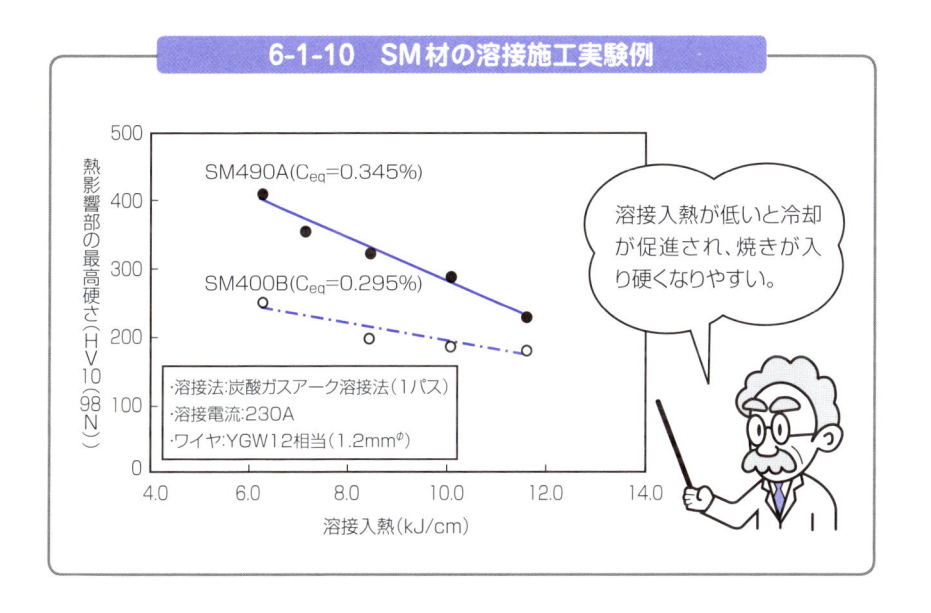

## 6-1-10 SM材の溶接施工実験例

**グラフ:**
縦軸: 熱影響部の最高硬さ(HV10(98N))
横軸: 溶接入熱(kJ/cm)

- SM490A($C_{eq}$=0.345%)
- SM400B($C_{eq}$=0.295%)
- ・溶接法:炭酸ガスアーク溶接法(1パス)
- ・溶接電流:230A
- ・ワイヤ:YGW12相当(1.2mm$^\phi$)

（吹き出し）溶接入熱が低いと冷却が促進され、焼きが入り硬くなりやすい。

　溶接入熱が低いほど熱影響部は硬くなってきており、特にSM490Aの方がこの傾向が顕著になっていることが分かります。これは入熱が低いほど溶接後に周囲が早く冷め、焼きが入るためであって、その程度はC含有量や$C_{eq}$が高くなるほど大きくなるからです。

　また、実験に使用したSM400B、SM490Aの硬さはそれぞれ、130HV、160HV程度でした。このことからSM490A材の方が、溶接入熱のかけ方に気を配らないと直ちに母材の2倍以上の硬さになってしまうことが分かります。一方、SM400B材の方は、極端に溶接入熱を小さくしない限りは、問題が生じにくいと思われます。前に、$C_{eq}$が0.3%より高い場合と低い場合との溶接施工の考え方について説明しましたが、この実験結果が実証してくれています。

　最高硬さの規制値をどのように決めるかは、製造する側が溶接品質基準に従って決定することになります。例えば、SM490A材で320HVを超えるのはダメとしましょう。そうしますと、上記の実験結果から8.5kJ/cm以下の入熱条件で溶接する時は、溶接する前に母材に対して予熱を行って急冷を避けることをしなくてはなりません。そうすることによって溶接割れを防止することができます。

　逆に、8.5kJ/cm以上の入熱条件ではどうかというと、ある程度までは良いのですが、あまり多くしすぎると問題が生じてきます。上限値が存在するのです。高張力鋼では、溶接入熱が多くなりすぎるとボンド部が脆くなり、じん性が低下するといった

問題が発生します。じん性が低下すると、それだけぜい性破壊の危険性が大きくなります。このような不具合を避けるために、溶接入熱の最大値を決める必要があります。溶接入熱の最大値は、品質基準や材料の大きさ、開先形状、溶接法等の諸因子に影響されるため一概にはいえませんが、一例としてSM570の例を図6-1-11に示します。

**6-1-11 SM570材の最大溶接入熱（目安）**

| 板厚の範囲(mm) | t<25 | 25≦t<50 | 50≦t≦75 |
|---|---|---|---|
| 最大溶接入熱(kJ/cm) | 50 | 70 | 80 |

※パス間温度はいずれも最大230℃

多パスで溶接する場合、同時にパス間温度も管理しましょう。

　板厚が厚い場合、多パス溶接を行うことになりますが、この時にパス間温度も管理することが大切です。なぜなら、最大溶接入熱をいくら守ってもパス間温度が高ければ予熱温度が高すぎる状態で溶接を行うことと同じになり、オーバーヒートしてしまうからです。最大溶接入熱は、基本的に予熱なしの条件で導かれていますので注意して下さい。

## 代表的な構造用炭素鋼と溶接特性（SN材）

　代表的な構造用炭素鋼の最後に**SN**材を紹介します。正式には「建築構造用圧延鋼材」と呼ばれており、1994年にJIS化されました。最初のSは"Steel"、次のNは"New Structure"を表わしています。"New Structure"は、次のような規格化の背景があるために名づけられたそうです。

　—これまでのSS材やSM材では、建築構造の視点から耐震設計の思想や建築固有の使用状況に対して必ずしも満足されるような規格ではなかった。むしろ不具合が生じる可能性があった。そこで建築構造用としてSM材をベースにSM材の規格値を満足しながらも建築構造の要件も満たせるような、「新しい」構造用鋼が規格化された。—

　このようなことからSN材は、これまで紹介した構造用炭素鋼の中でも最高級品に

# 鉄（鋼）の溶接 6-1

位置づけられています。その種類は、SN材の規格 JIS G 3136:2005によればSN400A、400B、400CおよびSN490B、490Cがあります。引張強さでみると400N/mm²級と490N/mm²級の2水準について規定されていることになります。

### 6-1-12 SN材の化学成分と引張強さ

| 種類 | | 化学成分最大（質量分率%） | | | | | | | 引張強さ (N/mm²) |
|---|---|---|---|---|---|---|---|---|---|
| | | C | | | Si | Mn | P | S | |
| | | 6≤t≤50mm | 16≤t≤50mm | 50≤t≤100mm | | | | | |
| SN400 | A | 0.24 | | | — | — | 0.050 | 0.050 | 400～510 |
| | B | 0.20 | — | 0.22 | 0.35 | 0.60～1.40 | 0.030 | 0.015 | |
| | C | — | 0.20 | | | | 0.020 | 0.008 | |
| SN490 | B | 0.18 | — | 0.20 | 0.55 | 1.60 | 0.030 | 0.015 | 490～610 |
| | C | — | 0.18 | 0.20 | | | 0.020 | 0.008 | |

※tは鋼材の厚さを示す

図6-1-12に、SN材の化学成分と引張強さを示します。これによると、SN400A材のみ化学成分の規則がゆるい印象を受けます。これは、そもそもSN400A材は溶接を行わない箇所に使用することを想定しているからです。溶接を想定して規格化されているのは、残りの4種類（B種、C種）になります。

B種、C種をみるとC、Si、Mn量のいずれも同強度のSM材と同レベルとなっています。ただし、不純物元素であるP、S量はSM材よりさらに上限値が厳しく規制されていることが分かります。特にS量の規制度合いが大きいのが目立ちます。これは、**ラメラテア**といわれる溶接割れを防止するための措置です。

ラメラテアは、溶接熱影響部やその隣接部に母材表面と並行して段階状に発生する割れで（図6-1-13参照）、T形、十字形突合せやすみ肉多層盛溶接部に発生しやすい特徴があります。

鋼中の圧延方向に存在する不純物でできたもろい介在物（層状介在物）が原因とされており、溶接中の収縮や角変形の影響で、板厚方向に引張応力が生じる場合に介在物と地鉄の界面が剥離して開口し、割れが発生するといわれています。

## 6-1-13　ラメラテア

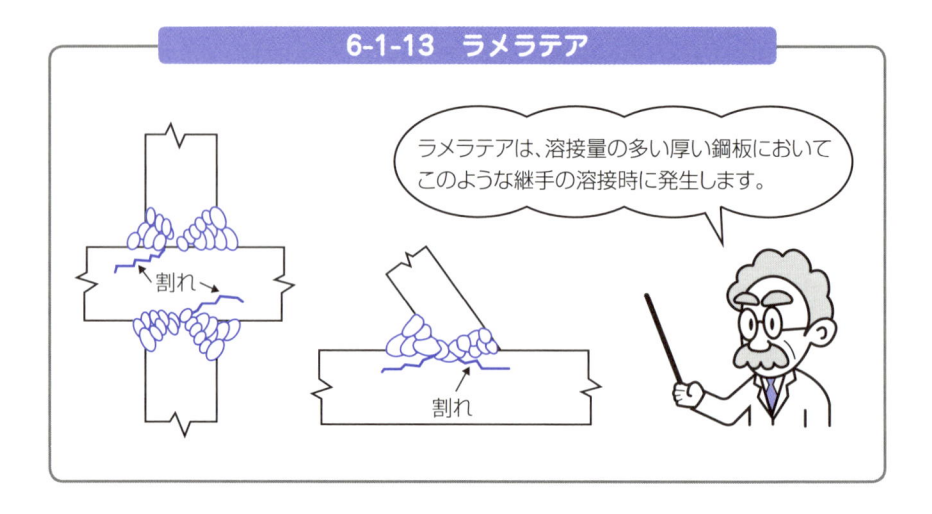

割れ

割れ

> ラメラテアは、溶接量の多い厚い鋼板においてこのような継手の溶接時に発生します。

　このような割れの防止対策としては、母材中のPやS（特にS）を低減させることが非常に有効であることから、SN材のB種、C種には成分規制を厳しくしてラメラテア対策が施されています。さらにC種では、SM材にはない板厚方向の絞り値が規定されており、板厚方向に引張応力を受ける場合のラメラテア防止対策も考慮されています。

　この他、B種、C種には、溶接性を配慮した炭素当量Ceqの規定や鋼材が十分に塑性変形を受けてから破断するように、機械的性質に係わる独自の規定などの様々な規定があり、これらはいずれも高品位な溶接建築構造物を製作する上において有効な規定となっています。

---

**COLUMN　鋼材表面の黒皮は不純物**

　本節で紹介した鋼板など熱間圧延された鋼板の表面には"黒皮"と呼ばれる黒色の皮膜が付いています。この正体は、鋼の製造工程でできた酸化皮膜です。黒皮は溶接にとって有害な不純物であり、溶接不具合の原因になることがあります。溶接前には必ず除去しておきましょう。

　また、除去する際は溶接箇所をよく見極めた上で除去範囲を決めましょう。特に、裏波が要求される継手においては、母材裏面の溶融想定箇所の黒皮も除去しなければなりません。これが意外と忘れがちであり、初層溶接部の不具合の原因になることが多いのです。

# 6-2 ステンレス鋼の溶接

「さびない鋼」といわれているステンレス鋼を健全に溶接するために、材料に関する知識から学習していきましょう。

## ステンレス鋼とは…

ステンレス鋼を英語表記すると"Stainless Steel"になります。"Stainless"はさびないと訳されます。"Steel"は鋼のことです。また、私達の日常生活において、ステンレス鋼がさびているのを見かけることは少ないと思います。このようなことからステンレス鋼は「さびない鋼」といわれています。

ところがステンレス鋼は、使用環境によってはさびる（腐食する）ことが多々ある材料なのです。ですから、"Stainless"を「さびない」ではなく「さびにくい」と意訳して、ステンレス鋼を「さびにくい鋼」と表現する方が正確だと思います。

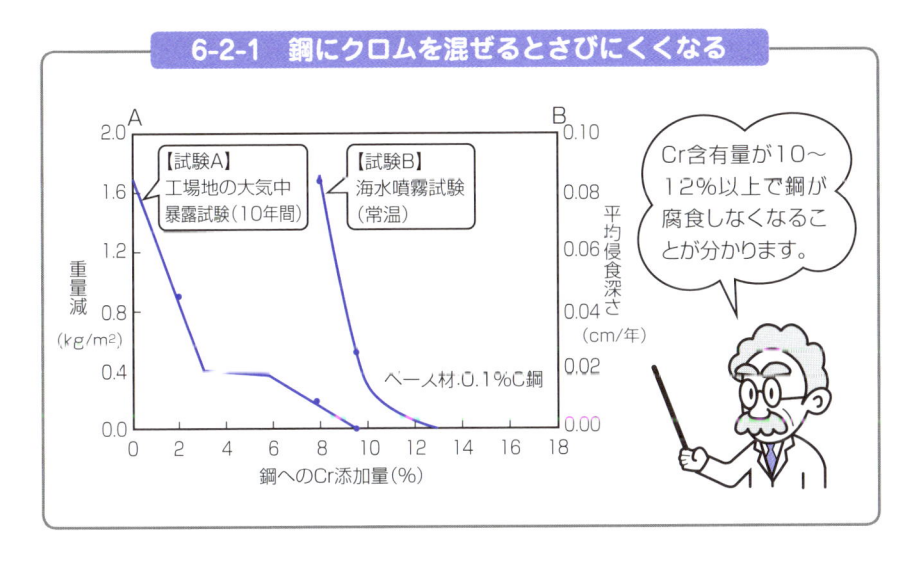

### 6-2-1 鋼にクロムを混ぜるとさびにくくなる

Cr含有量が10〜12％以上で鋼が腐食しなくなることが分かります。

【試験A】工場地の大気中暴露試験（10年間）
【試験B】海水噴霧試験（常温）
ベース材：0.1％C鋼

（横軸：鋼へのCr添加量(%)、縦軸A：重量減(kg/m²)、縦軸B：平均侵食深さ(cm/年)）

ステンレス鋼には、鋼をさびにくくするためにクロム（Cr）または、Crとニッケル（Ni）が含有されています。図6-2-1に実験データの例を示しますが、10年間の大気中暴露試験では、9.5％以上のCrを、また海水噴霧試験（常温）で13％以上のCrを鋼に含

有させると、ほとんどさびなく（腐食しなく）なっていることが分かります。これは、Crが酸化して材料の表面に**不動態皮膜**と呼ばれる厚さ百万分の数mm程度の保護膜が強固に形成されるためです。一般的には、Cr量12％以上で緻密な皮膜が形成されるといわれています。このような保護膜を鋼に形成させる方法の一例として、**メッキ**がありますが、メッキは一度剥がれたら保護性を消失するのに対して、Crを含有する鋼の場合、不動態皮膜が傷ついても、すぐに修復するといった特徴を持っています。

　以上のことから、Crをおおよそ12％以上含む鋼をステンレス鋼と呼んでいます。なお、ステンレス鋼の炭素（C）含有量は、通常0.1％以下に抑えられています。これは、C量が多いと腐食しやすくなるからです。

## ステンレス鋼の種類

　ステンレス鋼は、基本成分によってCr系とCr‐Ni系に大別することができます。これらはさらに金属組織で分類することができ、Cr系はマルテンサイト系とフェライト系、Cr‐Ni系はオーステナイト系、オーステナイト・フェライト系（二相系）および析出硬化系に分類されます。

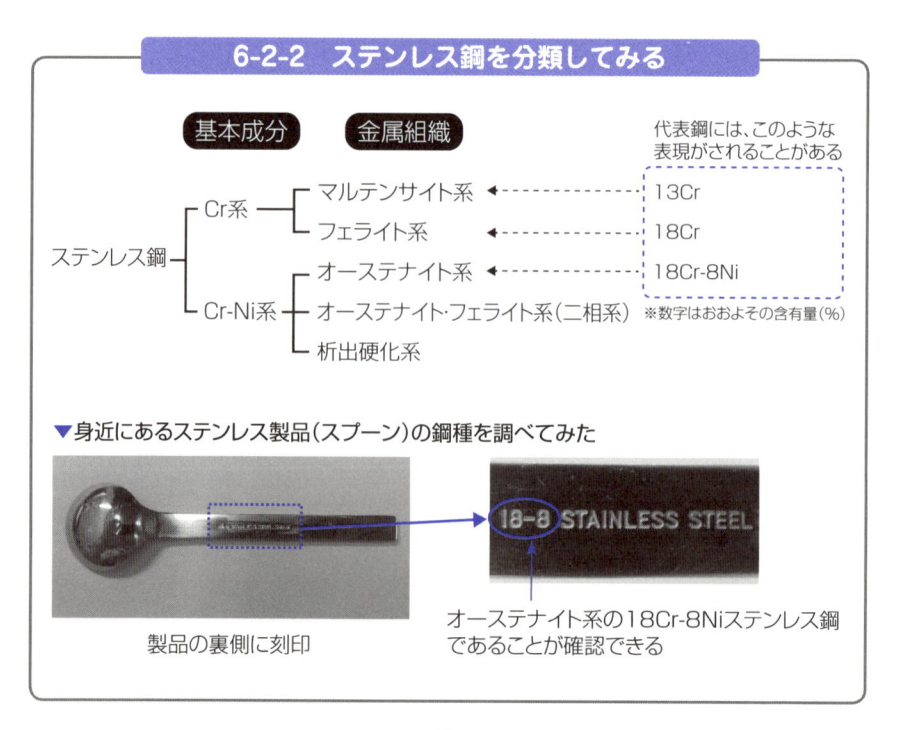

### 6-2-2　ステンレス鋼を分類してみる

基本成分　金属組織　代表鋼には、このような表現がされることがある

- ステンレス鋼
  - Cr系
    - マルテンサイト系 ← 13Cr
    - フェライト系 ← 18Cr
  - Cr-Ni系
    - オーステナイト系 ← 18Cr-8Ni
    - オーステナイト・フェライト系（二相系）
    - 析出硬化系

※数字はおおよその含有量（％）

▼身近にあるステンレス製品（スプーン）の鋼種を調べてみた

製品の裏側に刻印

18-8 STAINLESS STEEL

オーステナイト系の18Cr-8Niステンレス鋼であることが確認できる

## 6-2 ステンレス鋼の溶接

　JISでは、ステンレス鋼を表す代表的な記号に**SUS**（ステンレス鋼）、**SCS**（ステンレス鋼鋳鋼品）があります。また、ステンレス鋼は耐食用途だけではなく耐熱用途にも使用されており、**SUH**（耐熱鋼）、**SCH**（耐熱合金鋳造品）があります。これらの耐熱鋼は、名称にステンレスと示されていませんが、その成分からはりっぱなステンレス鋼といえます。

　以下、標準的に使用されているSUSを例に説明していきます。まず、記号の見方です。その詳細を図6-2-3に示しました。

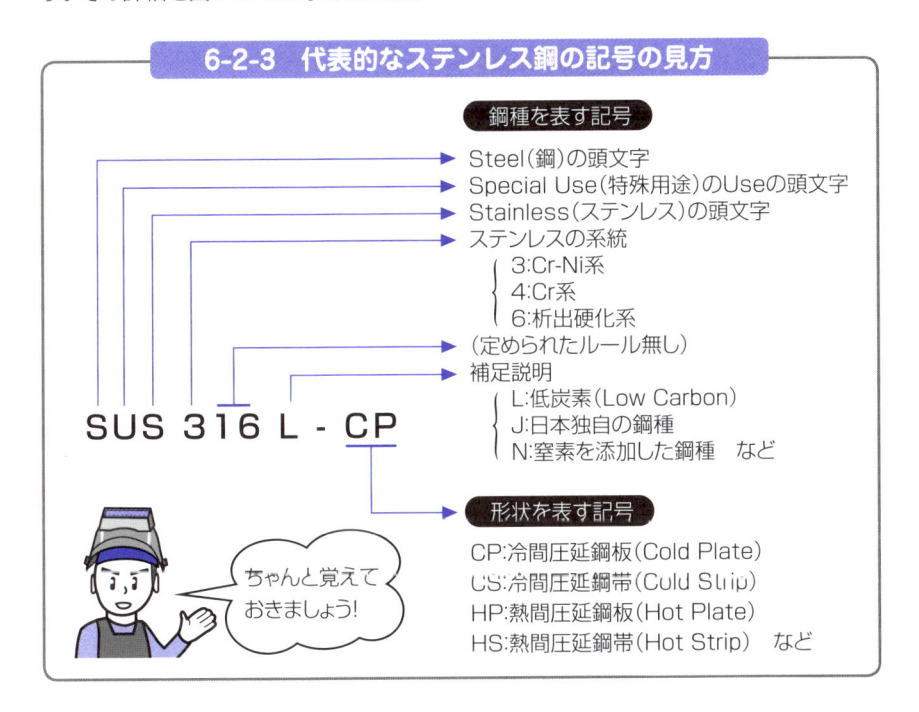

---

**6-2-3　代表的なステンレス鋼の記号の見方**

SUS 316 L - CP

- Steel（鋼）の頭文字
- Special Use（特殊用途）のUseの頭文字
- Stainless（ステンレス）の頭文字
- ステンレスの系統
  - 3：Cr-Ni系
  - 4：Cr系
  - 6：析出硬化系
- （定められたルール無し）
- 補足説明
  - L：低炭素（Low Carbon）
  - J：日本独自の鋼種
  - N：窒素を添加した鋼種　など

【鋼種を表す記号】

【形状を表す記号】
- CP：冷間圧延鋼板（Cold Plate）
- CS：冷間圧延鋼帯（Cold Strip）
- HP：熱間圧延鋼板（Hot Plate）
- HS：熱間圧延鋼帯（Hot Strip）　など

ちゃんと覚えておきましょう！

---

　ステンレス鋼の記号は、通常SUSの次に3桁の数字がきます。例えば、最初の数字で「3」がくればCr-Ni系を示しますので、オーステナイト系かオーステナイト・フェライト二相系ということになります。「4」がくればCr系を示しますので、フェライト系かマルテンサイト系になります。次の2桁の数字については特に定められたルールはありません。後で説明しますが、ステンレス鋼の溶接施工を考える時の第一歩は、鋼種が金属組織の視点から何系であるか、そしてCrやNi、Cなど溶接品質に影響を与える化学成分はどの程度含まれているか、を知らなければなりません。記号にある3桁の数字だけではこれらを判断できないので、3桁の数字と金属組織の系統および主要

化学成分をセットで覚えておく必要があります。

　また、3桁の数字の後についている記号は、鋼種を補足的に説明しているものです。この記号は必ず付いているものではありません。溶接施工の視点からは、記号「L」は最低限覚えておいてください。L材は、Lが付いていない材料と比べるとC含有量が低くなっており、強度（引張強さと**耐力**\*）は下がりますが溶接性を向上させた材料です。詳細は後で説明します。

## ⚙️ ステンレス鋼の性質

　代表的なステンレス鋼の物理的性質を図6-2-4にまとめました。ステンレス鋼は、低炭素鋼（軟鋼）と比べると電気抵抗が大きく（4〜5倍）、逆に熱伝導率は小さい（半分以下）といった特徴があります。また、熱膨張係数については、マルテンサイト系およびフェライト系が低炭素鋼と同程度であるのに対して、オーステナイト系は約1.6倍もあります。

### 6-2-4　ステンレス鋼の物理的性質

| | | マルテンサイト系 | フェライト系 | オーステナイト系 |
|---|---|---|---|---|
| 電気抵抗率 | 軟鋼比 | 約4倍 | 約4倍 | 約5倍 |
| 熱伝導率 | | 約1/2 | 約1/2 | 約1/3 |
| 熱膨張係数 | | ほぼ同じ | ほぼ同じ | 約1.6倍 |
| 磁性 | | 有 | 有 | 無 |
| 焼入れ硬化性 | | 有 | 無 | 無 |

▼各種のステンレス製品（スプーン）に磁石を近づけてみた

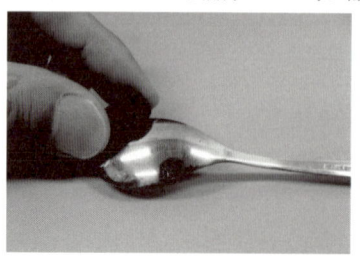

磁性あり（13Cr マルテンサイト系）　　磁性なし（18Cr-8Ni オーステナイト系）

---

\***耐力**　材料に働く外力が増加して永久ひずみが生じる時の応力。材料試験において規定された永久伸びが生じる時の荷重を試験片の原断面積で除した値。規定のない場合、永久伸びは2％とすることが多い。

このことは、オーステナイト系ステンレス鋼の溶接に際しては、ひずみや変形が大きくなることに注意しなければならないことを意味しています。また、同図の写真に示すように、マルテンサイト系やフェライト系は炭素鋼と同様に磁性を持つのに対して、オーステナイト系は、通常は磁性を持っていません。

### 6-2-5 代表的なステンレス鋼の機械的性質

| 種類 | 鋼種 | 耐力の最小値 (N/mm$^2$) | 引張強さの最小値 (N/mm$^2$) | 伸びの最小値 (%) | 硬さの最大値 (HV) |
|---|---|---|---|---|---|
| マルテンサイト系 | SUS403 | 205 | 440 | 20 | 210 |
| | SUS410 | 205 | 440 | 20 | 210 |
| フェライト系 | SUS430 | 205 | 420 | 22 | 200 |
| | SUS430J1L | 205 | 390 | 22 | 200 |
| | SUS434 | 205 | 450 | 22 | 200 |
| | SUS436L | 245 | 410 | 20 | 230 |
| | SUS436J1L | 245 | 410 | 20 | 200 |
| | SUS444 | 245 | 410 | 20 | 230 |
| オーステナイト系 | SUS304 | 205 | 520 | 40 | 200 |
| | SUS304L | 175 | 480 | 40 | 200 |
| | SUS316 | 205 | 520 | 40 | 200 |
| | SUS316L | 175 | 480 | 40 | 200 |
| | SUS321 | 205 | 520 | 40 | 200 |
| | SUS347 | 205 | 520 | 40 | 200 |

※1：表のデータはJIS G 4304:2005「熱間圧延ステンレス鋼板及び鋼帯」、JIS G 4305:2005「冷間圧延ステンレス鋼板及び鋼帯」から引用
※2：材料の状態は、マルテンサイト系とフェライト系が焼なまし、オーステナイト系が固溶化熱処理

> 数字が同じものでL記号が付いている材料とL記号が付いていない材料と比較するとC量が少ないL材の方が耐力、引張強さの値が低くなっていることが分かります。

　続いて、代表的なステンレス鋼の機械的性質（JIS規格値）を図6-2-5にまとめてみました。常温において、フェライト系は炭素鋼に、マルテンサイト系は構造用の合金鋼に類似した性質を示します。オーステナイト系は、引張強さが比較的高いにも関わらず、耐力が低く、伸びが高い性質を持っています。

## マルテンサイト系ステンレス鋼の溶接

マルテンサイト系ステンレス鋼の代表的なものとしてSUS403、SUS410があります。この系統のステンレス鋼は、溶接のままでは溶接金属および熱影響部の組織が焼きの入った組織になるために、非常に硬くなると同時にもろくなり、また延性やじん性が低くなります。特にC含有量の多いものほどこの傾向が強くなります。このようなことから必要な対策をしないで溶接を行うと溶接部に割れ(低温割れ)が発生します。

溶接施工のポイントとしては、大きく2つあります。1つは、溶接材料(溶接棒、ワイヤ)の正しい選択、もう1つは、溶接後の冷却速度を遅くさせることです。

### 6-2-6 マルテンサイト系ステンレス鋼の溶接材料の例

▼マルテンサイト系ステンレス鋼の適合溶接材料の例

| 鋼種 | 適合溶接材料 | |
|---|---|---|
| | 被覆アーク溶接棒 | ソリッドワイヤ※ |
| SUS403 | ES410、ES309、ES310 | YS410、YS309、YS310 |
| SUS410 | | |

※ティグ、プラズマ、マグ、ミグ溶接等のガスシールドアーク溶接用

▼代表的なマルテンサイト系ステンレス鋼の概略組成と特徴、用途

| 鋼種 | 概略組成 | 特徴、用途 |
|---|---|---|
| SUS403 | 13Cr-低Si | 蒸気タービンプレート、高い応力のかかる部品など |
| SUS410 | 13Cr-0.1C | 良好な耐食性、機械加工性を持つ。機械部品、耐食・耐熱一般用途、廃価刃物類、バルブなど |

▼ステンレス鋼用被覆アーク溶接棒ES410,309,310 の化学成分　　単位%(質量分率)

| | 化学成分 | | | | | | | | |
|---|---|---|---|---|---|---|---|---|---|
| | C | Si | Mn | P | S | Ni | Cr | Mo | Cu |
| ES410 | 0.12以下 | 0.90以下 | 1.0以下 | 0.04以下 | 0.03以下 | 0.60以下 | 11.0〜14.0 | 0.75以下 | 0.75以下 |
| ES309 | 0.15以下 | 1.00以下 | 0.5〜2.5 | 0.04以下 | 0.03以下 | 12.0〜14.0 | 22.0〜25.0 | 0.75以下 | 0.75以下 |
| ES310 | 0.08〜0.20 | 0.75以下 | 1.0〜2.5 | 0.03以下 | 0.03以下 | 20.0〜22.5 | 25.0〜28.0 | 0.75以下 | 0.75以下 |

例えば、SUS403またはSUS410の溶接に適応した溶接材料に410、309および310があります(数字の前のESやYSは省略)。410は、母材とほぼ同じ成分で共金系といわれるものです。そして309と310はオーステナイト系です。

溶接材料に410を使用する場合、溶接時の冷却速度を遅くさせることで、焼きの入った組織にならないようにします。このためには、前節で説明した予熱や後熱作業を溶接と並行して行います。多パスや多層溶接の時は、パス間温度の管理も行います。これらの熱処理温度条件は、予熱温度およびパス間温度で200～400℃、後熱温度で720～790℃程度が目安です。

図6-2-7にSUS410溶接金属部の機械的性質に及ぼす後熱温度の影響を示します。適正な温度条件の後熱作業を行うことで、引張強さや硬さは低下するものの、伸びや衝撃値が上昇して、溶接金属部の延性やじん性が良くなることがわかります。

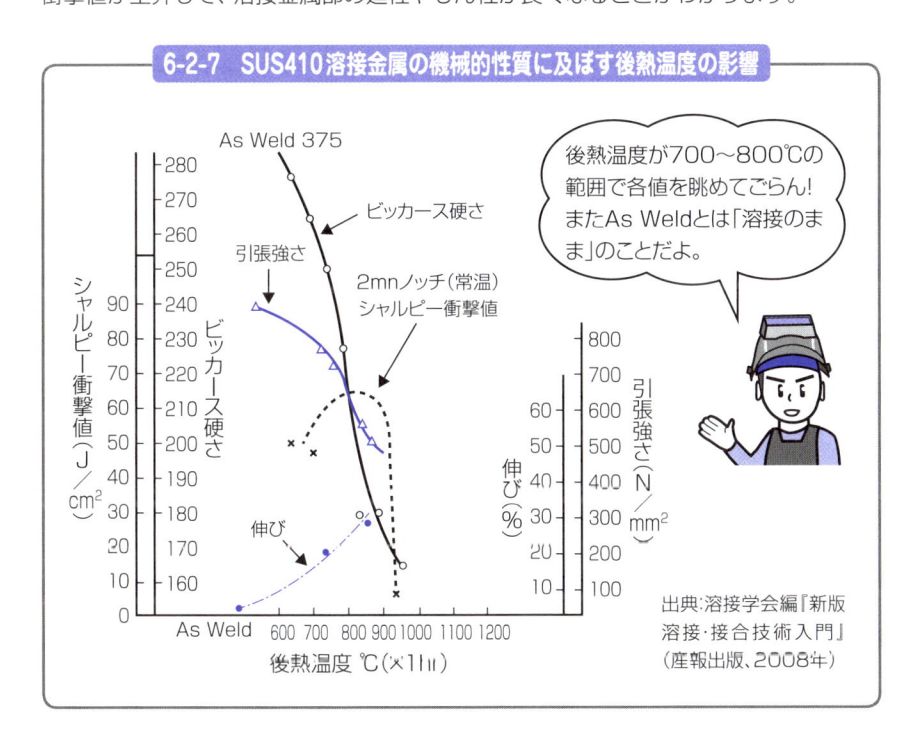

### 6-2-7 SUS410溶接金属の機械的性質に及ぼす後熱温度の影響

後熱温度が700～800℃の範囲で各値を眺めてごらん！またAs Weldとは「溶接のまま」のことだよ。

出典:溶接学会編『新版 溶接・接合技術入門』（産報出版、2008年）

一方、309、310の溶接材料は通常、予熱や後熱が行えない時に使用します。410より高価ですが、オーステナイト系特有の延性やじん性に富んだ溶接金属を形成させることができます。ただし、母材の熱影響部は、焼入硬化しますので注意が必要です。

この他、溶接時の変形やひずみ防止用の拘束ジグを使用する時の注意点として、適用箇所や材質が挙げられます。例えば、銅製の裏当金を使用すると溶接部が急冷してしまいます。急冷は、焼入硬化の原因になるので絶対に避けなければなりません。

## フェライト系ステンレス鋼の溶接（その1）

　フェライト系ステンレス鋼の代表的なものにはSUS430（18%Cr）があります。一般的に、フェライト系はマルテンサイト系と比べてCr含有量が多く、C含有量が少ないため、高温から急冷されてもマルテンサイト系のように焼入硬化することはないといわれています。しかし、溶接を行うと約900℃以上に加熱された領域、すなわち溶接金属と熱影響部のボンド寄りの領域において、焼きの入った組織が析出して硬化したり、結晶粒が粗大化する現象が生じてきます。このため、こうした部分はじん性や延性が大幅に低下して溶接品質上問題になることがあります（このような不具合現象を、**高温ぜい化**と呼んでいます）。

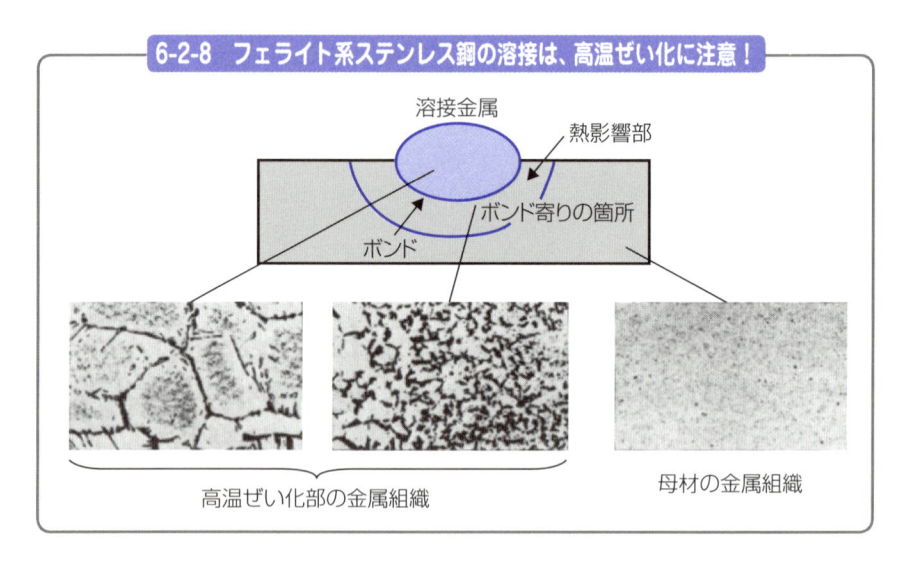

**6-2-8　フェライト系ステンレス鋼の溶接は、高温ぜい化に注意！**

溶接金属
熱影響部
ボンド寄りの箇所
ボンド

高温ぜい化部の金属組織　　　　母材の金属組織

　この対策として、低炭素でかつチタン（Ti）やニオブ（Nb）を単独または複合した材料を用いることが有効です。この理由としては、低炭素にすると焼入れ組織の生成が抑制できること、また Ti、Nbの添加は結晶粒を微細化してくれる働きがあるためです。図6-2-9に、このような材料の例を示します。母材の材質を変更できない場合は、少なくとも溶接材料（棒、ワイヤ）にこのような種類のものを選択することが大切です。特にガスシールドアーク溶接用のワイヤについては、こうした条件を満たした高付加価値ワイヤが数多く市販されています。図内の写真に、その適用事例を示しますが、高付加価値ワイヤを使用した場合、溶接金属の結晶粒が微細化されていることが確認できます。

## 6-2-9 代表的なフェライト系ステンレス鋼および溶接材料の例

▼代表的なフェライト系ステンレス鋼の概略組成と特徴、用途

| 鋼種 | 概略組成 | 特徴、用途 |
|---|---|---|
| SUS430 | 18Cr | 耐食性の優れた汎用鋼種。建築内装用、オイルバーナ部品、家庭用器具、家電部品など |
| SUS430LX | 18Cr-Ti、Nb-低C | 430にTiまたはNbを添加、Cを低下させた成形加工性、溶接性を改良。温水タンク、給湯用、衛生器具、自転車リムなど |
| SUS436L | 18Cr-1Mo-Ti,Nb、Zr-極低(C, N) | 430より塩分に対して強くした434にC、Nを低下させ、Ti、Nb、Zrを添加し、溶接性を改良。車両部品、建築用、給湯用など |
| SUS440 | 19Cr-2Mo-Ti,Nb、Zr-極低(C, N) | 436LよりMoを多くし、さらに耐食性を高めたもの。貯水(湯)槽、太陽熱温水器、熱交換器、食品機器、染色機械など |

▼SUS430材の適合溶接材料の例

| 鋼種 | 適合溶接材料 | |
|---|---|---|
| | 被覆アーク溶接棒 | ソリッドワイヤ※ |
| SUS430 | ES430、ES430Nb、ES309、ES310 | YS430、YS430Nb、YS309、YS310 |

※ティグ、プラズマ、マグ、ミグ溶接等のガスシールドアーク溶接用

▼高付加価値ワイヤによる溶接金属の結晶粒微細化の効果例
（大同特殊鋼株式会社、製品カタログ「WSR42KF」より）

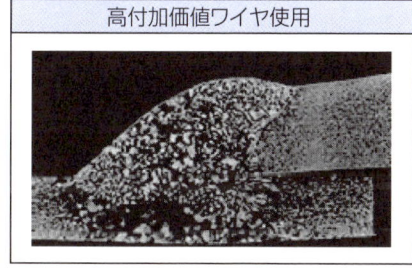

| 高付加価値ワイヤ使用 | 従来ワイヤ使用 |
|---|---|

※溶接法：Ar+5%$O_2$シールドガスによるパルスマグ溶接法

また、溶接を実施している最中に、高温ぜい化に起因した割れが発生するような場合には、予熱を実施しましょう。予熱温度は100～200℃程度が目安です。

## ⚙ フェライト系ステンレス鋼の溶接（その2）

また、フェライト系ステンレス鋼の溶接において注意しなければならない点として、**シグマ相ぜい化**が挙げられます。母材に対して、約600～800℃の温度域で長時間加熱されると、シグマ相といわれるFeとCrの金属間化合物が生成されます。これは非常に脆い性質を示すことから、このような名前がつけられています。その事例とし

て、Chapter2の図2-4-2にシグマ相ぜい化の例（溶接の失敗事例）を挙げています。曲げ試験でSUS430溶接の熱影響部に割れが発生している写真を載せていますので、もう一度該当箇所を振り返ってみて下さい。

　こうしたSUS430の溶接において"約600～800℃の温度域が長時間続く"箇所としては、溶接開始から終了までの熱履歴を考慮すると、熱影響部が一番の対象になります。前述したように、フェライト系ステンレス鋼は熱伝導率が炭素鋼の約半分ですから、一度熱すると冷めにくい、すなわち長時間加熱されるのと同じことになります。したがって、その対策としては

①必要最小限の入熱で溶接を行う（過剰な入熱は避ける）
②熱伝導が良く、丈夫な銅製のジグや水冷ジグなどを使用して熱影響部を冷却する

などが挙げられます。

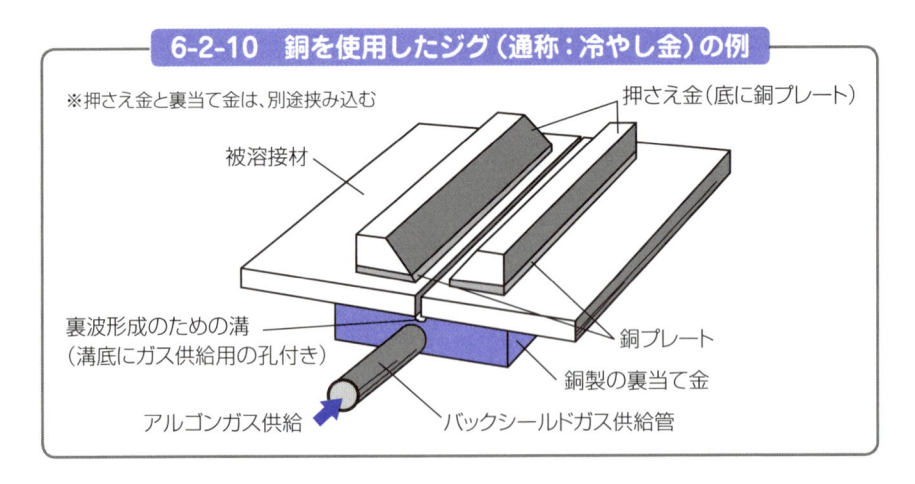

**6-2-10　銅を使用したジグ（通称：冷やし金）の例**

※押さえ金と裏当て金は、別途挟み込む
押さえ金（底に銅プレート）
被溶接材
裏波形成のための溝（溝底にガス供給用の孔付き）
銅プレート
銅製の裏当て金
アルゴンガス供給
バックシールドガス供給管

　この他の注意事項としては約450～500℃に長時間加熱、またはこの温度域を徐冷した時に起こる**475℃ぜい化**があります。その対策は、上記のシグマ相ぜい化の対策と兼ねるので、シグマ相ぜい化対策をしっかりとやっておけば心配することはありません。

## オーステナイト系ステンレス鋼の溶接（その1）

　オーステナイト系ステンレス鋼の代表的なものにはSUS304（18%Cr-8%Ni）がありま

す。オーステナイト系は、延性に富んでおりプレス作業などの成形加工性が良好です。また、フェライト系がある一定温度以下で脆くなるのに対して、低温でのじん性に優れています。さらに高温において、フェライト系より高い強度を示します（約600℃以上）。

　溶接性については、これまで紹介したステンレス鋼の中で最も優れています。ただし、いくら優れているとはいえ、後述するように健全な溶接品質を得るためにはこれまで説明した他の系のステンレス鋼と同様に、溶接冶金の視点から溶接施工を行うことが大切です。

### 6-2-11 代表的なオーステナイト系ステンレス鋼および溶接材料の例

▼代表的なオーステナイト系ステンレス鋼

| 鋼種 | 概略組成 | 特徴、用途 |
|---|---|---|
| SUS304 | 18Cr-8Ni | ステンレス鋼または耐熱鋼として最も広く使用。車両、食品設備、一般化学設備、原子力、建築、家庭用品など |
| SUS304L | 18Cr-8Ni-低C | 304の極低炭素鋼。耐粒界腐食性に優れる。溶接後の熱処理ができない部品類 |
| SUS309S | 22Cr-12Ni | 耐食性が304より優れる。耐熱鋼用途での利用が多い |
| SUS310S | 25Cr-20Ni | 耐食性が309Sより優れる。耐熱鋼用途での利用が多く、炉材、自動車排ガス浄化装置材など |
| SUS316 | 18Cr-12Ni-2.5Mo | 海水をはじめ、各種媒質に対して304より優れた耐食性を持つ。耐孔食材料、化学工業、食品製造工業 |
| SUS316L | 18Cr-12Ni-2.5Mo-低C | 316の性質に耐粒界腐食性をもたせたもの |
| SUS321 | 18Cr-8Ni-Ti | 304にTiを添加し、耐粒界腐食性をもたせたもの |
| SUS347 | 18Cr-8Ni-Nb | 304にNbを添加し、耐粒界腐食性をもたせたもの |

▼オーステナイト系ステンレス鋼の適合溶接材料の例

| 鋼種 | 適合溶接材料 | |
|---|---|---|
| | 被覆アーク溶接棒 | ソリッドワイヤ※ |
| SUS304 | ES308、ES308L | YS308、YS308L |
| SUS304L | ES308L | YS308L |
| SUS316 | ES316、ES316L | YS316、YS316L |
| SUS316L | ES316L、ES318 | YS316L |
| SUS321 | ES347 | YS347 |
| SUS347 | | |

※ティグ、プラズマ、マグ、ミグ溶接等のガスシールドアーク溶接用

代表的なオーステナイト系ステンレス鋼と適合溶接材料の例を図6-2-11に示します。それぞれの鋼種に応じた適合溶接材料はこれまでと同様、確実に覚えておく必要があります。溶接材料には、溶着金属中のオーステナイト組織にフェライト組織が5～10％程度になるよう成分調整されています。その主な理由としては、完全なオーステナイト組織のみでは高温割れが生じやすいために、少量のフェライト組織を混合させることで溶接割れの発生を防止しているのです。

## オーステナイト系ステンレス鋼の溶接（その２）

次に、オーステナイト系ステンレス鋼の溶接において有名な不具合現象である**粒界腐食**について説明します。これは、母材が約550～850℃の温度域に加熱（または徐冷）された時に、結晶の粒界にクロム炭化物が析出して耐食性を大きく劣化させる、というものです。

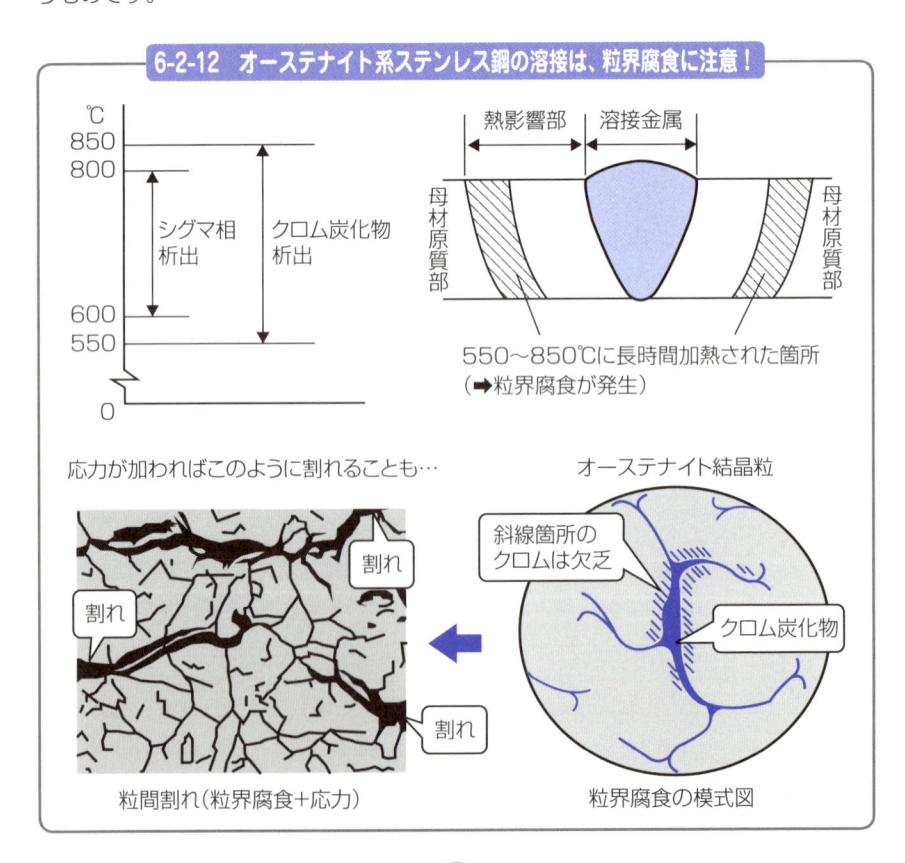

**6-2-12　オーステナイト系ステンレス鋼の溶接は、粒界腐食に注意！**

550～850℃に長時間加熱された箇所（→粒界腐食が発生）

応力が加わればこのように割れることも…

粒間割れ（粒界腐食＋応力）

斜線箇所のクロムは欠乏

クロム炭化物

粒界腐食の模式図

オーステナイト系ステンレス鋼は、おおよそ550～850℃の温度域に長時間さらされると、ステンレス鋼中の炭素がクロムと容易に結合してクロム炭化物をつくり、結晶の粒界に析出します。さらに、図6-2-12に示すように、析出したクロム炭化物に接する結晶粒の斜線で示した部分は、クロムの濃度が低下し、いわばクロムが欠乏した状態になります。このため、クロムが欠乏した部分は、不動態皮膜を形成しにくくなり、著しく耐食性が劣ってくると同時に、クロム炭化物は硬くて脆いため、この箇所に応力が作用すると写真のような割れが発生しやすくなります。このような不具合現象が発生する主な場所は、同図の右上に示すように熱影響部の外側（母材の原質部側）寄りが多いといわれています。

粒界腐食の防止対策としては、

①必要最小限の入熱で溶接を行う（過剰な入熱は避ける）
②熱伝導が良く、丈夫な銅製のジグや水冷ジグなどを使用して熱影響部を冷却する
③炭素含有量が0.030％以下の鋼種を使用する（例えば304L、316L）
④CrよりもCと結びつきやすいTiやNb入りの鋼種を使用する（例えば321、347）
⑤固溶化熱処理（950～1150℃加熱後、急冷。図6-2-13参照）を行う

などが挙げられます。

この中で①と②は、対策の基本であり徹底する必要があります。特に②は、溶接ひずみ、変形量の大きいオーステナイト系ステンレス鋼において重要になります。

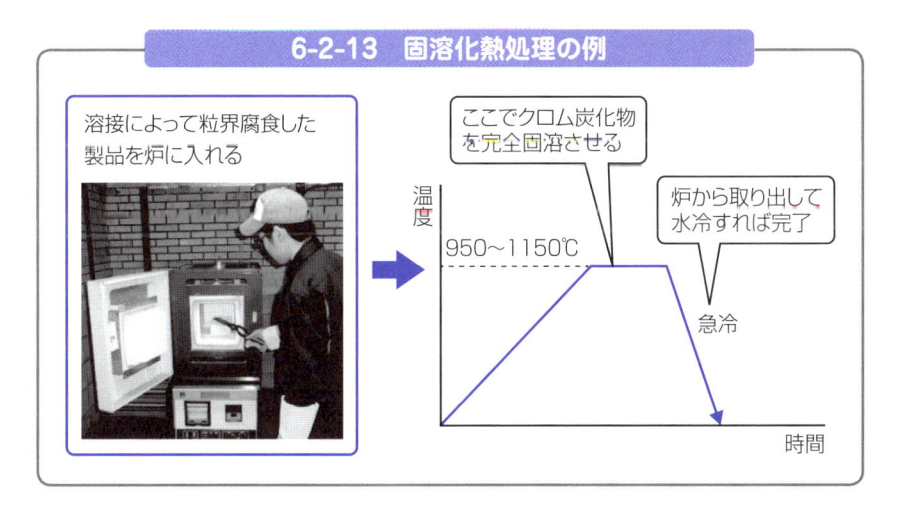

### 6-2-13 固溶化熱処理の例

③は、⑤の固溶化熱処理が不可能な場合に適用します。この際、溶接材料の種類を絶対に間違わないようにしなければなりません（例えば、SUS304Lの溶接において本来YS308Lを使用すべきところにYS308を使ってしまった、というようなことは避けなければなりません）。

また、先の図に示すように、粒界腐食の発生温度域の中には、シグマ相の生成温度も含まれます。このシグマ相はフェライト系ステンレス鋼の場合と同じです。シグマ相は、先述したように使用する溶接材料との関係から主としてオーステナイト組織中のフェライト組織中から析出してきます。この対策は、フェライト系ステンレス鋼の場合と同様に、粒界腐食の対策に含まれます。したがって、粒界腐食の対策を十分に行っていれば、シグマ層ぜい化対策も同時に行えることになります。

この他、オーステナイト系ステンレス鋼の溶接には**応力腐食割れ**といわれる不具合現象があります。紙面の都合で紹介できませんが、興味のある方は専門書をあたって下さい。

---

### COLUMN 炭素鋼とステンレス鋼の異材溶接

　材質の異なる金属を溶接（異材溶接）すると、溶接金属は双方の母材および溶接ワイヤ等の溶接材料が溶け合った成分になるため、その部分は元の母材や溶接材料とは異なった成分や組織になります。

　炭素鋼とステンレス鋼の溶接では、健全な溶接部を得るために**シェフラの組織図**が使用されます。母材と溶接材料のCr当量とNi当量および母材の溶込み率から異材溶接部の組織を推定するもので、溶接施工を計画する際に非常に役に立ちます。詳しくは、専門書をお読み下さい。

　参考までに、異材溶接で使用される溶接材料の例を図解しておきます。

▼薄板材の突合せ溶接（ティグ、マグ）
YS309で溶接
SUS304　　　SS400

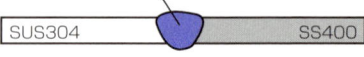

▼中厚板材の突合せ溶接（被覆アーク）
①最初にES309で肉盛（バタリング）
SUS304　　　SS400
②続いてES308で突合せ溶接

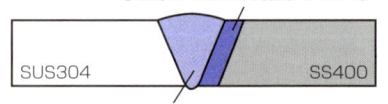

# 6-3 アルミニウム（合金）の溶接

軽くて加工性に優れるアルミニウム（合金）を健全に溶接するために、材料に関する知識から学習していきましょう。

## アルミニウムとは…

アルミニウム（Aluminum）は、金属としては地球上で（地殻中で）最も多く存在している元素です。比重が2.7と実用金属としてはマグネシウム（比重1.74）についで軽く、**軽金属**といわれています。これまで紹介した炭素鋼、ステンレス鋼の比重が7.8〜7.9程度ですから約1/3の軽さになります。

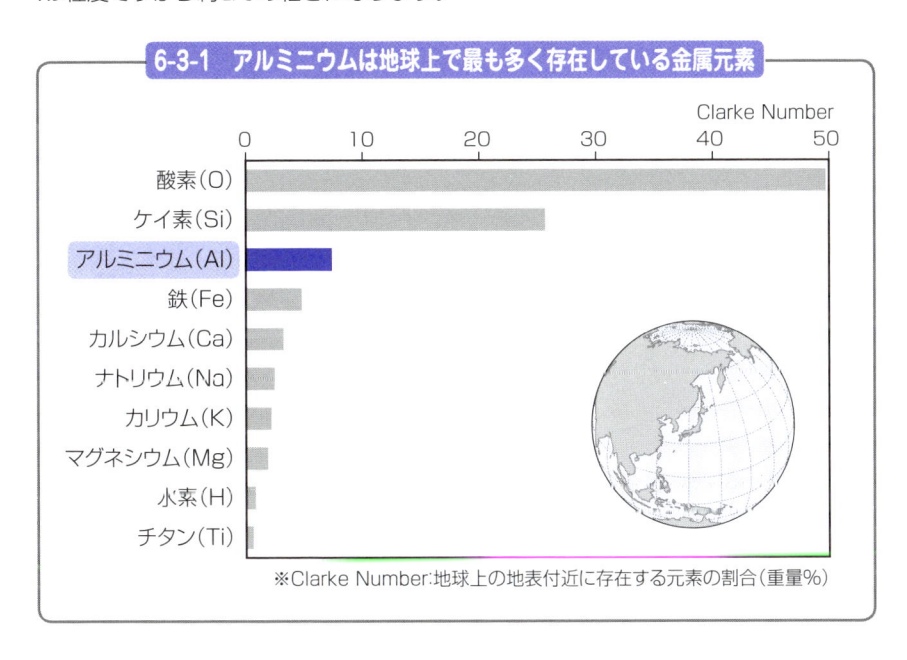

**6-3-1 アルミニウムは地球上で最も多く存在している金属元素**

Clarke Number

- 酸素(O)
- ケイ素(Si)
- アルミニウム(Al)
- 鉄(Fe)
- カルシウム(Ca)
- ナトリウム(Na)
- カリウム(K)
- マグネシウム(Mg)
- 水素(H)
- チタン(Ti)

※Clarke Number:地球上の地表付近に存在する元素の割合(重量%)

また、アルミニウムは軽量であると同時に、耐食性に優れる、融点が低い、電気伝導や熱伝導が良い、光の反射率が高い、低温に強い、加工性が良い、といった特徴を持ち合わせています。反面、強度が低いことから、工業用の材料としては様々な元素を添加し、合金化することで強度を高めて利用されています。

## アルミニウム（合金）の種類

図6-3-2に、アルミニウムとその合金（以降、アルミニウム（合金）と記す）の分類を示します。アルミニウム（合金）は、板、管、棒などの形態で供給される展伸材と鋳造材（鋳物）とに大別されます。本書では、溶接によく用いられる展伸材について説明します。

展伸材は、圧延加工（冷間加工）によって強さを増した非熱処理合金と焼入れや焼戻しなどの熱処理によって強さを増した熱処理合金とに分けられます。さらに、アルミニウム（合金）は主要な添加元素の違いにより分類することができます。純アルミニウムをベースにして、これに他の合金元素を添加すると、強度、加工性、溶接性、耐食性などが変化します。JISでは、主な合金元素を0.5％以上含んだ材種ごとに、例えば5×××（5000番台）のように番号を付けて記号化されています。

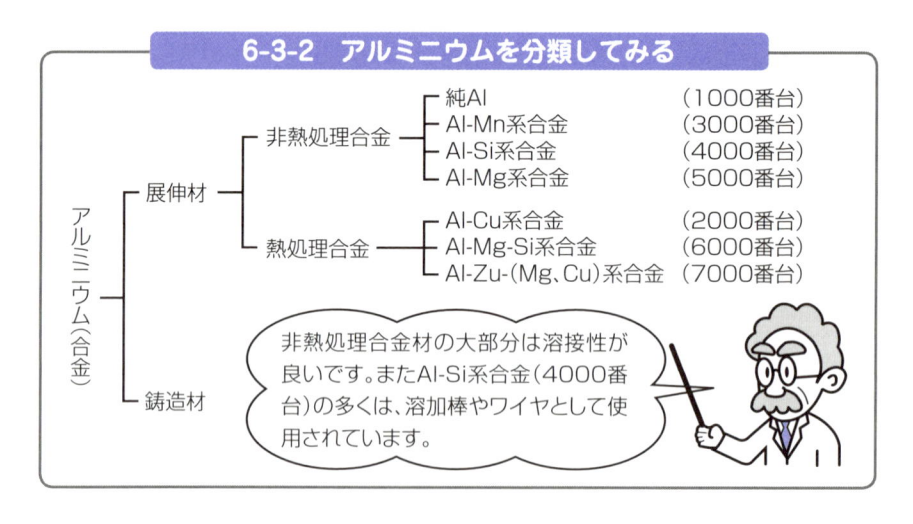

### 6-3-2　アルミニウムを分類してみる

```
                         ┌ 純Al                    （1000番台）
            ┌ 非熱処理合金 ┤ Al-Mn系合金              （3000番台）
            │            │ Al-Si系合金              （4000番台）
   ┌ 展伸材 ┤            └ Al-Mg系合金              （5000番台）
アルミニウム │            ┌ Al-Cu系合金              （2000番台）
 （合金）    └ 熱処理合金  ┤ Al-Mg-Si系合金           （6000番台）
            │            └ Al-Zu-(Mg,Cu)系合金      （7000番台）
            └ 鋳造材
```

非熱処理合金材の大部分は溶接性が良いです。またAl-Si系合金（4000番台）の多くは、溶加棒やワイヤとして使用されています。

展伸材のJIS記号は、アルミニウム（合金）を表わすAに4ケタの数字または記号（例えば5083、7N01）に加え、末尾に付く形状記号と質別記号から構成されています。形状記号に用いられる代表的な記号は、次のとおりです。

P：板および条
T：管（溶接管TW、押出管TE、引抜管TD）
B：棒（溶接棒BY）
W：線（溶接ワイヤWY）

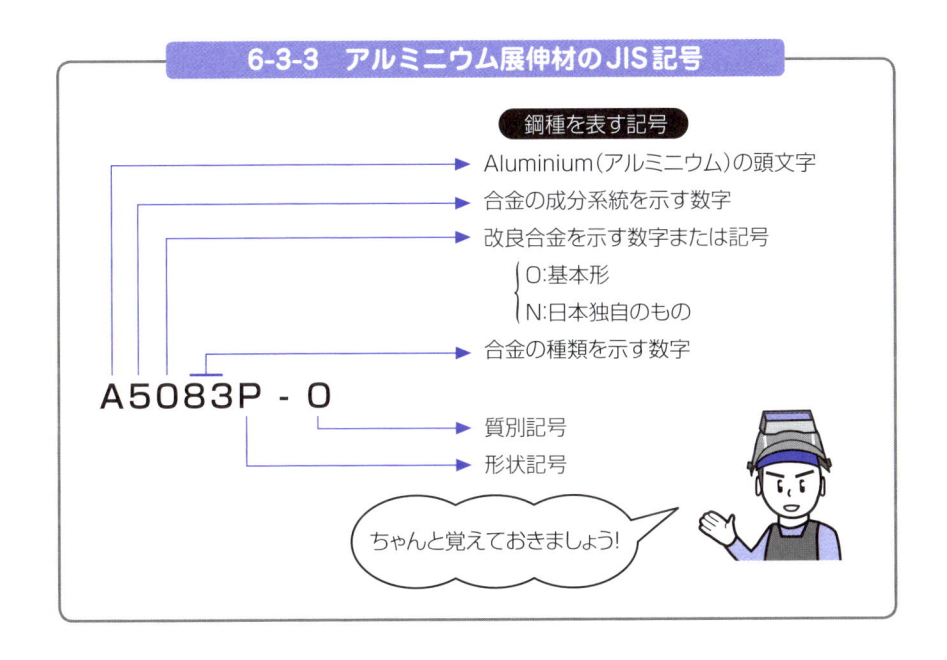

## 6-3-3 アルミニウム展伸材のJIS記号

A5083P - O

- A → Aluminium(アルミニウム)の頭文字
- 5 → 合金の成分系統を示す数字
- 0 → 改良合金を示す数字または記号
  - 0:基本形
  - N:日本独自のもの
- 83 → 合金の種類を示す数字
- O → 質別記号（鋼種を表す記号）
- P → 形状記号

ちゃんと覚えておきましょう！

また、質別記号に用いられる代表的な記号は、次のとおりです。

O：最も軟らかい状態まで焼なまし処理をした展伸材。**焼なまし材**ともいう。
H：加工硬化処理をしたもの。冷間加工（場合によっては適度な軟らかさにするために追加熱処理を行う）によって、O材より強さを増した処理材。**加工硬化材**ともいう。Hに続く数字によって加工硬化あるいは追加熱処理の程度を示す。
T：熱処理によって調質したもの。Tに続く数字によって処理の種類を示す。

## アルミニウム（合金）溶接の問題点とその対策

　アルミニウム（合金）の溶接では、材料自身の性質が溶接不具合の発生につながりやすいといった特徴があります。したがって、正しい知識のもとに溶接施工を行う必要があります。その特徴を大別すると、以下の4つが挙げられます。

　1つ目は、母材表面の酸化皮膜が溶接する上で悪影響を及ぼすことです。アルミニウムは、酸素との親和性が高く、室温においても空気中の酸素と反応して母材表面に酸化皮膜（酸化アルミニウム）を生成します。この酸化皮膜の融点は2000～2800℃です。母材の素地（アルミニウム）の融点は660℃程度ですから、酸化皮膜の融点は、母材の素地よりも非常に高くなっています。

したがって、酸化皮膜が存在したまま溶接すると、内部が先に溶けて母材表面の酸化皮膜は溶けずに、両母材の融合が妨げられてしまう現象が発生します。このため、溶接する際は、母材の酸化皮膜を除去する必要があります。まず、溶接線付近の母材表面からステンレス製のワイヤブラシあるいはヤスリなどを用いた研磨により酸化皮膜を除去するとともに、溶接中にも酸化皮膜の破壊が可能となる極性で溶接を行います。これは、アーク放電の特性を利用して酸化皮膜を破壊しながら溶接を行うものであり、通常は、ティグ溶接の場合は交流に、ミグ溶接の場合はワイヤ側がプラスの直流にして溶接を行います。このメカニズムについては後述します。

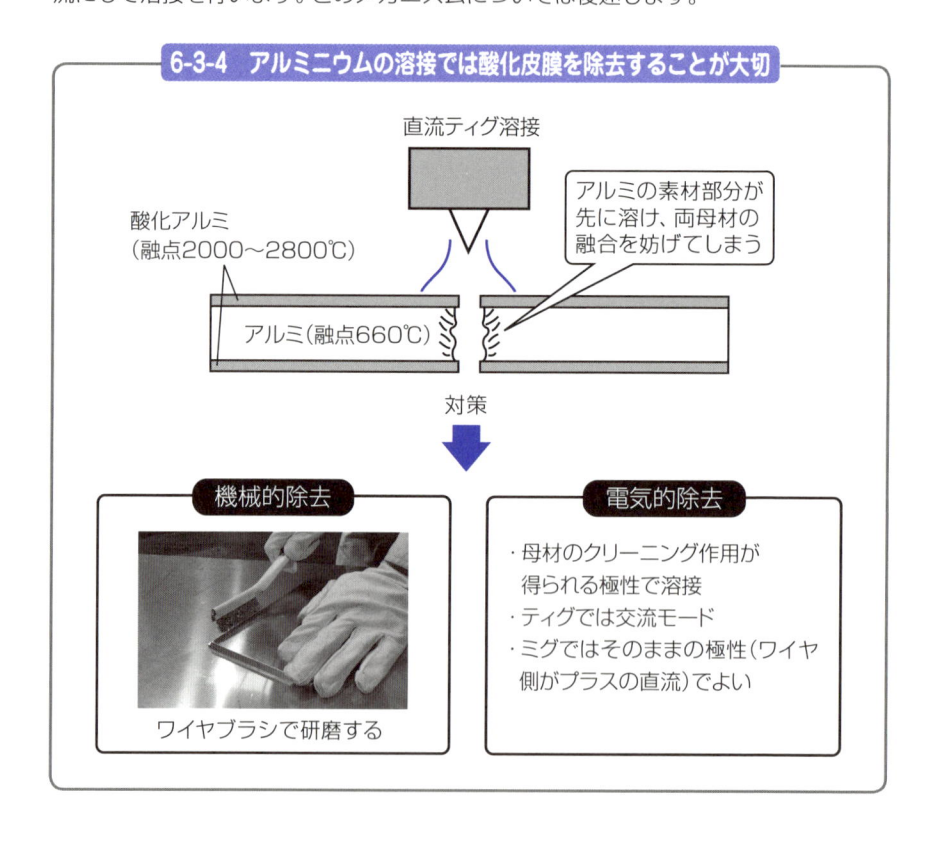

**6-3-4 アルミニウムの溶接では酸化皮膜を除去することが大切**

直流ティグ溶接

酸化アルミ（融点2000～2800℃）

アルミ（融点660℃）

アルミの素材部分が先に溶け、両母材の融合を妨げてしまう

対策

機械的除去：ワイヤブラシで研磨する

電気的除去：
・母材のクリーニング作用が得られる極性で溶接
・ティグでは交流モード
・ミグではそのままの極性（ワイヤ側がプラスの直流）でよい

　2つ目は、アルミニウムは熱伝導が良いため、溶接中に母材の加熱状態が刻々と変化し、これによって母材の溶融状態や溶込みが変わりやすいことが挙げられます。その例を図6-3-5に示しますが、ビード幅が変化する非定常なビードになりやすいことが伺えます。

アルミニウム（合金）の溶接 6-3

この問題を克服するためには、母材の溶融状態に応じた入熱制御を行わなければなりません。手動溶接の場合、人の五感中の"三感"、すなわちアーク溶接現象を観察する視覚、トーチや溶加棒を持つ手の触覚、安定したアーク現象の音を聞き分ける聴覚をフルに活かして、溶接開始位置で必要な溶込みが得られる大きさの溶融池を形成させた後に、この大きさを一定に維持できるように溶接速度や溶加棒の添加量などを調整して入熱コントロールしながら溶接を進めれば、幅や溶込み状態の揃った溶接ビードを形成させることができます。このためには、相当の技能訓練が必要となりますので、Chapter5を参考に反復トレーニングを試みて下さい。

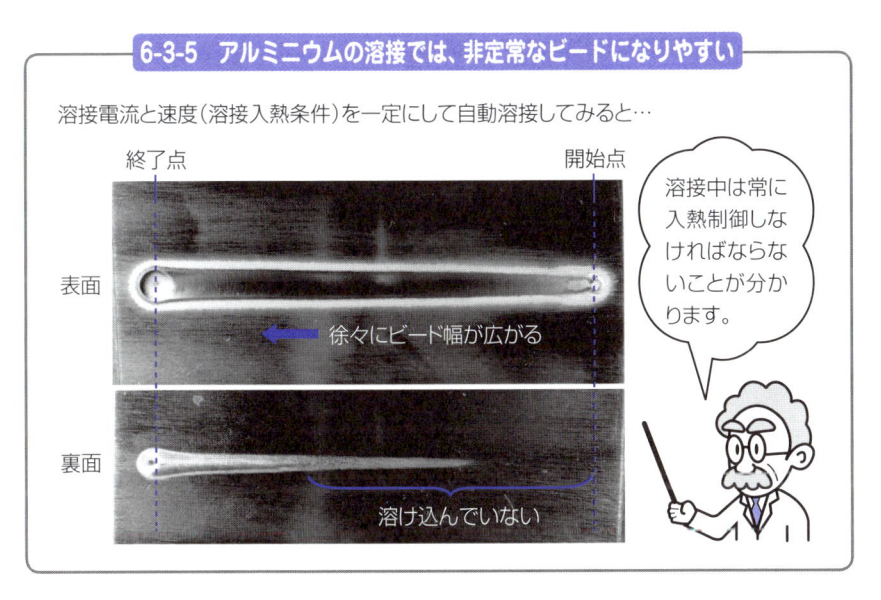

### 6-3-5 アルミニウムの溶接では、非定常なビードになりやすい

溶接電流と速度（溶接入熱条件）を一定にして自動溶接してみると…

終了点　　　　　　　　　　　　　開始点

表面　　←徐々にビード幅が広がる

裏面　　　　溶け込んでいない

溶接中は常に入熱制御しなければならないことが分かります。

3つ目は、アルミニウム（合金）の溶接では、ブローホールやピットといった気孔を発生しやすい特徴がある点です。溶融したアルミニウムは、多くの水素を溶解しやすい性質をもっており、凝固する際に水素ガスが溶接部の外部に放出しきれずにガス孔として残ってしまいます。これが気孔です。

水素源としては、母材や溶加材（ワイヤ、棒）、作業手袋の表面に付着または吸着された水分や有機物、腐食生成物、シールドガス供給用のガス管（ガスホース）内の結露、アーク雰囲気に巻き込まれた大気中の水分などが挙げられます。

## 6-3-6 アルミニウムの溶接では、気孔の発生に注意する

前処理(アルコール脱脂)をしないで溶接した時のケース

溶接ビード

大量にピットが発生

アルミの溶接施工における手直し工事の大部分は、気孔に起因しているといわれています。

　気孔発生の防止対策としては、これらの水素源を可能な限り断つことです。Chapter2の2-2節でも説明しましたが、材料の除湿保管や溶接開先部の前処理、ガスホースのひび割れチェックなどを徹底しなければなりません。

　4つ目は、アルミニウム(合金)の溶接では、他の材料と比べて溶接割れが発生しやすい特徴がある点です。アルミニウムは、熱膨張係数が鋼に比べて大きいため、溶接熱による膨張変形や溶接後の冷却による収縮変形が大きくなることで割れが発生しやすいのです。

　アルミニウム(合金)の溶接割れは、溶融金属が凝固する温度付近で生じる**凝固割れ**(高温割れ)が一般的です。特に、銅を含んだ2000番と7000番台の合金の溶接で割れが発生しやすく、溶接性が良くないといわれています(7000番台の合金については、銅を含まないものがあり、この種類については、溶接性は良好です)。マグネシウム―ケイ素系の6000番台の合金も、同じ組成の溶加材を用いて溶接すると割れやすいといわれています。

　このような割れを防止するためには、それぞれの母材に合った適切な材質の溶加材を選択すること、適切な入熱条件で溶接することなどが挙げられます。アルミニウム(合金)の溶接では、これらについてJIS Z 3604:2002「アルミニウムのイナートガスアーク溶接作業標準」に規定されています。図6-3-7に、JISから抜粋したものを示しますが、これらを参考にして適切な材質の溶加材の選定や、溶接入熱条件を選択して溶接作業を行う必要があります。

## 6-3-7 JIS Z 3604は、アルミ溶接作業のバイブル書！

▼母材の材質に応じた適切な溶加材（ワイヤ、棒）の例

| 母材\母材 | AC7A | AC4D | AC4C ADC1 |
|---|---|---|---|
| A1070 A1050 | A4043 | A4043 | A4043 |
| A1100 A3003 A3203 | A4043 | A4043 | A4043 |
| A1200 | A4043 | A4043 | A4043 |
| A3004 | A4043 | A4043 | A4043 |

JISから抜粋 ➡

| 母材 | 溶加材の例 |
|---|---|
| 1100,1200,3003 | 1100,1200,4043 |
| 5052,5083 | 5183,5356,5556 |
| 6061,6063,6N01 | 4043,5356 |
| 7003,7N01 | 5183,5356 |

※母材は異材の組合せも含む（例：5052と5083材）

▼溶接条件の一例（T継手の溶接条件範囲）

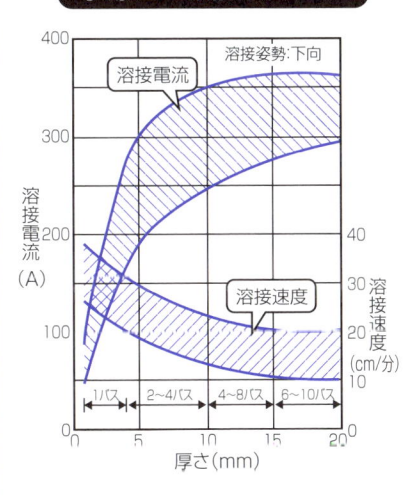

**手動ティグ溶接の条件範囲**（溶接姿勢：下向）
縦軸：溶接電流(A) 0〜400、溶接速度(cm/分) 10〜40
横軸：厚さ(mm) 0〜20
1パス／2〜4パス／4〜8パス／6〜10パス

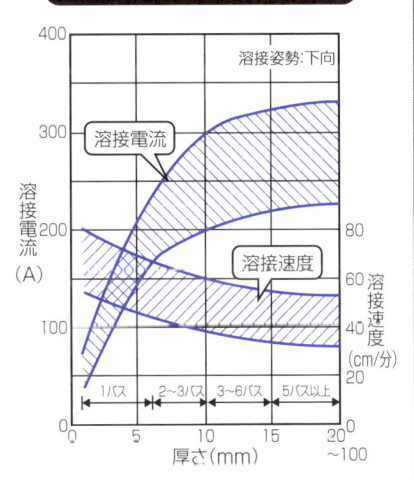

**半自動ミグ溶接の条件範囲**（溶接姿勢：下向）
縦軸：溶接電流(A) 0〜400、溶接速度(cm/分) 20〜80
横軸：厚さ(mm) 0〜20〜100
1パス／2〜3パス／3〜6パス／5パス以上

> 溶接条件範囲を示したグラフは、この他にも板や管の突合せ継手の場合、下向姿勢以外の難姿勢における溶接の場合など、たくさんのケースがJISに記載されています。

## 6-3 アルミニウム（合金）の溶接

### 知って得するアルミニウムのティグ溶接機能（その1）

通常、アルミニウム（合金）のティグ溶接では交流が使用されます。この理由を理解するためには、直流時の各極性におけるアークの特性を理解しておく必要があります。

図6-3-8に示すように、電極をマイナスにした直流では、タングステン電極から放出された熱電子が母材面に衝突することで母材側が過熱され、母材の溶込みが深くなります。このような理由で多くの金属では、この極性が採用されています。

一方、電極をプラスにした直流では、母材から放出された熱電子が電極に衝突して電極側が過熱されるために、電極の消耗が著しくなります。また、アークの集中性も悪く、母材の溶込みは浅くなります。ただし、この極性の大きな特徴は、母材の酸化皮膜を除去する機能を持っています。熱電子が母材から放出される箇所（**陰極点**と呼ぶ）は、酸化物のあるところに生じやすく、母材表面の酸化物を求めて動き回る性質があるため、陰極点が発生した部分の酸化物が綺麗に除去される＊のです（この現象をアークの**クリーニング作用**と呼ぶ）。

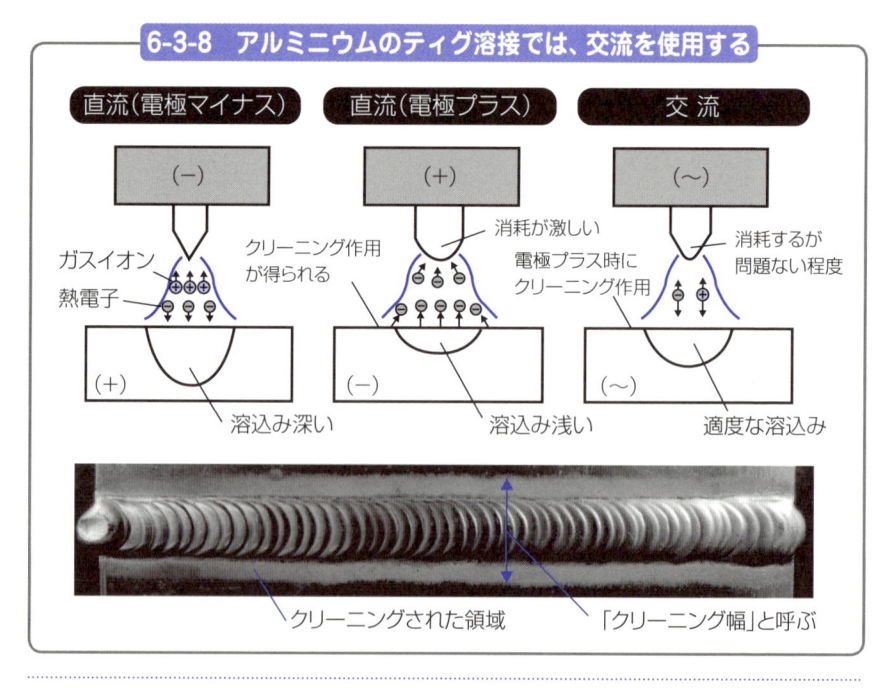

**6-3-8　アルミニウムのティグ溶接では、交流を使用する**

| 直流（電極マイナス） | 直流（電極プラス） | 交流 |
|---|---|---|
| (−) | (+) | (〜) |
| ガスイオン / 熱電子 | クリーニング作用が得られる | 消耗が激しい |
| | | 消耗するが問題ない程度 |
| | | 電極プラス時にクリーニング作用 |
| (+) | (−) | (〜) |
| 溶込み深い | 溶込み浅い | 適度な溶込み |

クリーニングされた領域　「クリーニング幅」と呼ぶ

＊…除去される　この他、クリーニング作用は、質量が重い陽イオン（アルゴンガスイオン）が母材表面に衝突することで酸化皮膜が破壊される説や、この陽イオンによる作用と本文で説明した陰極点による作用の両方の作用によって酸化皮膜が破壊される説がある。

## 6-3 アルミニウム（合金）の溶接

　このようなクリーニング作用は、アルミニウム（合金）のような母材表面に強固な酸化皮膜が形成している材料には都合が良いことになります。しかし、直流ティグで電極側がプラスの極性では電極の消耗が激しく、母材溶込みの効率が悪いので、現在、この極性のティグ溶接は使用されていません。

　それでは、交流をティグ溶接に適用するとどうなるでしょうか。交流では、交流波形の半サイクルごとに電流の極性が反転するので、直流電極マイナスと電極プラスの両方の特性を合わせ持った特性が得られることになります。すなわち、アークのクリーニング作用が得られ、適度な溶込みが得られ、電極の消耗も比較的少ない特性が得られることになります。このようなことから、アルミニウム（合金）のティグ溶接には、一般的に交流が用いられています。

　前置きが長くなりましたが、本題に入ります。以上の知識があれば、溶接機に標準機能として装備している「**クリーニング幅調整モード**」を正しく使うことができます。この機能は、図6-3-9に示すように交流波形1サイクルにおける電極プラスとなる極性比率をコントロールするものです。例えば、クリーニング幅調整機能を「広い」側（アナログ溶接機の場合）、またはプラス側（デジタル溶接機の場合）にすると、電極プラスの比率が高まってクリーニング幅を広げることができます。溶接の要求品質事項で母材のクリーニングが厳しく求められる時は、この機能を使うと便利です。ただし、同時に母材の溶込みは減少し、電極の消耗が多くなりますから注意が必要です。特に溶込みが減少する分、通常より溶接電流を上げるなどの補正が必要となります。反対に、調整機能を「狭い」側、マイナス側にすると、逆の傾向となります。調整機能を「狭い」側、マイナス側にして、必要最小限のクリーニング幅が確保できるのであれば、溶接電流を上げずに母材の溶込みを増やすことができます。溶接作業指示書などで溶接電流の上限に制約がある場合などにこの機能が役に立ちます。

**6-3-9　クリーニング幅調整モードを使ってみよう**

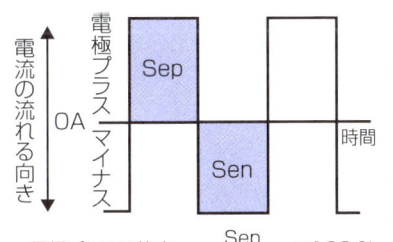

アナログ溶接機の例　　デジタル溶接機の例

電極プラスの比率 $= \dfrac{Sep}{Sep+Sen} \times 100$ %

## 知って得するアルミニウムのティグ溶接機能（その２）

「クリーニング幅調整機能」の他にも、交流の電流波形をコントロールして溶接をサポートする機能があります。以下、主なものを２つを紹介します。

１つは、電流波形の形を変えることができる「**交流波形モード**」です。この波形モードは、図6-3-10に示すように「標準」のほかに「ハード」と「ソフト」があります。このハード、ソフトは"アーク発生中の音の感じ方"を表現しているものです。

標準モードは、電極がマイナス時の電流とプラス時の電流のピーク値が等しい矩形波の形をしており、最も一般的に利用されているモードです。薄板から厚板までの広範囲で溶接が行えます。

ソフトモードは、交流波形がサインカーブ（正弦波）の形をしており、アークが"やわらかく（ソフト）"、溶融池の振動の少ない溶接を行うことができます。例えば、薄板の突合せ、へり、角継手の溶接を行うのに便利なモードです。

### 6-3-10　使って便利な交流波形モード

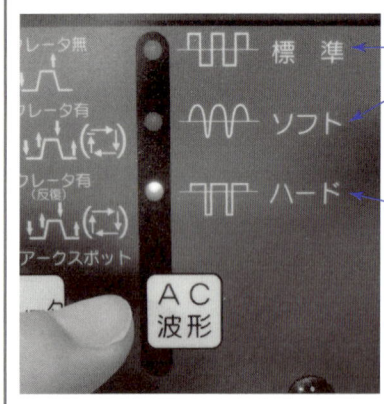

- 標準 ● 一般的なモード
- ソフト
  - アークがやわらかく、アーク音が静か
  - 溶融池の振動が少ない
  - 薄板の突合せ、角、へり継手の溶接に適する
- ハード
  - アークがかたく、集中する。アーク音は大きい
  - すみ肉溶接や開先内の初層の溶接に適する
  - 溶接電流は通常、約200A以下で使用

使いこなせば、仕事の幅が広がるよ！

ハードモードは、電極がマイナス時の電流とプラス時の電流のピーク値が異なる特殊な電流波形を有しており、アークが"かたく（ハード）"、硬直しています。このため、アークの集中性が高くなる特徴をもっています。例えばルート部の溶込みが要求されるすみ肉溶接や、中厚板開先内の初層溶接を行うのに便利なモードです。

以上のことから、アルミニウム（合金）の交流ティグ溶接において、通常は標準モードの波形で溶接を行い、母材の板厚や継手形状などの状況に応じてソフトモード、

アルミニウム（合金）の溶接 6-3

ハードモードを上手に使い分けると良いでしょう。

　もう1つは、交流の周波数を調整することができる「**交流周波数調整モード**」です。この機能は、昔は一部の溶接機メーカしか出していませんでした。しかし、最近のデジタルインバータ制御の溶接機では、メーカを問わず標準機能になってきています。

### 6-3-11　使って便利な交流周波数調整モード

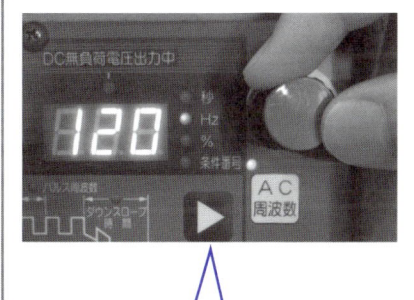

周波数を低くすると…
- 幅の広いビードが得られる
- 厚板の中間層以降の溶接に適する

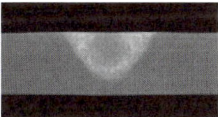

周波数を高くすると…
- アークが集中する
- 幅の狭いビードが得られる
- すみ肉溶接や裏波の溶接に適する

120Hzでは1秒間に120サイクル繰り返される

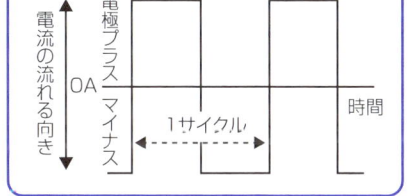

溶接施工の事例（A5083材,板厚3mm）
すみ肉は150Hzで
角は標準（70Hz）で

　交流周波数調整モードでは、交流周波数を低くすると、幅の広いビードが得られることから、例えば、中厚板開先内の中間層以降の溶接に適しています。逆に、周波数を高くすると、アークが集中して幅の狭いビードが得られることから、すみ肉溶接や裏波溶接に適しています。

　図6-3-11の右下の写真に、薄板アルミニウム合金の溶接製品の施工例を挙げています。角継手部を標準の周波数（本施工に用いた溶接機器では70Hz）で施工しているのに対し、板と管のすみ肉溶接においては、周波数を150Hzに上げ、アークを集中させることでルート部の溶込みの安定化を図るように製作されています。交流周波数条件を上手に活用している事例といえます。

## COLUMN 他にもあるアルミニウムのティグ溶接機能

　紙面の都合で紹介できませんでしたが、知っていて役に立つアルミニウムのティグ溶接機能は、まだ他にもあります。

　例えば、Chapter3の3-3節で説明したパルスティグ溶接法を交流ティグ溶接においても適用することができます。薄板で溶落ちが懸念されるような場合や、アークの集中性を高めて裏波を安定に形成させたい場合に最適です。また、交流周波数調整モードが付いていない溶接機では、交流パルス波形のパルス電流とベース電流の差を小さくく（または差をなくし）、パルス周波数を調整すれば、交流周波数調整モードを操作することとほぼ同じになります。

　さらに、知っていて役に立つ機能として、直流と交流を交互に出力できるような**AC/DCハイブリッドモード**があります。その特長は、母材のクリーニング作用を確保しながら深溶込みの溶接が得られることです。また、電極の消耗が交流ティグより少なく、電極を研磨する回数が減り、手間が省けます。

　溶加棒は、交流時に添加しますが、交流と直流のアーク音を聞き分けながら添加できることから添加のタイミングがとりやすく、初心者にとってやさしい溶接法ともいえます。

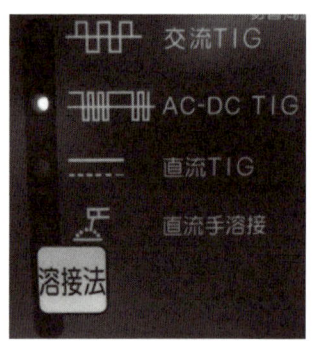

▲AC/DCハイブリッドモード（左：D社製溶接機、右：P社製溶接機）

## アルミニウム（合金）のミグ溶接

　ミグ溶接では、通常は直流による溶接が行われ、その極性はワイヤ側がプラスとなるように設定されています。したがって、アルミニウム（合金）のミグ溶接では、母材のクリーニング作用が起こり、これは溶接する側にとって都合の良いことになります。

　ミグ溶接における母材のクリーニング作用は、アーク電圧と密接な関係があります。クリーニング幅が変化するとアーク電圧も変化するのです。都合の悪いことに、アルミニウム（合金）のミグ溶接では、溶接中に母材の入熱状態やシールドガスの遮蔽状態などによってクリーニング幅が変化してきます。これに伴ってアーク電圧が変

化し、溶接中にアークが不安定になることがあります。すなわち、最初は良好な状態で溶接が進んでいても途中から溶接が不安定になるようなことがあるのです。

例えば、図6-3-12に示すように、溶接中にクリーニング幅が広がると「**実際のアーク長**」が長くなりアーク電圧は上昇します。この時、溶接電源の特性（定電圧特性）によって溶接電流が低下し、ワイヤの溶融量が減少します。その結果、溶接面から見えている「**見かけのアーク長**」は短くなり、ワイヤが母材へ激しく突っ込むような現象が生じます。この"ワイヤ突っ込み現象"は、ビード止端部のなじみを悪くし、母材との融合不良を生じさせる原因にもなります。

一方、溶接中にクリーニング幅が狭くなった場合には、上記とは逆になり、「見かけのアーク長」は長くなります。このため、シールドガスの遮蔽が不十分となり、ビードの表面には、**スマット**と呼ばれる黒いススが付着すると同時に、ブローホールの発生が懸念されます。

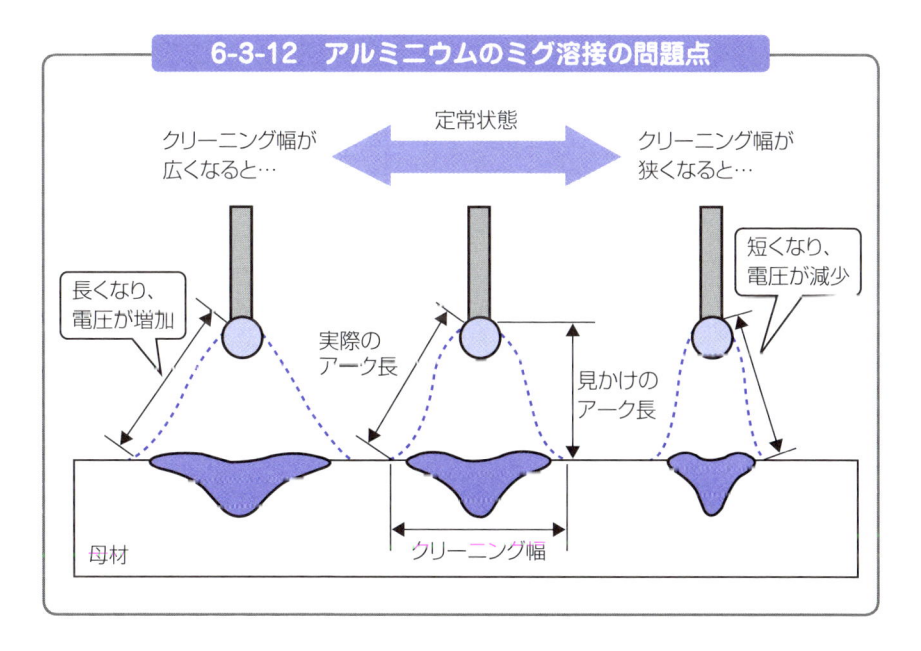

**6-3-12 アルミニウムのミグ溶接の問題点**

このような問題の対策として、アーク電圧の自動調整機能など溶接の安定化機能を有する溶接機を使用することをお勧めします。なお、最近のデジタルインバータ制御方式のミグ溶接機では、こういった機能が電流・電圧の一元化モード内に標準装備されています。中には、アルミニウム（合金）のミグ溶接時の仕様が一元化モードでしか

# 6-3 アルミニウム（合金）の溶接

使用できないようになっている機種もあり、今後は、「アルミニウムのミグ溶接は、一元化モード」の風潮になってくるものと思われます。

最後に、アルミニウム（合金）のミグ溶接法の様々なバリーエションをChapter3の3-4節で説明しています。アルミニウム（合金）のミグ溶接に関する知識を深めるためにも参照して下さい。

## COLUMN 実験計画法のススメ

良好な溶接品質を確保するためには、事前に**溶接施工要領書**を作成して、溶接オペレータに作業指示をしなければなりません。そのためには、事前に「**溶接施工法確認試験**」を実施しておく必要があります。この確認試験の主な目的は、要求品質を満たすための溶接施工条件を抽出することにあります。

これまでに本書でも説明してきましたが、各種のアーク溶接には、様々な施工条件因子があります。一般に溶接条件といわれている、溶接電流、アーク電圧、溶接速度、トーチ角度、電極ワイヤの狙い位置等や、母材側の条件として材質、板厚、開先角度、ルート面、ルート間隔等、また溶加材の条件として、ワイヤ（棒）径や材質等、非常にたくさんの因子があります。これらの因子を考慮した実験計画を立てるとどうなるでしょうか。

例えば、因子がA～Hの計8つあり、因子Aの水準は2、因子B～Hの水準は各3あったとしましょう（少し解りにくい書き方をしていますが、"因子Aの水準は2"とは、例えば、アーク電圧という因子に19Vと21Vの2つの値（水準）があると考えて下さい）。

この場合の条件をすべて組み合わせて実験を行うとすると、実験数は$2×3^7＝4374$通りとなります。たかだか、1溶接施工条件を抽出するのに4374通りの実験を行うというのは、あまりにも非効率で経済的とは言えません。また、図に示すように、実験回数が一定の回数を超えると、回数の増加に伴い実験誤差は増加してしまう傾向にあります。実験回数の割には信頼性が低下してくる、といった新たな問題が生じる可能性もあるのです。

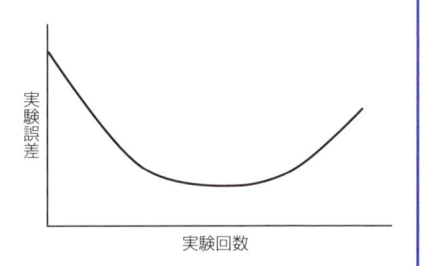

▲実験回数と実験誤差の関係

そこで、お勧めしたいのが、数理統計学の応用分野のひとつである「**実験計画法**」の適用です。先ほどのケーススタディにおいて、実験計画法（**直交表実験**）を適用すると、わずか18通りの実験で済ませることができるケースが多々あります。

4374通りから18通りというと、ウソみたいな話に聞こえますが、実際に可能なのです。仮に実験に失敗して再トライしたとしても計18×2＝36通りですから、4374通りに比べれば大した数ではないと思います。

どうでしょうか。興味をもっていただけたでしょうか。さらに「実験計画法」の次のステップとして、「**品質工学（タグチメソッド）**」があります。タグチメソッドを適用すれば、実験計画法の利点を活かしながら"外乱に強い"施工条件の抽出が可能になります。ご参考までー。

# Appendix 資料

# 巻末資料

溶接には様々な資格があります。ここでは、アーク溶接関係に従事される技能者、管理技術者の主な公的資格について、その概要を紹介します。

# 資料 溶接資格のご案内

アーク溶接関係に従事される技能者、管理技術者の主な公的資格を紹介します。詳細は、所轄の団体（要員認証機関）のホームページをご覧下さい。

## ⚙ 溶接技能者

### （1）鋼、ステンレス、チタンの溶接技能者

| 資格の種別 | 適用規格 | | 適用例 |
|---|---|---|---|
| 手溶接技能者 | JIS Z 3801 | 手溶接技術検定における試験方法及び判定基準 | 鋼構造物の被覆アーク溶接、ティグ溶接 |
| | WES 8201 | 手溶接技能者の資格認証基準 | |
| 半自動溶接技能者 | JIS Z 3841 | 半自動溶接技術検定における試験方法及び判定基準 | 鋼構造物のマグ溶接等 |
| | WES 8241 | 半自動溶接技能者の資格認証基準 | |
| ステンレス鋼溶接技能者 | JIS Z 3821 | ステンレス鋼溶接技術検定における試験方法及び判定基準 | ステンレス鋼のティグ溶接、マグ溶接等 |
| | WES 8221 | ステンレス鋼溶接技能者の資格認証基準 | |
| チタン溶接技能者 | JIS Z 3805 | チタン溶接技術検定における試験方法及び判定基準 | チタンのティグ溶接、ミグ溶接 |
| | WES 8205 | チタン溶接技能者の資格認証基準 | |

要員認証機関：一般社団法人　日本溶接協会　http://www.jwes.or.jp
　　　　　　　〒101-0025　東京都千代田区神田佐久間町4－20　溶接会館

### （2）アルミニウムの溶接技能者

| 資格の種別 | 適用規格 | | 適用例 |
|---|---|---|---|
| アルミニウム溶接技能者 | JIS Z 3811 | アルミニウム溶接技術検定における試験方法及び判定基準 | アルミニウムのティグ溶接、ミグ溶接 |
| | LWS A 0004 | アルミニウム溶接技能者の資格認証基準 | |

要員認証機関：一般社団法人　軽金属溶接協会　http://www.jlwa.or.jp
　　　　　　　〒101-0025　東京都千代田区神田佐久間町4－20　溶接会館6F

## ⚙ 溶接管理技術者

### （1）WES溶接管理技術者

概要：鋼構造物の製作等において溶接・接合に関する設計、施工計画、管理などを行う技術者の資格であり、JIS Z 3410（ISO 14731）／WES 8103において規定された溶接関連業務に関する知識及び職務能力について評価試験を行い、資格の認証を行うものです。

溶接資格のご案内 資料

|  | 特別級 | 1級 | 2級 |
|---|---|---|---|
| 適用規格 | JIS Z 3410　溶接管理－任務及び責任（ISO14731の翻訳規格）<br>ISO 14731　Welding coordination-Tasks and responsibilities<br>WES 8103　溶接管理技術者認証基準 | | |
| 等級の<br>イメージ | 包括的技術知識をもつ<br>溶接管理技術者 | 特定技術知識をもつ<br>溶接管理技術者 | 基礎技術知識をもつ<br>溶接管理技術者 |
| 知識及び<br>職務能力 | 溶接技術に関する包括的技術知識と施工及び管理に関する統括職務能力 | 溶接技術に関する専門知識と施工及び管理等に関する職務能力 | 溶接技術に関する基礎知識と溶接施工に関する職務能力 |
| 【参考】<br>職務能力<br>と知識に<br>関するイ<br>メージ | ● 溶接構造物の生産システム及び溶接品質管理体制の計画立案と生産工程ラインの構築、生産・品質改善活動ができる<br>● すべての鉄鋼及び非鉄金属材料の性質、特徴、溶接性並びにあらゆる破壊、腐食の原因と対策を熟知している | ● 溶接構造物の溶接生産工程及び生産工程ラインの生産管理、溶接管理及び品質管理ができる<br>● 溶接及び溶接関連作業の施工要領書、基準の決定と作成ができる<br>● 汎用の鉄鋼及び非鉄金属材料の性質、特徴、溶接性及びこれらに関係する破壊、腐食の対策ができる | ● 上級者の指示に従って溶接管理及び品質管理を実施できる<br>● 溶接施工要領書、基準作成の補助ができる<br>● 溶接施工要領書、基準が理解でき実行することができる<br>● 溶接技能者（作業者）への溶接施工要点の指示及び指導ができる |

要員認証機関：一般社団法人　日本溶接協会　http://www.jwes.or.jp
〒101-0025　東京都千代田区神田佐久間町4－20　溶接会館

## （2）LWSアルミニウム溶接管理技術者

概要：アルミニウム合金構造物の品質を確保するための溶接施工及び管理に関する技術知識と職務能力を持った溶接管理技術者を協会規格LWS A 7601（アルミニウム合金構造物の溶接管理技術者認証基準）に基づいて試験する資格認証です。なお、JIS Z 3410附属書Aによれば、本技術者1～3級は上記（1）の各溶接管理技術者の基準を満足していると記載されています。

|  | 1級 | 2級 | 3級 |
|---|---|---|---|
| 適用規格 | LWS A 7601　アルミニウム合金構造物の溶接管理技術者認証基準<br>※LWS A 7601に合致している溶接管理技術者1級～3級は、JIS Z 3410に記載されている各溶接管理技術者の基準を満足している（JIS Z 3410附属書Aより） | | |
| 等級の<br>イメージ | 包括的技術知識をもつ<br>溶接管理技術者 | 特定技術知識をもつ<br>溶接管理技術者 | 基礎技術知識をもつ<br>溶接管理技術者 |
| 知識及び<br>職務能力 | 計画、実行、監督及び検査するための十分な包括的技術知識と職務能力 | 計画、実行、監督及び検査するための十分な特定技術知識と職務能力 | 計画、実行、監督及び検査するための十分な基礎技術知識と職務能力 |
| 【参考】<br>職務能力<br>と知識に<br>関するイ<br>メージ | ● 溶接構造物の生産システム及び溶接品質管理体制の計画立案と生産工程ラインの構築、生産・品質改善活動ができる<br>● アルミニウム合金材料の性質、特徴、溶接性並びにあらゆる破壊、腐食の原因と対策を熟知している | ● 溶接構造物の溶接生産工程及び生産工程ラインの生産管理、溶接管理及び品質管理ができる<br>● 溶接及び溶接関連作業の施工要領書、基準の決定と作成ができる<br>● アルミニウム合金材料の性質、特徴、溶接性及びこれらに関係する破壊、腐食の対策ができる | ● 上級者の指示に従って溶接管理及び品質管理を実施できる<br>● 溶接施工要領書、基準作成の補助ができる<br>● 溶接施工要領書、基準が理解でき実行することができる<br>● 溶接技能者（作業者）への溶接施工要点の指示及び指導ができる |

要員認証機関：一般社団法人　軽金属溶接協会　http://www.jlwa.or.jp
〒101-0025　東京都千代田区神田佐久間町4－20　溶接会館6F

# 索引 Index

## 英数字

475℃ぜい化 ……………………… 226
AC/DCハイブリッドモード ……… 242
$CO_2$溶接 ………………………… 77
FSW ……………………………… 16
GTA溶接 ………………………… 98
HT鋼 …………………………… 212
H型開先 ………………………… 112
I型開先 ………………………… 111
N-2F …………………………… 164
OffJT …………………………… 66
OJT ……………………………… 66
SCH …………………………… 219
SCS …………………………… 219
SM ……………………………… 211
SN ……………………………… 214
SN-2F ………………………… 183
SUH …………………………… 219
TN-1F ………………………… 200
TN-F …………………………… 198
U型開先 ………………………… 112
V型開先 ………………………… 112
X型開先 ………………………… 112

## あ行

アーク ……………………………… 22
アークストライク ……………… 154
アーク断続法 …………………… 160
アーク長の自己制御作用 ……… 82
アーク電圧 ………………… 24, 70
アークの熱効率 ………………… 209
アーク柱 ………………………… 24
アーク柱電圧降下 ……………… 24
アークブロー …………………… 73
アーク溶接 ……………………… 18
アーク溶接用センサ …………… 66
圧接 ……………………………… 8
後戻りスタート運棒法 ………… 160
アルゴン溶接 …………………… 98
アンダカット ……………… 33, 38
一元化機能 ……………………… 171
イナートガスアーク溶接 ……… 98
陰極降下電圧 …………………… 24
陰極点 ………………………… 238
インダクタンス ……………… 142
ウィービング ………………… 161
ウィービングビード溶接 …… 180
裏当て ………………………… 50
裏はつり ……………………… 145
エアアークガウジング法 …… 146
応力腐食割れ ………………… 230
オーバラップ ………………… 38

## か行

開先 …………………………… 111
開先角度 ……………………… 112
ガウジング …………………… 47
角変形 ………………………… 32
加工硬化材 …………………… 233
ガス圧接 ……………………… 18
ガス溶接 ……………………… 18
キーホール …………………… 165
機械的接合法 ………………… 8
基本姿勢 ………………… 168, 186

| 逆ひずみ法 | 32 |
| 凝固割れ | 38, 236 |
| 許容使用率 | 139 |
| クリーニング作用 | 238 |
| クリーニング幅調整モード | 239 |
| クレータ | 160 |
| クレータ処理機能 | 179, 191 |
| グロビュール移行 | 83 |
| 軽金属 | 231 |
| コアードワイヤ | 86 |
| 高温ぜい化 | 224 |
| 高温割れ | 38 |
| 合金鋼 | 205 |
| 工具鋼 | 205 |
| 硬鋼 | 204 |
| 高周波高電圧方式 | 92, 193 |
| 後進溶接 | 160, 174 |
| 高炭素鋼 | 204 |
| 高張力鋼 | 212 |
| 交流周波数調整モード | 241 |
| 交流波形モード | 240 |
| 交流パルスマグ溶接法 | 89 |
| 硬ろう付 | 18 |
| 後熱 | 208 |
| 混合ガス・マグ溶接法 | 88 |
| コンベンショナル・パルスミグ溶接法 | 104 |

## さ行

| サーフェシング | 13 |
| 酸化セリウム入りタングステン | 127 |
| 酸化トリウム入りタングステン | 126 |
| 酸化ランタン入りタングステン | 128 |
| 残留応力 | 11 |
| 磁気吹き | 73 |

| シグマ相ぜい化 | 45, 225 |
| 実験計画法 | 244 |
| 実効溶接入熱 | 209 |
| 実際のアーク長 | 243 |
| 自動電撃防止装置 | 75 |
| 純タングステン | 126 |
| 消耗電極式 | 25 |
| ショートアーク | 83 |
| ショートアークミグ溶接法 | 102 |
| 垂下特性電源 | 71 |
| 水平すみ肉溶接 | 162, 182 |
| スカーフィング | 150 |
| スカラップ | 110 |
| ストリンガ(ー) | 159 |
| ストリンガビード溶接 | 177 |
| スプレー移行 | 85 |
| スプレーミグ溶接法 | 102 |
| スマット | 243 |
| スラグ系ワイヤ | 86 |
| スラグ巻込み | 37 |
| 前進溶接 | 160, 174 |
| 栓溶接 | 53 |
| 塑性変形 | 16 |
| ソリッドワイヤ | 86 |

## た行

| 大電流ミグ溶接法 | 103 |
| 耐力 | 220 |
| タグチメソッド | 244 |
| タック溶接 | 162 |
| タッピング法 | 153 |
| タングステン電極 | 187 |
| タングステン巻込み | 127 |
| 炭酸ガスアーク溶接 | 77, 78 |
| 炭素鋼 | 204 |

炭素当量 …………………………………… 206
短絡移行 ……………………………………… 83
短絡回数 ……………………………………… 83
中炭素鋼 …………………………………… 204
鋳鉄 ………………………………………… 204
直交表実験 ………………………………… 244
直流高電圧方式 ……………………………… 93
直流パルスマグ溶接法 ……………………… 89
突合せ溶接 ………………………………… 183
低温割れ ……………………………………… 38
定格出力電流 ……………………………… 133
定格使用率 ………………………………… 139
ティグ溶接法 ………………………………… 91
低合金鋼 …………………………………… 207
抵抗スポット溶接 …………………………… 19
抵抗溶接 ……………………………………… 18
低周波重畳パルスミグ溶接法 …………… 104
定速送給方式 ………………………………… 81
低炭素鋼 ……………………………… 204, 207
定電圧特性電源 ……………………………… 81
定電流特性電源 ………………………… 71, 81
手溶接 ………………………………………… 71
電極タッチ方式 ………………………… 93, 193
電磁ピンチ効果 ……………………………… 84
等脚長 …………………………………… 51, 163
トーチ傾斜角度 …………………………… 175
特殊鋼 ……………………………………… 204
特殊用途鋼 ………………………………… 205
特別教育 ……………………………………… 28
溶込み不良 …………………………………… 37
共付け ………………………………………… 98
ドロップ移行 …………………………… 83, 84

## な行

ナゲット ……………………………………… 53
無負荷電圧 …………………………………… 75
ナメ付け ……………………………………… 98
軟鋼 ………………………………………… 204
軟鋼用被覆アーク溶接棒 ………………… 115
軟ろう付 ……………………………………… 18
熱影響部 ……………………………………… 33
熱的ピンチ効果 ……………………………… 84
ノンフィラ …………………………………… 98

## は行

ハイテン鋼 ………………………………… 212
鋼 …………………………………………… 204
鋼の五元素 ………………………………… 205
パス間温度 ………………………………… 208
はめ込み溶接 ………………………………… 59
パルスティグ溶接法 ………………………… 96
パルスマグ溶接法 ……………………… 88, 89
半自動アーク溶接 …………………………… 78
半自動溶接 …………………………………… 77
はんだ付 ……………………………………… 20
反発移行 ……………………………………… 83
ビードオンプレート溶接 ………………… 159
非消耗電極式 ………………………………… 25
ひずみ取り …………………………………… 32
ピット ………………………………………… 37
被覆アーク溶接法 …………………………… 70
被覆アーク溶接棒 …………………………… 70
被覆剤 ………………………………………… 70
品質工学 …………………………………… 244
普通鋼 ……………………………………… 204
不動態皮膜 ………………………………… 218
プラグ溶接 …………………………………… 53
プラズマ ……………………………………… 24
プラズマアーク …………………………… 148
プラズマガウジング法 …………………… 147

| | |
|---|---|
| フラックス | 15 |
| フラックス入りワイヤ | 86 |
| ブラッシング法 | 153 |
| ブローホール | 37 |
| ベベル角度 | 113 |
| ヘリ溶接 | 98 |
| 保護筒 | 154, 160 |
| 母材 | 8 |
| ポジショナ | 58 |
| ホットワイヤティグ溶接法 | 98 |
| ボンド部 | 33 |

## ま行

| | |
|---|---|
| マイクロソルダリング | 21 |
| マグ溶接法 | 76 |
| マグ溶接用ソリッドワイヤ | 120 |
| 摩擦撹拌接合 | 16 |
| 見かけのアーク長 | 243 |
| ミグ溶接法 | 100 |
| メソスプレー移行 | 103 |
| メタル系ワイヤ | 87 |
| 目違い | 184 |
| メッキ | 218 |
| メッキレスワイヤ | 86 |
| メルトラン | 98, 196 |
| 毛管現象 | 8 |

## や行

| | |
|---|---|
| 焼なまし材 | 233 |
| 冶金的接合法 | 8 |
| 融合不良 | 37 |
| 融接 | 8 |
| 溶加材 | 25 |
| 陽極降下電圧 | 24 |
| 溶接 | 8 |

| | |
|---|---|
| 溶接機の使用率 | 138 |
| 溶接金属 | 33 |
| 溶接ケーブル | 141 |
| 溶接材料 | 43 |
| 溶接施工法確認試験 | 244 |
| 溶接電流一定化制御機能 | 176 |
| 溶接施工要領書 | 244 |
| 溶接入熱 | 209 |
| 溶接ひずみ | 31 |
| 溶接棒 | 25 |
| 溶滴の移行現象 | 82 |
| 溶融池 | 25 |
| 予熱 | 208 |

## ら行

| | |
|---|---|
| ラメラテア | 215 |
| リムド鋼 | 210 |
| 粒界腐食 | 228 |
| 臨界電流 | 85 |
| ルート間隔 | 113 |
| ルート面 | 113 |
| レーザ溶接 | 18 |
| ろう | 18 |
| ろう接 | 8 |
| ローリング法 | 196 |
| ローレンツカ | 84 |

## わ行

| | |
|---|---|
| 割れ | 38 |

## 参考文献

- 安藤弘平, 長谷川光雄共著:『溶接アーク現象-増補版-』, 産報 (1973)
- 溶接学会編:『溶接・接合便覧 (第2版)』, 丸善 (2003)
- 溶接学会編:『新版 溶接・接合技術入門』, 産報出版 (2008)
- 日本溶接協会溶接管理技術者評価委員会編:『JIS Z 3410 (ISO 14731)/WES 8103 溶接管理技術者再認証資料 溶接施工管理技術の進歩』, 日本溶接協会 (2007)
- 日本溶接協会出版委員会編:『JIS 半自動溶接受験の手引き』, 産報出版 (2010)
- ステンレス協会編:『JISステンレス鋼溶接受験の手引き』, 産報出版 (1999)
- 軽金属溶接協会編:『アルミニウム (合金) のイナートガスアーク溶接入門講座』, 軽金属溶接協会 (2009)
- 中央労働災害防止協会編:『アーク溶接等作業の安全』, 中央労働災害防止協会 (2010)
- 大澤直著:『はんだ付技術の新時代』, 工業調査会 (1985)
- 田中和明著:『図解入門よくわかる最新金属の基本と仕組み』, 秀和システム (2006)
- 大和久重雄著:『JIS鉄鋼材料入門』, 大河出版 (1989)
- 門間改三著:『大学基礎 機械材料 改訂版』, 実教出版 (1987)
- 平浩著:『初歩と実用のステンレス講座』, 日本工業出版 (1982)
- 安田克彦著:『絵とき「溶接」基礎のきそ』, 日刊工業新聞社 (2006)
- 安田克彦著:『トコトンやさしい溶接の本』, 日刊工業新聞社 (2009)
- 安田克彦著:『板金加工における溶接』, マシニスト出版 (1984)
- 小林一清著:『図でわかる溶接作業の実技』, 理工学社 (2009)
- 村川英一著:『熟練技能の継承と科学技術』, 大阪大学出版会 (2002)
- 日本鉄鋼連盟編:『第3版 わかりやすい建築構造用鋼材Q&A集〜SN材シリーズ編〜』, 日本鉄鋼連盟 (2008)
- 日本溶接協会溶接棒部会技術委員会共研第6分科会:「ガスシールドアーク溶接のシールド性に関する研究報告 (第6回)」, 溶接技術, Vol.57 (2009), No.10
- 大縄登史男:「フレッシュマン入門講座〜$CO_2$/MAG溶接編〜」, 週刊溶接ニュース No.2568
- 山本英幸:「インバータ制御によるアーク溶接機の進歩と自動化への適応」, 溶接学会誌 Vol.58 (1989), No.4

- 原田章二，上山智之：「最近のデジタル制御アーク溶接機の進展」，溶接学会誌Vol.74 (2005), No.7
- 上山智之：「総説 溶接電源」，溶接学会誌Vol.77 (2008), No.2
- 上山智之：「アーク溶接機器の進歩と未来」，溶接学会誌Vol.78 (2009), No.8
- 山本英幸，原田章二，上山智之，小川俊一：「Alおよびその合金の低周波パルスミグ溶接法の開発」，溶接学会論文集，Vol.10 (1992), No.2
- 山本英幸，原田章二，上山智之，小川俊一，松田福久，中田一博：「低周波パルスミグ溶接法によるAl合金溶接金属の結晶粒微細化と凝固割れ感受性の改善」，溶接学会論文集，Vol.10 (1992), No.4
- 山本英幸，原田章二，上山智之，小川俊一，松田福久，中田一博：「低周波パルスミグ溶接法によるAlおよびその合金の溶接部に発生する気孔の抑制効果」，溶接学会論文集，Vol.12 (1994), No.1
- 松田福久，牛尾誠夫，熊谷達也：「ランタン，イットリウム，セリウム入り各タングステン電極によるアーク特性の比較研究」，溶接学会論文集Vol.47 (1988), No.2
- 松田福久，牛尾誠夫，熊谷達也：「酸化物入りタングステン電極の消耗変形,RIM形成について」，溶接学会論文集Vol.6 (1988), No.2
- 日向輝彦，安田克彦，井川誠：「交流ティグ溶接に及ぼす電極材質の影響（第2報）」，軽金属溶接Vol.26 (1988), Vol.3
- 山本英幸，原田章二，中俣利昭，上山智之，松本一朗：「アルミニウムミグ溶接へのファジィ制御の適用」，溶接学会溶接法研究委員会資料，SW - 2183 - 92 (1992)
- 山本英幸，原田章二，安田哲夫，野原英孝：「高品質プラズマガウジングに関する検討」，溶接学会溶接法研究委員会資料，SW - 2274 - 93 (1993)
- 野原英孝：「作動ガスにエアを用いたプラズマガウジングの検討」，日本機械学会・精密工学会共催山梨講演会講演論文集 (2010)
- 野原英孝：「ガスシールドアーク溶接のトラブルシューティング」，溶接技術Vol.47 (1999), No.5
- 野原英孝：「ガスシールドアーク溶接のトラブルシューティング（2）」，溶接技術Vol.47 (1999), No.6
- 野原英孝：「溶接機器からみた溶接施工のワンポイント」，溶接技術Vol.47 (1999), No.7

- 野原英孝:「水素エネルギー供給型TIG溶接に関する施工研究」,東海職業能力開発大学校紀要 (2009), No.15
- 野原英孝:「職業能力開発の実践～熱加工プロセス技能者の生産コスト意識,改善意識高揚化に向けての取り組み～」,技能と技術 Vol.39 (2004), No.3
- 野原英孝:「東海職業能力開発大学校における溶接教育」,軽金属溶接 Vol.49 (2011), No.2
- 野原英孝,松尾崇弘,中川伝一:「外乱に強いプラズマ切断条件のパラメータ設計」,日本機械学会生産システム部門研究発表講演会講演論文集 (2012)
- 南義明:「作動ガスにエアを用いたプラズマガウジング法の研究～ガウジング部の溶接性の検証とスカーフィング加工の検討～」,職業能力開発総合大学校卒業研究発表会予稿集 (2012)
- 佐野博文,森山龍雄,景山喬,野原英孝:「営業マンのための溶接講座～アーク溶接の基礎編～」,㈱ダイヘン
- 佐野博文,森山龍雄,景山喬,野原英孝:「営業マンのための溶接講座～$CO_2$/MAG溶接編～」,㈱ダイヘン
- 佐野博文,森山龍雄,景山喬,野原英孝:「営業マンのための溶接講座～MIG溶接編～」,㈱ダイヘン
- 佐野博文:「営業マンのための溶接講座～溶接材料の基礎知識編～」,㈱ダイヘン
- 森山龍雄,景山喬,野原英孝:「$CO_2$/MAG溶接テキスト～溶接施工編～」,㈱ダイヘン
- 森山龍雄,景山喬,野原英孝:「TIG溶接テキスト～溶接施工編～」,㈱ダイヘン
- 森山龍雄,景山喬,野原英孝:「MIG溶接テキスト～溶接施工編～」,㈱ダイヘン
- 上山智之:「実用TIG溶接基礎講座」,㈱ダイヘン
- Panasonic2002溶接機・ロボット手帳,松下溶接システム㈱
- 神鋼溶接総合カタログ－溶接材料・システム－,㈱神戸製鋼所
- 大同特殊鋼製品カタログ「WSRシリーズ」,大同特殊鋼㈱
- 岩谷瓦斯製品カタログ「シールドマスター」,岩谷瓦斯㈱

● 著者紹介

## 野原　英孝（のはら　ひでたか）

職業能力開発総合大学校 機械制御システム工学科／機械システム工学科 講師

【経歴】
| | |
|---|---|
| 1967年 | 大阪府豊中市生まれ |
| 1990年 | 大学卒業後、産業機器メーカに勤務 |
| 2001年 | 政府関係法人 雇用・能力開発機構 |
| | （現：独立行政法人 高齢・障害・求職者雇用支援機構） |
| | 広島職業能力開発促進センター 機械系 講師 |
| 2007年 | 東海職業能力開発大学校 生産技術科 講師 |
| 2009年 | 職業能力開発総合大学校 |
| | 機械制御システム工学科／機械システム工学科 講師 |

【社会活動】
| | |
|---|---|
| 1994〜2007年 | （社）日本溶接協会 |
| | 関西／中国地区溶接技術検定委員会 検定委員補佐 |
| 1994〜2007年 | （社）軽金属溶接構造協会 |
| | アルミニウム溶接技術検定委員補佐 |
| 1996年 | 兵庫工科短期大学校 メカトロニクス技術科 非常勤講師 |
| 2007〜2009年 | （社）岐阜労働基準協会 アーク溶接特別教育 非常勤講師 |
| 2009年 | （社）日本溶接協会 WES溶接管理技術者評価試験 委員 |
| 2011年〜 | 大阪府立東淀川高等学校 エリア特別講義 |
| | （理数科学エリア）非常勤講師 |

【受賞】
| | |
|---|---|
| 1997年 | 財団法人 日本科学技術連盟主催 QCサークル大阪地区大会 |
| | 近畿支部長賞 |
| 2003年 | 厚生労働省主催 職業能力開発論文コンクール 特別賞 |

イラスト製作　創生社

## 図解入門
### 現場で役立つ溶接の知識と技術

| 発行日 | 2012年 3月25日 | 第1版第1刷 |
| --- | --- | --- |
| | 2025年 5月 8日 | 第1版第17刷 |

著　者　野原　英孝

発行者　斉藤　和邦
発行所　株式会社 秀和システム
　　　　〒135-0016
　　　　東京都江東区東陽2-4-2　新宮ビル2F
　　　　Tel 03-6264-3105（販売）Fax 03-6264-3094
印刷所　日経印刷株式会社　　　　Printed in Japan

ISBN978-4-7980-3225-2 C3053

定価はカバーに表示してあります。
乱丁本・落丁本はお取りかえいたします。
本書に関するご質問については、ご質問の内容と住所、氏名、電話番号を明記のうえ、当社編集部宛FAXまたは書面にてお送りください。お電話によるご質問は受け付けておりませんのであらかじめご了承ください。